imaginist

想象另一种可能

理想国
imaginist

思辨力35讲
35 Talks on Critical Thinking

像辩手一样思考
Think Like a Debater

云南人民出版社

庞颖 著

图书在版编目（CIP）数据

思辨力35讲/庞颖著. --昆明:云南人民出版社,
2024.5（2025.6重印）
ISBN 978-7-222-22813-9

Ⅰ.①思... Ⅱ.①庞.. Ⅲ.①思维方法 Ⅳ.
①B804

中国国家版本馆CIP数据核字(2024)第095695号

责任编辑：金学丽
特约编辑：张　妮
装帧设计：陈超豪
内文制作：陈基胜
责任校对：柳云龙
责任印制：代隆参

思辨力35讲

庞颖 著

出　版	云南人民出版社
发　行	云南人民出版社
社　址	昆明市环城西路609号
邮　编	650034
网　址	www.ynpph.com.cn
E-mail	ynrms@sina.com
开　本	850mm×1168mm　1/32
印　张	22.125
字　数	354千
版　次	2024年5月第1版　2025年6月第5次印刷
印　刷	山东京沪印刷科技有限公司
书　号	ISBN 978-7-222-22813-9
定　价	88.00元

序言

思辨力是一种人的底层能力

我是一个辩论教练，也是一个管理咨询顾问。多数听说过我的朋友都是因为《奇葩说》这个辩论节目，我参加过两季。其实在《奇葩说》之外，我打过十几年的辩论赛，曾经代表新加坡国立大学和哈佛耶鲁辩论联队拿过许多国际冠军。我也做过新加坡国立大学的辩论教练，系统地教过大学生、中学生如何辩论。做教练那几年，我带着队伍几乎拿遍了所有国际大赛的冠军，这种成绩在之前和之后都非常少见。

2018年，我从耶鲁大学管理学院硕士毕业加入了波士顿咨询公司。从最开始参加的MBA入学考试，到求职时的案例面试，再到真正的日常工作，辩论的训练让我走得相对轻松。同时很多同事和同学都表示，他们常常会在我分析问题和发表观点时看出辩论的影子，所以也时常问我能不能把对辩论的理解和在辩论中学到的思维总结出来，系统地讲一讲对每一个即使不参加辩论的人也有用的东西。

确实，辩论对我个人来说，帮助更大的部分其实是在辩论之外。有人可能认为，辩论就是口舌之争或仅仅是口语表达能力的体现。但在我看来，学习辩论对人至关重要的改变和提升其实是内在的思辨力。

什么是思辨力？

思辨力包括逻辑分析、思维框架、思考与表达时的清晰度和条理性，以及深度理解事物的能力。什么是深度理解事物的能力？例如在错综复杂的事物中，能分清什么是核心，什么是杂音；在看似无关的事物中，能找到共有的联系、一致的底层价值，以及相通的逻辑思路；知道该如何把一个庞大的问题切成众多小问题来分析和解决……

所以引申来讲，思辨力与人的认知能力和学习能力是非常相通的。它是人的底层能力，自然会在生活、工作和学习中都发挥巨大的作用，所以无论是国内的公务员考试，还是美国大学商学院、法学院的入学考试，它们的题目都与辩论在逻辑上有极大的重合。

先拿我的日常工作来举例，作为一个管理咨询顾问，我的工作内容就是给各行各业的决策者出谋划策。很多时候我作为乙方，面对的甲方是年资和行业经验都比我更丰富的企业董事、政府高官等。所以我要解决的第一个问题是如何利用自己分析和解决问题的能力去真正地创造价值，第二个问题是如何让他们信服我真的在创造价值。而这份工作的内核其实和辩论并无二致：它们都需要缜密的逻辑分析、详实的数据佐证、真正有价值的洞见、愿景和价值观上的共鸣，以及清晰的思路和表达。甚至有时开会时现场情绪上的连接也非常重要。

什么是现场情绪上的连接？《奇葩说》曾经做过一个数据分析，他们发现开场的人是否能把气氛烘托起来，对整场辩论内容的走向有至关重要的作用。所以不仅"有道理"重要，别人愿不愿意听你的道理、你如何把你的道理更好地组织和表达出来，也同样重要。这就是为什么辩论既需要理论和数据，也需要好的例子和故事。所以，辩论既是一门技术，也是一门艺术。

辩论时抽到的立场不见得是自己的天然立场，但很多时候，我们摒弃原有的立场、偏见和情绪而站在对立面思考是会有收获的。你可能会因此发现对方观点的合理性，而这是此前从未想到的；又或是发现你与对方的身份不同导致了观点不同；或者成长经历的不同造成了底层价值观的不同。

最后，或许我的内心立场并没有改变，但对方在我眼中不再是一个非蠢即恶的人，我们的分歧是可以在理性层面上被讨论的。在动不动就"站队""网暴"的网络环境中，能够拥有这样一种理性的心态本身已经是一种收获了。

以"代孕能否被合法化"为例

再来看一个具体的例子，在"代孕能否被合法化"这个辩题中，我既可以帮正方也可以帮反方辩护，但这并不是因为我这个人没有原则，而是因为"代孕合法化"是一个非常复杂的事情，可以有许多看待它的角度和方式，同时这个问题也能被切分为许多不同的环节。是要完全地讨论原则，还是考虑具体的操作问题？得到的答案是不一样的。

就拿三种代孕来举例讨论。第一种,《老友记》里面的Phoebe自愿为亲戚代孕,没有人逼她,甚至没有人劝她,这是一种纯自愿的非商业行为。第二种,合法的商业代孕,即一个人可以通过帮他人孕育胎儿赚钱。第三种,比如在印度的"代孕村",不但代孕的价格被压得很低,当地女性甚至会被丈夫和家人逼着去代孕,他们会说"你有能够躺着为家里赚钱的机会,为什么不去呢?"

所以,当我们在反对代孕被合法化时,我们具体反对的是哪一种?如果反对第一种Phoebe式的自愿代孕,那很有可能我们认为代孕这个行为本身有些本质性或原则性的问题。比如在伦理上,我们觉得一个人不能够孕育他人的基因;或者一个孩子不能同时拥有两个生理意义上的母亲;又或当一件事对身体有危害时,我们不能让他人作为替代去承担风险,哪怕她是自愿的。

如果我们支持第一种自愿代孕,却不支持第二种商业化的代孕,那很有可能问题出在了商业化上。我们可以出卖时间和劳力,但有一条底线,当这个东西对身体甚至生命影响过大时,我们认为它不能被交易。因为在这个世界上,贫富权力的天平过于倾斜,一旦把这样的东西放到交易市场上去,穷人或者弱势群体就会丧失对自己身体和生命的掌控权，甚至会经历不同形式的威逼利诱。这是为什么我们反对任何商业化的代孕。

还有一种可能，我们支持前两种代孕，但反对第三种。在这种情况下，我们可能认为商业化代孕在原则性上没有问题，只不过印度在现阶段还没有达到相应的社会发展水平，比如其医疗条件、对孕母的法律保障都远远不够。

这时我们要问：一个社会要发展到什么程度才叫作"够好了"、才被认为可以支持商业化代孕？是看整体的富裕程度，还是贫富差距的情况？还是取决于其法治建设和医疗水平？甚至是一些软性的条件，比如一个社会有多么尊重个人的自由和选择，一个家庭有多大的权力可以把决定强加在个人头上这样的文化问题？唯有如此，我们才知道哪些指标需要监测、哪一个方向上的改变需要推动，我们也才可以判断一个社会在什么时候可以支持商业代孕的合法化了。

你看，这么复杂的问题，你在理论上支不支持？你在现实中支不支持？如果一个人自愿代孕，你支不支持？还是你认为在一个性别权力结构不平等的社会里，在一个贫富权力差距甚至无法被消灭的世界上，真正的自愿、有效的自愿根本不可能？这都是可能的观点，但如今在社交媒体上，我们很难看到这样心平气和地、理智地讨论和分析问题的环境，它反而更像站队，站A被B骂，站B被A骂，不站被所有人都骂，说你"装死"。这很遗憾，所以我们的确需要一片思维的净土，用以思辨。

如何做到思辨？

在对以上案例的分析中，我们可以提取和迁移出哪些对日常思考、学习和工作也有用的思辨力？

第一，保持思想上的开放，不急于下结论。愿意站在对方的角度看问题、把大问题切成小问题去分析，这种愿意聆听和思考的态度本身就很有用。

第二，很多常见的分析问题的思维模型和逻辑思路可以应用在许多场景中。比如刚才有关代孕的讨论中，就涉及"理想状态是怎样的"和"现实状态是怎样的"的区分。对于前者，探讨的是它的原则；对于后者，探讨的是实际操作中的损益比。这有些类似于在物理中讨论摩擦力的问题：当忽略摩擦力时，我们考量的是什么；当加上摩擦力后，物体的表现又是怎样的。总之，这种切题思路可以帮助快速地锁定自己与对方的共识和分歧在何处。

第三，如何论证、表达，用什么例子和数据也非常重要。如果今天我作为支持代孕被合法化的一方，我分享某个同事代孕成功的照片，照片里有她们一家人、医生、孕母，气氛非常温馨和谐，孕母本人也发自内心地在笑，放上这样的材料会不会更好地佐证我的论点？又或者世界上有这么多关于代孕的例子，我们怎么挑选才能最有效地展示它们之间相通的逻辑、彼此的差异和分歧，以帮助最快速有效地分析这个问题？这也是一种可迁移的技巧。

总之，开放理性的思考，缜密的逻辑，恰当的论证和表达，这三者加在一起就是思辨力。

本书结构

我试图以内容有趣并引发思考为第一要义，同时总结和分析一些可迁移的思辨技巧和方法，以及在每一讲的末尾提出几个相似的问题，让读者可以在其他场景中举一反三——如果你研究过如何提升学习能力和认知能力，会发现"举一反三"是其中至关重要的环节。

本书分为三章。第一章"破"，也就是反驳。很多人喜欢辩论，甚至发现自己的辩论天赋都是从喜欢怼人开始的，而这一章就是教你如何用逻辑和思辨力给别人挑错。比如有人说女性到了中年收入会下降，不结婚就会过得很惨。我们可以说，错，这是因果倒置。不是因为女性到了中年收入下降，所以需要家庭的支持，而是因为大部分女性结了婚，收入才开始下降的。这一章的内容能帮助我们识别许多逻辑谬误：为什么相关不等于因果？什么是循环论证、虚假两难、以偏概全、偷换概念？常见的数据错误有哪些？等等。这些问题会被放在有趣的辩题中分析和讨论。

第二章"立"。为什么破完之后还要立？会拆台，不代表自己能搭；会挑别人的错，不代表自己知道什么是正确的。所以经过第一章点对点的逻辑拆解后，第二章的重点就是搭建论证的整体结构，学会如何更宏观和整体地分析问题。

比如政策性辩论常用的一个分析框架叫"需根解损"，即需求性、根属性、解决力、损益比。假设要讨论"是否对垃圾食品收税"，那我们不仅要从需求性和根属性这两方面讲垃圾食品对健康造成的伤害、给医疗系统造成的负担，还要讲解决力：你这个税能收得上来吗？比如夜市卖炸鸡的，连个流水都没有，你怎么收这个税？我们还要讲损益比：你怎么定义垃圾食品？一碗阳春面几乎只有碳水化合物，这算不算垃圾食品？富人往往吃营养均衡的、昂贵的食物，但穷人往往依赖高卡路里且便宜的食物，为体力劳动提供能量。要是征了垃圾食品税，会不会对穷人的生活成本影响非常大？这是不是弊大于利的？

再比如，管理咨询中有一个词叫MECE，意思是相互独立、完全穷尽。也就是说，对于一个重大的议题，我们可以把它拆成不同方面、角度或论点去分析，并且这些点彼此不重叠，加在一起对这个问题不遗漏。这个逻辑思路放到辩论里也特别有用。比如"刘备和曹操谁更适合做领袖""林黛玉和花木兰谁更适合做女友"，这类辩题的讨论很容易沦为一方说一个优点，另一方说一个缺点，一方再说一个优点，另一方再说一个缺点。可如此列举下去，算谁赢呢？所以一定要从整体思路入手，给这个比较框定一个比较标准。我们可以论证领袖一定要做到以下三个部分：第一，组建团队；第二，运营团队；第三，带领团队。再来论证因为曹操从头至尾在这三个方面都更加优秀，所以更适合做领袖。

第三章"回到现场"。世界上的分歧看似有千千万，但底层的逻辑和价值观的分歧其实就那么几种。在这一章，我与我的对方辩友詹青云会以经典辩题为核心，展示如何捍卫某一方，同时如何攻击另一方，从而带出那些最底层的思辨方法。我们试图重现许多经典辩题的辩论现场，比如杀一救百是不是正义之举、比如什么是正义、经典的电车难题等这类可以经常在现实中得到应用的问题。

还有很多相似的例子：

- 应不应该谴责灾难中的自私行为？
- 给宠物或流浪猫狗绝育，人道吗？
- 生育是社会责任还是个人选择？
- 对弱势群体的优待是不是一种歧视？

真理越辩越明，这句话本身是否可辩？

辩论是一个非常有用的东西。为什么哲学家要辩论？为什么竞选者要辩论？为什么制定政策前要辩论？为什么结构性地分析问题本身就可以成为一种专业的工作？为什么辩论训练是常见的培养人才的项目？为什么议论文是每一个人的必修课？

如果你特别喜欢思考，甚至思考那些没有明确答案的问题，如果你想要自己的思考和表达都更有条理，如果你想把常见的逻辑框架和经典的思辨问题纳入自己的知识库，如果你对提升自己的底层能力——思辨力——有兴趣，这本书应该会适合你。

目录

序言 i
思辨力是一种人的底层能力

第一章
破：
识别谬误

第 1 讲 003
相关不等于因果：
女性到了中年收入会下降，
所以一定要结婚？

第 2 讲 016
实然不能论证应然：
从来如此，便对吗？

第 3 讲 031
行，但不对：
杀一救百是不是正义？

第 4 讲 048
滑坡是谬误，也是合理质疑：
安乐死应不应该被合法化？

第 5 讲 064
平等与正义之间隔着一个公平：
为什么现阶段需要强调女权？

第 6 讲 085
三段论里的不证自明：
所有指出问题的人，都不爱国？

第 7 讲 104
不是所有分歧都叫偷换概念：
他是个老实人，怎么会杀人？

第 8 讲 117
稻草人谬误与红鲱鱼谬误：
反对禁止色情片，就是女性的敌人？

第 9 讲 130
样本偏误不可信：
20 岁时，要不要一夜成名？

第 10 讲 144
回避论证过程的循环谬误：

女人不讲逻辑，因为讲逻辑的
不叫女人？

第 11 讲 157
进退两难也许只是假象：
猫有传播病毒的风险，只能立即扑杀？

第 12 讲 171
人身攻击无法论证观点：
他犯过 100 次错，他的话怎么能信？

第 13 讲 185
充分吗？必要吗？
没有恶意的恶行应该受到道德谴责吗？

第二章
立：
塑造论证的
整体结构

第 14 讲 201
分析问题的"起手式"MECE：
花木兰和林黛玉，谁更适合做女友？

第 15 讲 213
明确定义是讨论的开始：
钱，到底是不是万恶之源？

第 16 讲 231
有标准，才有意义：
员工犯了大错，要不要辞退？

第 17 讲 246
权衡价值与利益的"需根解损"：
要不要征收垃圾食品税？

第 18 讲 259
没有绝对共识，但可比较利弊：
"婴儿安全岛"是港湾还是法律空地？

第 19 讲 275
不说废话，从"决胜点意识"开始：
灾难中的自私行为应该遭到谴责吗？

第 20 讲 291
论证观点，检视自己：
短视频是当代人的精神毒药
还是解药？

第 21 讲 309
论证强度与论证责任：
有人说你吃了两碗粉，

你就要拉开肚子证明吗?

第22讲　　　　　　　　　　328
让道理听得进去:
用例子完善逻辑,用故事锦上添花

第三章　　　　第23讲　　　　　　　　　　349
回到现场:　　　应不应该谴责灾难中的自私行为?
经典辩题,
经典分歧　　　第24讲　　　　　　　　　　377
　　　　　　　　受困洞穴,"抽签吃人者"是否有罪?

　　　　　　　　第25讲　　　　　　　　　　407
　　　　　　　　给宠物或流浪猫狗绝育,人道吗?

　　　　　　　　第26讲　　　　　　　　　　433
　　　　　　　　AI性爱机器人,存在道德问题吗?

　　　　　　　　第27讲　　　　　　　　　　453
　　　　　　　　AI的创作有艺术价值吗?

　　　　　　　　第28讲　　　　　　　　　　474
　　　　　　　　在中国,应不应该支持安乐死合法化?

第 29 讲　　　　　　　　　496
权利人赋还是权利天赋?

第 30 讲　　　　　　　　　517
生育是社会责任还是个人选择?

第 31 讲　　　　　　　　　543
绝症病人该不该被告知实情?

第 32 讲　　　　　　　　　568
为你好,就能替你做决定吗?

第 33 讲　　　　　　　　　590
"罗诉韦德案"草案流出,
用隐私权合法化堕胎权是否合理?

第 34 讲　　　　　　　　　624
对弱势群体的优待是不是一种歧视?

第 35 讲　　　　　　　　　656
《平权法案》被推翻,我们有可能
"看不见"肤色吗?

致谢　　　　　　　　　685

第一章
破：
识别谬误

第 1 讲

相关不等于因果

女性到了中年收入会下降，所以一定要结婚？

你在生活中是否也曾被这样劝导过：我母亲让我锻炼延迟满足的能力，她说因为有实验证明，懂得延迟满足的小孩会更成功；还有朋友拿着一张 10 年前的照片跟我说："阿庞，你看照片上的你那么瘦，显得年轻 10 岁，所以你快减肥吧。"他们的心情我可以理解，但他们说服不了我，因为这些劝导有一个共同的逻辑错误，就是错把相关性当因果性。相关性是指两件事有关系、会同时发生，而因果性代表一件事是另一件事发生的原因。

为什么开篇就要讲相关和因果？因为"错把相关当因果"是我们生活和工作中最常见的逻辑错误之一。两件事情到底有没有因果关系，也是许多科学研究要重点区分和解决的问题。比如吸烟与患肺癌有因果关系吗？低雌性激素水平与高心脏病发病率有因果关系吗？这一季度的销量增长是因为花了钱做广告，或仅仅是巧合？

相关性不等于因果性

让我们先用一个最简单且真实的例子来看看相关性和因果性的差别。

20世纪初，美国暴发过一场非常严重的小儿麻痹症，那时还没有人能确定病因，科学家通过数据分析终于发现了所谓的"罪魁祸首"——冰淇淋。为什么是冰淇淋？因为他们发现，冰淇淋的销量和小儿麻痹症发病率这两条曲线的起落在时间上几乎一致。有些人以为冰淇淋太凉或太甜导致小孩得了小儿麻痹症，吓得当时家长禁止小孩吃冰淇淋。

但这个结论正确吗？其实不。两者虽然看似相关，但并没有因果关系。只是因为在夏天小孩更喜欢吃冰淇淋，而在夏天小孩与病毒接触的机会也更多，所以小儿麻痹症容易在夏天高发，因此这两者在时间上完全契合。但小孩并不是因为吃了冰淇淋而得了小儿麻痹症，就算家长不让小孩吃，也不能减少或预防小儿麻痹症。

通过这个例子，我们应该已经意识到了相关性和因果性的差别：相关性只代表 A 和 B 同时发生，不代表 A 是 B 的因。这也就是说，如果 A 和 B 只有相关性，我们是不能通过改变 A 去影响 B 的。但相关性有一定的预测作用，我们可以通过看到了 A 来预测 B 也会发生。例如，当发现冰淇淋的销量在上涨，这意味着小儿麻痹症的发病率可能也要上升了，因此相关部门可以提前做好相应的医疗准备。

错把相关当因果，会影响决策和方向

你或许听过一个非常有名的关于延迟满足的实验，叫斯坦福棉花糖实验。心理学家告诉一群小孩："面前这个棉花糖，你要是能坚持 15 分钟不吃，我就会再给你一个。"然后他们发现那些能够忍住不吃的小孩在未来获得成功的概率会更高，所以他们得出结论：延迟满足与获得成功之间有因果关系。因为你可以做到延迟满足，所以你会获得成功。

如果接受这个结论，那就代表如果我想要获得成功，我就可以通过培养自己的延迟满足能力来达到。乍一听这是老生常谈，很多成功学、育儿经都在讲如何提高延迟满足的能力，比如把好饭好菜端到餐桌上但不让孩子吃，诸如此类的"训练"。

但如果这个实验并没有成功地证明这两者的因果关系呢？的确，这个实验在后来受到很多挑战。最常见的挑战是：延迟满足与获得成功之间并没有因果关系，它们仅仅有相关性，真实因素是孩子家庭所属的社会经济地位。

简单来说，富人家的小孩平时想啥有啥，糖果并不是稀缺品，对他们来说，忍耐15分钟太小意思了。但穷人家的孩子平时吃个糖果就像过年，棉花糖对他们的吸引力太大了，这种忍耐更加困难。所以富人家的小孩更能忍住不吃，看上去延迟满足的能力也就更高。同时，由于家庭条件优越，他们有机会接受更好的教育、拥有更好的资源，成功的概率自然更大。这样看来，延迟满足的能力和获得成功这两者只有相关性，它们是同一个因产生的两个果：因为富有，所以可以不吃那个棉花糖；因为富有，所以成功的概率更大。这也就意味着，我们并不能通过锻炼延迟满足的能力来获得更高的成功概率。

这个案例也展示了一旦错把相关性当成因果性可能会

出现的问题：它会指引我们采取错的行动。既然它指引了错的方向，那么行动也会是徒劳无功的，甚至有时会耽误实施真正重要的解决方案。

曾经有一个这样的辩题：父母决意要离婚，要坚持到孩子高考结束吗？我是反方，支持该离就离，不要刻意坚持和拖沓。我知道正方一定会举很多父母离婚后孩子受到重大负面影响的例子和数据，来证明离婚这个行为本身对孩子的伤害非常大，所以要拖到孩子长大一些，不要影响孩子高考。

可是让我们想一想，单亲家庭对孩子的伤害一定是离婚这个行为本身造成的吗？"离婚"这个行为和"对孩子造成伤害"这个结果，它们真的有因果关系吗？还是仅仅只有相关性？

比如单亲妈妈带着孩子，爸爸不闻不问，一找他要抚养费就吵架，我们觉得没爹的孩子真可怜。可问题是这跟离婚有关系吗？这样的爹没离婚的时候也不负责任啊！爹不靠谱，所以爹妈离婚了；爹不靠谱，所以孩子受伤；所以爹妈离婚和孩子受伤都是结果，它们同时发生，但没有因果关系，这是归因错误。伴侣不靠谱的时候，靠延迟离婚就能争取到幸福吗？不能啊！快点离开 ta，或者找伴侣时不能太凑合才是真正的解决之道。

再比如，我们或许见过一些离异家庭的孩子不信任亲密关系，然后得出结论：因为父母离婚，所以孩子不信任亲密关系了。但真的是这样吗？有没有可能是因为父母的婚姻观、教育观落后，所以处理不好感情导致婚姻破裂；同样也因此没有能力去引导孩子，让孩子感受到爱、学会爱？所以这也是一个因产生的两个果。

不懂得如何处理感情、教导孩子，仅靠推迟离婚就能避免对孩子的伤害吗？不能啊！只有改变那个真正的因，才有可能影响那个果——唯有改善自己的婚姻观和提升自己的教育能力，才能降低对孩子的伤害。如果不能解决这个因，拖着不离，只会加大伤害。

相关却不是因果的三种可能

为什么相关性特别容易被解读为因果性？因为当我们看到两件事情同时发生，直觉上就觉得它们一定有点什么关系，尤其是当这种因果的解释符合某种预设或者偏见时。但实际上，当我们在日常观察或数据中看到 A 和 B 有相关性时，两者关系不一定是"因为 A 所以 B"，还有其他三种可能性。

第一种，因为 B 所以 A，因果倒置。第二种，C 导致 A 和 B 同时发生，所以 A 和 B 没有因果关系。第三种，A 和 B 的相关仅仅是巧合。

所以，当我们看到相关性时，需要三连问：是巧合吗？是不是因果倒置？有没有第三个因素导致 A 和 B 同时发生？关于巧合的情况这里就不具体展开，毕竟能被我们看到的数据绝大多数都经过了回归分析，排除了巧合的可能性。其他两个可能性，接下来通过举例来逐一讨论。

因果倒置

先看"因果倒置"：不是"因为 A 所以 B"，而是"因为 B 所以 A"。

有一个说法，"女人到了中年收入会下降，所以一定要成家，依靠婚姻才会有保障"。这符合很多人的想象——女人不善于挣钱，得靠男人和家庭。但其实，"女人到了中年收入会下降"的说法并不准确，其实女职工是生育后工资才下降的。据统计，有 34.3% 的女职工生育后工资待遇下降，其中降幅超过一半的人数达 42.9%。

所以是因为女性收入下降了才要依靠家庭的吗？不是。恰恰是因为女性投入了家庭，为家庭付出过多，导致在工作上投入的时间减少了，所以收入降低了。并不是家庭解决了女性收入降低的问题，反而是家庭导致了女性收入降低的问题，这是因果倒置。

类似的逻辑在工作环境中也有很多。比如有数据显示，数字化程度高的企业业绩更好，但这是否意味着企业可以通过投资数字化转型来提升业绩呢？不一定，这个数据本身只证明了相关，没有证明因果。说不定是因为业绩好的企业才有钱去做数字化转型，并不是因为做了数字化转型所以业绩好。

但这代不代表这个数据就完全没有意义？也不是。回想一下，相关性的作用是什么？是预测性。如果今天我想找一个业绩好、前途好的公司，当看到他们的数字化程度高，甭管它因果，我至少确定这两件事情同时发生。

C 同时带来 A 和 B

另一个"相关不等于因果"的可能性，是 C 同时带来 A 和 B 的结构，这种例子其实是最隐秘的。

比如有数据显示，哈佛大学毕业生的收入比其他学校毕业生的要高。如果把这种关系直接理解为因果关系——它非常符合我们的预设或直觉：因为上了哈佛，所以未来收入提高了，也就是说哈佛的教育能够提高人赚钱的能力。

但是这个数据考虑了那个可能的、背后的因 C 吗？如果看看哈佛毕业生的家庭条件，15% 的哈佛学生的父母收入属于全美前 1%。请问，这些学生毕业之后收入高，到底是哈佛教育的功劳，还是人家父母的功劳？因为父母水平高，所以孩子上了哈佛；因为父母水平高，所以孩子毕业之后收入高。完全有可能是 C 导致了 A 和 B 同时发生。如果我们控制变量，比较同等家庭收入水平的孩子——他们分别去了哈佛和其他学校——他们未来的收入差距有这么大吗？有真实的数据证明，没有那么大。

还要强调的是，因果关系不一定是有或者无，而是有程度的差别。我们并不否认哈佛教育对提高学生毕业后收入的作用，只是说在没有控制学生父母的收入情况这一变量前，它的作用看起来非常大，如果控制了变量，它的作用就变得小了很多。

这就像许多公司的 HR 招聘时都青睐名校毕业生，甚至将其设为硬性门槛。但这真的代表 HR 认为名校培养人才的能力更高吗？不一定。名校和人才之间可能只有相关性。入学门槛高才是背后真正的因 C。因为入学门槛高，所以这个学校被定义为名校；因为入学门槛高，所以毕业生的人才密度就更大。好学生进来，好学生出去。所以 HR 倾向于招名校毕业生，不一定是因为他们相信背后的因果关系，很可能仅仅是利用了相关性所带来的预测作用。

如何识别和反驳相关与因果的混淆

认识到这三种可能性后，我们该如何识别和反驳相关与因果的混淆？

第一，要有辩手一般的质疑精神，听到两件事同时发生或呈正相关时，先问问：真的吗？一定吗？您说了相关，您证了因果吗？怎么证的呢？控制了哪些变量？

第二，如果对方说 A 带来 B，我们就尝试反着说 B 带来 A，听听能否说得通。如果能，问问对方排除这个可能性了吗？

第三，想想可能有什么样的 C 会同时带来 A 和 B？问问对方控制这个变量了吗？

这里我们还可以简单引入两个统计学的概念。

第一个概念叫"all else equal",即控制变量。像最常见的家庭背景、收入、教育、族群等这些因素,肯定都要被控制,在这些因素相同的情况下,再去比较我们想考察的那个变量。但是兴许还有一些我们未知的C,我们无法主动地挑出这个变量去控制。

最简单的达到"all else equal"的场景,就是利用随机性。我们随机选出两个实验组,所以理论上讲,它们是一样的,然后,在其中一个实验组中只改变我们要考察的变量,再去比较两组各自的结果,就可以判断这个变量对结果的影响了。

第二个概念叫"difference in differences",在不同中的不同。什么意思?举个例子,比如我们公司季度销量的增加有多少归功于季节因素,又有多少归功于我们新请的形象代言人呢?

比如从春季到夏季,整个市场的销量涨了50%,但我司的销量涨了70%,而这期间我们只做了一件特别的事情,就是请了一个形象代言人,所以大概率那20%就是我司跟市场比起来做出的额外努力的成果。如果我们知道了请代言人花了多少钱,我们也知道了20%的销量有多少利润，这就很容易能比较出来请这个代言人到底划不划算。

尽信数据不如无数据

总之，有数据很好，但是我们要保有思辨的精神和习惯。

有时科学研究的论文里会诚实地写道，这个实验只证明了相关性，因果性还未知。但是一到新闻报道和寻常人的理解中，这个相关性瞬间就变成了因果性，尤其当这个因果关系特别符合我们的直觉、思维定式、思维惰性或先入为主的观点时。

再回到开头的例子，有人拿着我10年前的照片跟我说："阿庞，你看照片上的你那么瘦，因为瘦，所以显得年轻10岁，所以你快减肥吧。"

因为瘦显得年轻，所以人就应该减肥，这也很符合我们的思维定式。但这张照片本身就是一张10年前的照片，"10年前"其实是那个C：因为10年前我代谢快，所以我瘦；因为是10年前，所以我当然看上去就年轻10岁。因此，瘦和年轻10岁本身呈相关性，并非因果性。现在你让我减肥，本来脂肪让我的脸显得很饱满，我这一瘦，坏事了，脸塌了，皮松了，看着更老了。

当相关性和因果性被混淆时，我们的行为会被误导，所以我们说"尽信数据不如无数据"。相关性和因果性有时的确很难被区分，但它们的差别却十分重要。最后再重复一次，相关性可以帮助我们推测，但只有建立了因果性，我们才能通过改变因去影响果。

思考与应用

- 有人观察到，性解放程度越低的国家生育率越高，所以就认为，如果某国想要提升生育率，就应该反对性解放，比如将性与生育绑定。这个观点一定站得住脚吗？性压抑和生育率之间一定是因果关系吗？
- 有研究表示"每天跑步5分钟能让人更长寿"，有什么合理的因 C 会同时给一个人带来"做到每天跑步5分钟"和"更长寿"的结果呢？
- 有这样一个数据，"结婚时买的钻石越大，离婚率越高"，这两者有因果关系吗？

第 2 讲

实然不能论证应然
从来如此，便对吗？

我们应该如何理解"落后就要挨打"这句话？

第一种理解：落后时更容易有人来欺负我。第二种理解：如果我落后了，别人打我、欺负我无可厚非，落后的人和国家就应该被欺负，甚至被消灭。这两种不同的理解分别对应了两个概念——实然和应然。实然，descriptive，是指对现实的描述；应然，normative，讨论的是什么是应该的、好的、对的、值得追求的。这一讲我们就来区分这两个概念。

他不该杀人 VS 他杀了人：实然如此，应然不该

先用一个最简单的例子来阐明基础概念。

第一种说法：他不应该杀人。这是应然判断，因为我们讨论的是对错。第二种说法：他杀了人。这是实然判断，我们没有在探讨对错，只是说这件事发生了。警察和法官试图确认某一个嫌疑犯有没有杀人时，是在做实然判断。我们讨论应不应该杀人，人有没有自杀的权利，我们应不应该废除死刑，我们能不能使堕胎合法化等，是应然层面的讨论。

在这个例子里，应然是立法层面的判断，实然是执法层面的判断。有时我们会问："应不应该支持安乐死？"有的人会回答说："不应该，因为安乐死不合法。"这就是问者和答者的讨论层面错开了——问者想讨论的是我们应不应该改变现状，答者说的是现状就是这样。

这两个概念也是很多学科中的基础概念。比如在哲学中，道德是一种应然层面的主张，探讨的是什么是对的、什么是应该追求的。再比如，行为经济学和传统经济学的不同在于，传统经济学假设人是理性的，所以它按照理性去推测人的行为和反应——但这在实然上可不一定，所以行为经济学的假设是，虽然理性上人应该这么做，但实然上人常常不会这么做。

比如你让一群人来猜"从美国波士顿骑自行车到佛罗里达州需要多久？"，或者"从佛罗里达州骑自行车到波士顿需要多久",按道理来说时间应该是差不多的,但是行为经济学家做了一个实验,发现大家都觉得从北向南要比从南向北快很多,因为人们直觉上认为从上往下更省力,从下往上更费力,但实际上这种直觉是不准确的。这就是一个直觉超越了理性的例子,应然上答案应该是一样的,实然上人类好像不太聪明的样子。

实然还是应然:门当户对是否过时?

在很多日常的表达里,我们的讨论究竟在实然还是应然层面往往是不清楚的,所以导致了很多鸡同鸭讲、南辕北辙的情况。

比如有一个我们常常会被问到的问题:门当户对是不是过时的婚姻观?"是不是过时的婚姻观"探讨的是实然还是应然呢?这就是语意不明的地方。如果是实然层面的讨论,我们只需要做一个问卷调查,看现代人在考虑婚姻时是否还在乎门当户对。如果这个问卷调查的结果告诉我们,更多的人不在乎是否门当户对,这就代表门当户对已经过时了。

如果要进行再复杂一些的论证呢?假设我们有20年

前的、10年前的和今天的问卷调查数据,并通过对比发现,人口比例中在乎门当户对的人数在逐年下降,这也能够加强"门当户对是越来越过时的婚姻观"的论证。

又或者,即使没有历史数据,甚至在问卷调查时发现仍然有超过一半的人在意门当户对,我们有没有办法进行实然论证?也有。比如可以按年龄层来统计,50后、60后、70后、80后、90后,分别对他们进行问卷调查。结果也许会发现,越老的人越在乎门当户对,越年轻的人越不在乎,那么我们仍然可以试图证明,从实然层面上来说,门当户对是一个过时的婚姻观。

那什么是应然层面的讨论?即抛除了实际的状况,去探讨现代人应不应该还在乎门当户对。也许实然上没有人在乎,我们也可以从应然上试图论证大家应该在乎;就算实然上大家都在乎,我们仍然可以从应然上试图论证大家不应该在乎。

看出实然和应然的差别了吗?如果要从应然上论证人不应该在乎门当户对,我们可以说,因为门当户对这一观念而棒打鸳鸯的做法已经不符合现代精神了;因为现代人的生活模式已经不再是大家族式的生活模式,所以家族是否匹配没有那么重要了;又或者说,因为现代社会已经开始尊重个人选择,而且两个相爱的人有足够的机会可以通过自己的劳动和努力去为了自己想要的生活而打拼。所爱隔山海,山海亦可平。此外,我们还可以举反例说有很多为了门当户对牺牲爱情的家庭过得并不幸福。

我们甚至可以去倡导美好的社会应该是什么样的:它应该有足够的社会流动性,能允许两个相爱的人不必在乎出身,靠自己的努力去追求幸福的生活;它还应该是人与人能尊重彼此选择的社会,如果今天你的后辈选择了与他相爱的人,你作为长辈或身边的人就应该支持和祝福他的婚姻。所以,在应然层面的讨论,我们可以推得更远。

实然不能论证应然:被误读的"存在即合理"

还有一句话叫"存在即合理"。很多人对这句话有误解并错误地使用它,试图用实然层面上的存在来论证应然层面的合理。比如有人会说:"从古至今都是'男主外女主内',存在即合理,这样的分工一定有道理。"这种说法不但构成逻辑上的混淆,也是对"存在即合理"的误读。

这句话实际上是黑格尔说的,原意是:凡是现实的都是合乎理性的,凡是合乎理性的都是现实的。这里的"合乎理性"和中文里的"合理"并不是一个意思，它并不代表应然上的正确，只代表这是有原因的、可被归因的、有迹可循的。

比如从古至今"男主外女主内"的思想，"存在即合理"这句话仅能证明这样的分工的起因是有迹可循的，或许是因为在狩猎时代这样的分工在应然上是好的，所以人们在实然上就开始这么做并一直这么做，但是这并不能代表应然上它在今天还是对的、好的、值得追求的。

我们用个类比来解释。比如羊遇到栏杆就会跳过去，这个在应然上是合理的，实然上是真实发生的。但当羊形成习惯之后，就算把栏杆移除，羊还是会跳，这个是实然上真实发生的，它有历史的原因，也有习惯的原因。但在应然层面上，羊在没有栏杆的时候还跳，这是愚蠢与错误的。

很多时候，当探讨一件事情在应然上是不是好的或对的时，总有人跟我们讲历史原因、进化原因，等等。这些原因有价值吗？或许有，但它没有回答这个问题，它的历史原因、进化原因不能够回应它在现在这个社会里，在应然层面上是不是仍然是好的、对的、值得追求的，这是两个不同的层面。

"ta 真的很努力"是不是一句好话？

曾经有个辩题："ta 真的很努力"是不是一句好话？我们应该从实然层面还是应然层面去理解呢？正方和反方的角度显然会不同。

认为"ta 真的很努力"不是一句好话的人一定想从实然层面去论证。他会说：在现实生活中我们使用这句话是有语境和习惯用法的。比如：

"小张在这个项目中表现怎么样？"
"他真的很努力。"

"如何评价这两个学生呢？"
"王同学很聪明、很优秀，张同学真的很努力。"

这一方会说语言的含义取决于社会环境下每个人对其的理解，是一种约定俗成。不管努力是不是一个可贵的品质，在现实生活中，我们只有在实在找不到一个人的优点时才会说：ta 真的很努力，所以这是一句坏话。

认为"ta 真的很努力"是一句好话的人，八成非常想从应然层面去论证。他会讲努力的意义、讲努力是一个优点，就算说出这句话的人十有八九心怀贬义甚至恶意，但听者应该如何解读这句话？我们仍然应该把它当成一句好话去听。别人夸我努力，我就高高兴兴地继续努力；别人暗地里说我笨，我心里要明白这是他的问题，是他的观念过时，他还认为人的能力是固定的、一成不变的、由天赋决定的。而现代观念主张的是成长型思维：只要努力，人就会不断地学习和成长，自以为聪明而看不起持续努力的人终究只能有小聪明。所以作为听者，我会觉得这是一句好话。这是应然层面的论证。

这时，想从实然层面论证这不是一句好话的人一定会试图说服观众：讨论要就事论事，不要扯远。当然，想从应然层面论证这是一句好话的人也会告诉你，应然层面的探讨更有指导意义。作为观众，你可以更喜欢正方也可以更喜欢反方，但是前提是要意识到，他们是在什么层面讨论问题。

人性本善 VS 人性本恶

下一个例子：人性本善还是人性本恶？这是1993年新加坡国际大专辩论会的决赛辩题。正方，台湾大学，认为人性本善。反方，复旦大学，认为人性本恶。双方都各自从事实和价值层面进行论证。下面先来梳理一下双方的核心论点。

正方（人性本善）的理论是"性善为本，性恶为果"：佛家说，一心迷是真身，一心觉则是佛。正因人性本善，每个人才能随时随地放下屠刀，立地成佛。而且为什么人一教就懂得什么是善呢？正因人有善端，才能被教化出善行。

就像小鸟有飞翔的基因，你教它，它就会飞；人没有飞翔的基因，再怎么教也没有用。同样，如果想种出西瓜，就一定要埋下西瓜的种子。虽然有时连日的暴雨让一些西瓜无法成熟或烂掉，但这不能否认埋下去的依然是西瓜的种子；就像有些人在恶劣的环境下会变成恶人，但这并不能否认人性本善。

而反方（人性本恶）的观点是：荀子说，人之性恶，其善者伪也。什么是恶？恶是本能和欲望的无节制扩张。周口店的猿人就懂得用火把将同类的头骨烤着吃，人们在孩童时就懂得嘲笑那些矮的、胖的、结巴的，所以人的自然属性本恶，文明和道德是人后天经过教化和改造后的社会属性。正方虽然说放下屠刀，立地成佛，但"屠刀"是什么？就是人与生俱来的私欲。唯有放下这些私欲，人才能接近文明和道德。为什么学好三年,学坏三天?为什么法律监管和道德教育花了这么多力气,世上的恶人和恶行还这么多?因为善离人的本性更远,想变恶只需遵从本性。

以上是双方在实然层面的论证——他们在描述、探讨、辩论和总结人性的面目。比如人在未受到社会教化或没有外在约束时是什么样的?是小时候更有同情心,还是长大经过教化才懂得"君子远庖厨"?究竟是恶人恶行多,还是善人善行多?学好容易还是学坏容易?这些都是事实层面的论证。这属于求真,双方认为人真的有一个可以被归纳的、较为统一的本性,这就像通过抛事实、举数据、举观测来争"地球究竟是圆的还是平的"一样。

而在应然层面,双方会讨论我们应该如何看待人的本性。他们都会说,如果你像我方一样看待世界会更好,反之则更坏。

正方会说,如果认为人性本恶,利他的人会被怀疑是居心不良,善良的人会被怀疑是装腔作势,行善的人会被怀疑是沽名钓誉;世间不可能产生真正的道德,人类无时无刻不需要外在约束和监督;世界被看成"狗咬狗"的战场,人们不再相信友情和约定,最后剩下无休止的囚徒困境……所以我们不能相信人性本恶,这会让世界变得更糟。

而反方会说，唯有相信人性本恶，人们才会重视道德教育，才会投入充足的资源进行法治建设，才能对自身的欲望保持警惕，才能做到"吾日三省吾身"。黑夜给了我黑色的眼睛，我却用它寻找光明。

说到这里，人性究竟是什么样仿佛已经没有那么重要，重要的是我们应该如何定义人性、看待人性、理解人性才能创造更美好的世界。何况，真的有一个统一的人性吗？人性是复杂的，如何看待人性，究竟是把复杂的人性叫作人性本善还是人性本恶，才更能够支持他们各自倡导的实现善的方式？这就是应然层面的论证。

应然层面的论证更具有指导性

同样的思路可以被应用在很多其他问题上，这些问题在实然层面暂时还没有统一的科学定论，或者永远也不会有，所以对它们的探讨更多是在应然层面上的。

比如人有没有自由意志？这个问题至少在目前科学研究中还没有定论，所以能讨论的只是我们应该如何认为。在支持"人应该认为自己有自由意志"的人看来，唯有这样想，人才会觉得自己的生命更有意义，才会获得主观能动性来改变自己或社会。

而支持"人应该认为自己没有自由意志"的人会说，唯有认识到人没有完全的自由意志，才不会将个人的成功都归功于自己，才不会对那些环境和条件都很艰难的人说"你惨就是因为你不如我有毅力，你的主观努力不如我"。因为一个人是否自律、是否能够努力，可能由他的基因决定，也可能受到客观环境的影响，而不是可以在主观上被完全掌控的。

还有一种情况，就是探讨的主体本来就不是在客观层面上一成不变的，它可能是一个人为概念。比如迟到的正义是不是正义？的确，你可以说：正义根据某种学说有三个标准，先看迟到的正义是否还符合这三个标准，再从实然层面去论证迟到的正义是不是正义。但这个论证并不完整，因为正义说到底并不是某种有质量和性状的物理物质，正义的定义和标准是人定的。

所以，当我们从应然层面去讨论迟到的正义还是不是正义时，我们讨论的是，如果还把迟到的正义叫作正义，它的好处和坏处分别是什么？

如果要支持迟到的正义仍是正义，我会说：无论时间，正义应该保有一个绝对的指引方向。如果迟到的正义不算正义，那一个案子在十几年后沉冤得雪，换来的却只有骂名，一个办案人员有什么动力在多年之后仍然努力？

对方也可以从应然层面去论证：如果迟到的正义也是正义，那办案人员有什么动力尽快调查，去避免冤假错案的发生？一句"迟到的正义也是正义"，就能让十几年的痛苦和委屈一笔勾销？这样的正义已经失去了正义的神圣。

"实然"留给科学家，"应然"留给我们

通过以上例子，我们对实然和应然的基本概念的区别已经非常清晰了。最后总结一下。

第一，应然可以被理解为我们应该如何看待一件事。有时实然论证和应然论证可以同时展开；有时实然论证是留给科学家的，留给我们的也许只有应然，即如何看待一件事，比如人有没有自由意志；另外，有时问题本身就倾向于人对主观概念的看法，比如迟到的正义是不是正义。

第二，要警惕用"实然层面的存在"去论证"应然层面的应该"，存在即合理这句话不能被曲解。实然是实际

的样子,应然是应该的样子。如果我们一直接受实际的样子,世界永远不会进步到它应该有的样子。

下班后的工作消息该不该回?要不要反抗"996"?或许这个消息我回了,或许我现在仍然在"996",但是现状的不理想和一个人的势单力薄都不应该成为改变应然标准的理由。无论是道德的律令还是对文明和幸福的永恒憧憬,都如同天上的北斗星在指引着方向。

就算我现在做不到,但我知道我是谁,我知道我想成为谁,我知道我理想的世界是怎样的。8小时工作制之所以出现,就是因为我们始终相信人是目的,不是手段。要是再有人说"从来都是如此",我们就怼一句:"从来如此,便对吗?"

思考与应用

- 如果一个成年女性的身高是2m,她可以明确被定义为高的;如果她的身高是1.3m,或许她也可以明确被定义为矮的;但如果像我这样,身高是1.6m,那我是高还是矮呢？而把一个1.6m的人定义为高还是矮，会有什么好处、坏处或实际的影响呢？
- 如果一个成年女性的身高只有1m，这是高矮的问题，还是疾病的问题？在身高上，疾病的标准应该如何界定？
- 有个辩题叫"对于女性在职场中的焦虑，男性是否可以感同身受"，我们如何分别从事实层面和应然层面上论证？其中，究竟理解到什么程度才能够被称为"感同身受"？对这个问题的回答会如何影响你对这一辩题的看法？

第 3 讲

行，但不对

杀一救百是不是正义？

2020 年 10 月，网上传出一封广西某大学生的公开信，声称"6 亿收入不到一千的穷人时刻在拖累我的国家"。他建议如果大学生联合起来，一个月杀光这些低收入者就可以省下无数的钱和土地。

如果要反驳他，我们该从哪里入手？是说这样对振兴祖国并无好处，还是说人是目的，不是工具，所以杀人牟利是错的？前者是在说"这样不行"，后者是在说"这样不对"。其实最有效的反驳是"这样做既不行也不对"。这位大学生的发言当然是极端的甚至是惊悚的，但是他的发言引出了一个常见的逻辑区分：行不行和对不对。

让我先列出一些相关辩题：要不要以暴制暴？要不要

进行营救式刑求？面对男性凝视，女性凝视是不是应对之道？要不要杀一救百？要不要征收肥胖税？这些问题都可以从行不行和对不对这两个方面来分析。

行不行，指的是这些行为能否实现行为实施者的功利性目的；对不对，指的是这些行为在道德上是不是正义的和应该做的。如果我们画一个2×2的矩阵，就会有4种结果：行也对、行但不对、不行但对、不行也不对。

营救式刑求，行不行？

先以"要不要进行营救式刑求"为例，讨论一种直觉上行但不对的情况。

营救式刑求指通过对犯罪分子造成肉体或精神上的痛苦，来逼迫其坦白对拯救行动有利的事实。在行不行的层面上，我们讨论的是：营救式刑求真的能达到救人的目的吗？在对不对的层面上，我们讨论的是：在文明世界中，我们能够虐待任何人吗？特别是当在紧急状况下虐待未经审判的嫌疑犯是不符合程序正义的，那还能这样做吗？

支持营救式刑求的正方当然想尽可能地论证营救式刑求既行也对——能救人也很道德。而反方自然想尽可能说明营救式刑求既不行也不对——既救不了人也不道德。

首先来看行不行这个层面的交锋。

正方为了证明营救式刑求能够救人，他一定会举那些成功的例子和数据，又或诉诸人朴实的推理能力甚至是情感和直觉。比如，他会描述某恐怖主义集团已经在一个人声鼎沸的广场上埋下了炸弹，既然现在已经抓到了其中一名成员，那就折磨其家人，一旦他无法忍受后说出埋藏炸弹的地点，成百上千的人就能得救。

并且有学术研究讨论发现，刑讯会削弱犯罪分子的意志，因此其供述的可能性会大幅提高。德国曾有一名11岁的男孩被绑架，绑匪领取赎金时被逮捕。但在随后寻找男孩时，无论警察如何动之以情、晓之以理，甚至连动用地毯式的搜索都没有任何进展。正常的2天审讯后，没有结果，考虑到男孩一直挨饿受冻，情况危急，警方决定警告他，除非交待男孩的下落，否则他将会在一个受过特别训练的人手中遭受巨大的痛苦，于是绑匪立即交代了藏匿男孩的地点。只可惜由于天气寒冷，男孩已经在警察到来前被活活冻死了。

正方因此总结：如果营救式刑求不被允许，警方破案的效率就会被降低，从而耽误救人的时机。否则他们本可以在类似的案件中适时出手，拯救无数的生命，而不是像您方一样束手无策，眼睁睁地看着无辜的民众活活等死。我看您方就是关心犯罪分子超过关心可怜的男孩，您方就是圣母！

好，现在冷静一下，看看反方会如何反驳。其实，我个人从直觉上能够接受正方所说的营救式刑求会增加救人的概率这件事，但是否意味着这件事就不能被反驳？也不是。

反方可以说，首先，你抓到的嫌疑犯是否真的属于这个犯罪团伙？这是第一个疑问。而且警察也没有读心术，无法知道该嫌疑犯是否掌握了核心信息，毕竟在犯罪团伙中并不是每个人都知道炸弹埋在哪里。

就算运气好，抓到的嫌疑犯的确是罪犯而且知情，但假设他是亡命之徒，是受过训练的恐怖分子，这些宁可咬舌自尽也什么都不说的人，很可能也不会透露任何信息。就算他说了，由于时间紧迫，警察也无法验证信息的真伪。另外信息是否还有用也不得而知。若其同伙转移了人质和炸弹，警察即使得到了信息也会受到误导。

此外，都柏林圣三一学院的研究表明，我们无法通过酷刑获得真实可靠的信息，因为酷刑会造成受讯者记忆错乱、提供错误信息。2014年美国参议院特别情报委员会做了一个关于CIA（中央情报局）营救式刑求的有效性研究，报告显示，营救式刑求效果不佳，往往产生不可靠的情报，未能带来重大情报收益，少数准确的情报也能从其他非酷刑渠道获得。因此，营救式刑求不仅无法达到救人的目的，反而会因为纠结于被逼供出的信息的真伪而耽误了最宝贵的营救时间。所以营救式刑求不能救人，我们不能采用。

经过如此一轮交锋，在营救式刑求行不行的层面，你会被正方还是反方说服？的确，我们可以看出营救式刑求有时有用，有时没用。而正方一定会揪住这点不放："哪怕只是'有时有用'，能救那么多人也是划算的。"这时，我们就要进入下一阶段的讨论：它对不对？

营救式刑求，对不对？

正方认为营救式刑求对的思路基本有两条逻辑线。

第一，他认为营救式刑求是有限定条件的，类似紧急避险，即在特定的、危急的情况下，我们可以剥夺公民的某些自由和权利。所以使用营救式刑求需要设立这样一些前提。

第一个前提，它一定是以营救为目的来阻止正在发生的危害，从而拯救生命。第二个前提，被审讯的罪犯是在正在实施危害的行为或正在犯罪时被抓获的，并且证据确凿，没有疑问。第三个前提，它是在紧急情况下当所有其他手段都失效时，作为最后手段使用的。

以上条件必须同时被满足，营救式刑求才能在危害公民生命、危害公共安全和恐怖袭击等案件中被使用，它是在最后关头可以把受害人生存的可能性和社会效益最大化的最后手段。因为它的使用十分谨慎，因为对其滥用有所监管，因为只在极其特殊的情况下把它当成最后手段，所以这是正义的。

第二，正方还会说，从功利主义的道德观来看，能最大化个体利益和社会整体利益的手段就是正义的。顺便说一句，在中文语境中人们往往对"功利主义"这一概念有些误解，可能因为"功利"二字往往是负面的评价——指唯利是图或自私，但其实这是翻译选词产生的错误印象。首先，功利主义（Utilitarianism）中的 Utility（功效）是一个比较中性的词，它计算的不只是钱，也可以是生命、福祉。其次，功效的计算不仅仅是自私的，相较于某一单独个体，它更多以社会的整体效益最大化为目标来计算。

而反方在这一层面会如何论证呢？

第一，任何人都应该享有不被虐待的权利。所谓疑罪从无，只要没有经过严格的、符合程序正义的审讯和宣判流程，嫌疑人就仅仅是嫌疑人，不能被当作罪犯对待。将一个无辜之人判为罪人的行为事关法律正义，其中有一套严格的过程，控方律师、辩方律师、法官、陪审团都需要反复验证与辩论，并且疑点利益归于被告。仅是检证这个环节，在中国平均需要2个月，而在德国要6个月。可在营救式刑求中，几个月的查证时间变成了几个小时，它简化了环节，缩减了辩护的时间，牺牲了谨慎的态度，那么它一定会牵扯到无辜的人。更何况，即使是罪犯也不能被虐待，这也是一个文明社会应该追求的价值。第二，哪怕一件事从功利主义的角度看是利大于弊的，它也不见得是正义的，因为人是目的，不是工具。

双方论证一旦进入这一步，问题就复杂了，因为这成了两种道德观的交锋。对于持有功利主义道德观的人来说，一切都需要权衡利弊，当一件事能使社会的整体效益最大化，它就是正义的。对于持道德绝对主义观点的人来说，他们心中有一条道德底线，不能因功效多少而逾越。

如果为了追求功效就逾越底线地去对待一个人甚至牺牲一个人，这就是不把这个人当人，而是一个工具。

当然，如果仅仅涉及每个人自己的价值观，其实并不需要互相比较和彼此说服。但我们不可避免地会进入团队或公共领域中，也就不得不面对不同的人有不同的价值观的情况。那么，立法也好，是否进行某种行为也好，都必须要得出一个"是否要这么做"的结论。至于到底推广哪一种价值观会让我们更容易得到别人的认同？我们可以通过下面的例子来感受一下，对于同一件事，两种不同的价值观下的不同说服方式。

利弊权衡中隐藏的风险与危机

这个例子是关于如何让本地居民更加接受外来移民的。

2017年，我曾看过特朗普刚刚废除DACA*时耶鲁大学学生的反对游行，因为特朗普废除这一政策，就代表他可以驱逐那些从小在美国长大的外来非法移民的后代。当

---

* DACA，全称为Deferred Action for Childhood Arrivals，即童年入境者暂缓遣返手续，指容许若干在入境美国时尚未满16岁的非法移民申请可续期的两年暂缓遣返，并容许他们申请工作许可。——编者注

时有两幕给我留下非常深刻的印象：一是有一个人拿着喇叭在人群中边走边喊"我们不是那种人，我们不是那种会拒绝别人伸出手向我们寻求帮助的人"；二是有人举着牌子，上面写着"我的祖父母也是外来移民"。

为什么我特别受震撼？我当时觉得，这种关于共情、关于诉诸"我们是拥有高尚价值观的人"的观点竟然是可以与人产生共鸣的。

我曾在新加坡留学多年，当然，很多新加坡的本地公民也非常反对外来移民，他们认为外来移民抢占了他们的工作机会，破坏了他们的生活环境等。而新加坡政府说服新加坡公民的理由总是诉诸外来移民带来的经济利益。比如有个印度移民在新加坡开了一个大型的 24 小时超市，为新加坡本地公民也创造了许多就业机会。这就是偏功利主义的论证方法。

的确，功利主义的道德观在团体讨论或公共辩论中是更容易被认同的。为什么？因为它主张你可以救更多的人，可以做到整体的利大于弊，可以让社会的整体福祉最大化，所以它像是不同价值观当中的最大公约数。

相比之下，像康德那样的绝对的道德观的论证责任更大，或者说，对与其道德观不同的人的教育责任会更重。

那么如何推广这种绝对的道德观？有两个办法。

第一个办法，描述场景或创造某种沉浸式的体验。利用视觉画面或其他感官体验来触发甚至动摇人心中的道德红线。

我曾经上过一门叫"公共领袖的道德选择"的课，授课老师曾经是麦肯锡的合伙人之一，他曾经帮美国政府执行过很多海外的任务。课程里有个例子，说当时美国军队进入阿富汗时，站在美国的角度，他们当然认为自己是在做一件正义的事。但同时，他们面临一个困境——必须要跟当地的地头蛇合作，才能保证行动成功。

与所谓的美国文明的标准相比，这个地头蛇简直无恶不作，暗杀、虐待囚犯、行贿。美军要不要为了所谓正义之举的成功与这些地头蛇合作？当然，有些人认为地头蛇的行为在欠发达的国家很常见，为了大正义放弃小正义的方式还是正义，但为了小正义放弃大正义就是妇人之仁。

但是当美军进到地头蛇的办公室，看到他真的把一些囚犯关在金属笼子里时——其中有些甚至是赤裸的、年幼的人——士兵们瞬间就开始怀疑这件事的正义性，这种感官上的冲击触发了这些美军心中的道德红线。

第二个办法是去论证为什么秉持绝对的道德观的世界

会更好。

比如支持营救式刑求的逻辑是：法律程序可以被缩减，就算无法确定疑犯是否有罪，也可以对其强加虐待。这也就是说：只要情况紧急人就可以不择手段。但要是把"可以不择手段"的原则放进一个社会中，这个社会会变成什么样？比如，一旦有不利的情报指向你我，我们只能百口莫辩，无法自证清白。这样一个没有程序正义的社会对百姓来说谈何安全，又谈何正义？一个丧失了正义性的政府在本质上又与恐怖分子有什么区别？当丧失了正义性的政府号召民众以正义之名去反恐时，它根本无法令人信服，反而会给恐怖主义更多的反政府和反社会的借口，恐怖主义只会越发猖狂，对整个社会的伤害更加严重。

第二种方法有些类似站在对方功利主义的道德观的立场去反驳对方。功利主义道德观中最大的存疑，不就是利和弊的计算其实难以被穷尽吗？

虐待了一个嫌疑犯却救出了几百个人，这样一比较好像很划算，甚至哪怕虐待10次，只有一次营救成功，那也是牺牲10个人，营救了几百个人。但这种计算利弊的方式真的准确吗？如果可以不择手段、牺牲无辜，可以不遵守程序正义……这样的观点和行为一旦被接受，它的影响范围真的仅有广场上的那几百个人吗？它会影响社会当中的每一个人。

君子有所为有所不为，这是一种自我的道德要求；但当我们说公权力要有所为有所不为时，这就不再只是一个道德感的问题。所以一种绝对的道德观，一种有底线的道德观，才能真正地保护社会当中的每一个人，这才是真正让社会整体效益最大化的方式。

以上就是行不行与对不对两个层面会产生的四种情况，可以总结为：既行也对，人们都想要；既不行也不对，人们都不想要；不行但对，一般也没有人提出要这样做；最常见及复杂的状况就是行但不对，这就涉及了道德观之争。接下来，我们对以上这四种情况的案例分析举一反三，让其成为分析问题的框架和方法。

面对男性凝视，女性凝视是不是应对之道？

再来看第二个常见的辩题：面对男性凝视，女性凝视是不是应对之道？

男性凝视是指在视觉艺术和文学创作中，从男异性恋者的角度描绘女性和现实、将女性客体化以取悦男异性恋观众的行为。男性作为权力的上位者，期待或要求女性符合他们想要看到的女性气质，比如外表要白幼瘦、头发要黑长直，内心上服从、不争权，对男性温柔体贴，不符合这些标准的女性会被嫌弃，甚至受到某些形式的惩罚。

相应的，女性凝视是什么？是女性作为"妈妈粉""女友粉"去凝视影视小鲜肉，还是女性团结起来开始在生活和职场上对"中年油腻男"指指点点？

也许女性凝视能够减轻一些男性凝视给女性带来的伤害。例如，或许很多男性只是从出生时起就被按照刻板印象培养，他们并非有意识地在凝视，并且也没有意识到这种凝视是不公平的，会对女性产生切身的限制和伤害。只有当他们也受到女性凝视时，才会意识到原来被当作客体凝视是如此不舒服，这时一部分男性才会真切地理解女性的困境，减少自身的男性凝视。

相反，我们也可以从女性凝视不是应对之道的角度来论证。比如，在社会性别权力结构没有被扭转之前，根本不可能存在有效的女性凝视。凝视指的不只是"看"，而是这种看造成的压力和影响。当下，女性的眼光显然无法对男性造成同等的压力和影响，所以女性凝视也只不过是一厢情愿的、表面上的模仿，它缺乏凝视的实质。

以上是在行不行的层面来论证女性凝视的效果，在对不对的层面，让我们姑且站在反方——女性凝视不是应对之道——的角度去论证。

正方肯定认为，用女性凝视来对抗男性凝视就算不是万能的，也会起到一些作用，只要它解决了一些，它就是好的，也就是行的，行的就是对的。

反方反驳的第一条路就是呼吁一种高尚的、有底线的、"有所为有所不为"的价值观。比如，即使女性凝视有效，但是这样以暴制暴的方式真的对吗？我们是这样的人吗？我们真的做得出这样的事情吗？这样我们与自己最瞧不起、看不上的人有什么差别？这不就是屠龙少年最终变成了那条恶龙吗？

这是不是和论证"不支持营救式刑求"的思路很像？第一步是从道德上呼吁任何人都不应该被虐待，第二步是站在对方功利主义的道德观视角去质疑他的功利计算。

反方辩护的第二条路是：当嘲讽男性"矮穷矬"时，女性的思维是不是也回到了传统的性别刻板印象中？这世界上有那么多负面词语，为什么专挑"矮""穷""矬"来针对男性？这是否映射了在传统观念中，男性被认为是高大、威武、保护人的那一方？是负责赚钱、应该赚钱的一方？是应该成功、有担当，领导世界的一方？

所以，使用这套话术到底是削弱了性别刻板印象，还是巩固了它？而它一旦被巩固，对女性的伤害更广泛、更严重。因为对男性的刻板印象是要成功、要有担当，这固然是一种压力，也违背一部分男性的意愿，但总之它能把男性往更"成功的个体"的方向推，而社会也会为其创造条件。相反，对女性的刻板印象恰恰是不要成功、不要担当，社会为女性成为成功而独立的个体设置了种种障碍。所以当使用这套符合性别刻板印象的话术去贬低男性不够强壮、不够有钱、不够有能力时，这对女性自身是"伤敌八百，自损一千"。

相互作用的行与对：杀一也许不能救百

最后来总结一下。第一，我们对一件事情的讨论可以被分为两个层面：行不行和对不对。第二，行不行这一层面的讨论主要拼的是双方摆事实、举数据的能力，比如调查使用营救式刑求的结果到底是成功救人的情况比较多，还是耽误救人的情况比较多。第三，在对不对这一层面上，正方的论证逻辑往往是：如果站在功利主义的道德观上，行就代表对，而功利主义的道德观又有更为广泛的群众基础，又或它是秉持不同价值观的人当中的最大公约数。

而反方第一步可以通过道德呼吁来反驳：我们不是这样的人，我们不能成为自己最鄙视的人；文明社会中的我们应该有追求，有底线。

第二步可以站在对方功利主义的道德观的立场去质疑对方的功效计算有问题、不全面。比如反方会说，营救式刑求被接受，您方的世界就是一个允许不择手段的世界，我方的世界是一个不允许不择手段的世界，双方世界的差别非常大，这种分歧造成的负面影响的范围非常广。

反方常常这么质疑，所以现在你就可以理解，为什么正方很喜欢为一件有争议性的事情限定使用场景了。在营救式刑求的例子中，正方一定会说这是在能救人，确定这个人是犯罪分子，并且逼不得已、没有其他办法时的最后手段。或在杀一救百的电车难题中，正方一定会说：我们只是在这种确定会成功且没有其他办法的情况下，才把杀一救百作为最后手段，这是无奈之举。

思考与应用

- 套用"营救式刑求"的思路,思考我们是否要以暴制暴?
- 试着分析"征收肥胖税"如何不行,又如何不对?
- 著名的MBTI性格测试中有一个维度是Thinking VS Feeling,也就是思考VS情感。前者重分析,喜欢用逻辑和客观的方式做决策;后者相对不重视逻辑,而偏向用价值导向或情感的方式做决策。这两种人谁会更容易被说服?或他们分别更容易被哪种方式说服?

第 4 讲

滑坡是谬误，也是合理质疑

安乐死应不应该被合法化？

你是否也听过这样一种论调："如果同性婚姻可以被合法化，是不是恋童癖也可以被合法化？下一步我们是不是就允许人跟猴子、跟桌子结婚了？这太可笑了，所以同性婚姻不能被合法化。"这种论调是不是很熟悉？这个论调涉及一个常见的概念：滑坡论证。

滑坡谬误：一环连着一环的不成立

滑坡论证常常会被当成一种逻辑上的谬误。它的逻辑是：如果 A 发生，B 就会发生；如果 B 发生，C 就会发生；如果 C 发生，D 就会发生……直到 Z 发生。由于 Z 是一件听上去非常恐怖的事情，所以不能允许 A 发生。

而谬误就在于，人们使用滑坡论证时并没有去推理和论证当中的每一个环节是否真的成立，一环成立连着下一环成立，最后武断地得出一个很可怕的结论。

有几个典型的例子：

第一，你今天敢擅自用同事的钢笔，明天你就敢擅自用他的钱包，后天你就敢用更多人的钱包而不告诉他们，你就会变成一个小偷，所以不要动同事的钢笔。

第二，今天如果我们让自愿安乐死合法化，不久的将来，我们就会允许非自愿安乐死发生，我们就会去屠杀所有劣等的人，我们就会变成法西斯主义者，所以安乐死不能被合法化。

第三，如果美国今天开始限制拥枪，就会在未来禁止拥枪。那当恐怖分子出现时，美国人民就不能用枪来抵抗，恐怖分子就会控制美国，所以限制拥枪会导致美国沦陷。

第四，这条路的限速 70 迈，如果你说 71 迈跟 70 迈没差别，那 72 迈跟 71 迈也没差别，73 跟 72 也没差别，所以你只要敢开 71 迈，你就敢开 130 迈，这太可怕了。

为什么这些例子听上去都那么无理取闹？问题就在于

这当中每一步的因果关系都不是必然，或者非常微弱，甚至是无稽之谈。并不是车一旦从山顶往下滑了10米，它就会无限制地滑到山底。我们可以控制车速、掉头转向，这个坡上也有可能有障碍物……总之，并不是A发生了，Z就必然会发生，所以不能因为Z很可怕，就去禁止A。

比如，谁说我随意用同事的钢笔，就会导致我随意用他的钱包？这完全是两种不同的道德性质，我只做道德允许的事，所以并不会产生滑坡论证，这当中有道德的对错作为阻拦和路障。

再比如，量变会带来质变。虽然限速70迈，但我认为开71迈可能还是安全的，但这不代表我认为开130迈还是安全的，所以这一滑坡论证也毫无道理。

滑坡论证常在什么情况下发生？往往是处在激烈争论中的人倾向于夸大一件事的后果或者带来的连锁反应时。又或者最终的那个Z确实很严重，有些人就利用这种恐慌转移听众对中间诸多环节论证力度的注意力。

关于安乐死的滑坡论证：人是否有放弃生命权的自由？

下面进入一些更复杂的情况。

滑坡论证经常会被直接等同于逻辑谬误，主要因为其中上一件事必然会带来下一件事是没有经过论证的。

但是如果是经过论证的情况呢？换言之，如果有良好的证据显示，初始行动必然或有极高的可能性会带来某些结果，那么滑坡论证也可以被作为一个好的方法，至少是一种合理的质疑。追求逻辑的一致性是一种正当的诉求，有时使用滑坡论证，是为了指出支持某件事的理由可以直接被用来支持其他的一些事。

拿被动安乐死和主动安乐死举例：被动安乐死是指停止人为的支撑和不再使用延长病人生命的药物和仪器，等待病人自然死亡。主动安乐死是指主动给病人注射毒药，让其即刻结束生命。

世界上有许多国家允许被动安乐死，但不允许主动安乐死。如果我现在作为反对被动安乐死的一方，我会和对方说：如果允许被动安乐死是为了尊重个人决定自己生死的权利，那有什么理由反对主动安乐死？这背后的逻辑是一样的，既然您方不接受主动安乐死，又为什么要支持被动安乐死？

这的确是一个有意义的质疑，因为它会带来对两件事情的讨论。第一，支持被动安乐死的原因或限定条件是什么？第二，被动安乐死和主动安乐死有什么本质的区别？

不同的人支持同一件事的理由很可能不一样，比如一个支持被动安乐死的理由是，我们认为处于绝症末期的生命是痛苦的，不值得活的，所以人们有自由和权利选择有尊严地离开。出于这种理由，被动安乐死和主动安乐死并没有差别。

但如果此时多了一个限定条件——同时认为人应该敬畏自然，所以人只能等待死亡自然到来，不能主动创造死亡，这时，两种安乐死的方式就有了至关重要的区别。

另外一个例子是，能不能用不应该支持自杀来论证不能支持安乐死？

如果我的对方辩友支持安乐死的唯一理由是，人对自己生命的决定权是至高无上的，我会质疑他说：您说生命是自己的，所以我们应该拥有最终决定权，当我们认为痛苦无法忍耐，死亡才更有尊严时，就应该拥有选择安乐死的权利和自由。

请问，如果我拥有这种至高无上的决定权，为什么一定要有医生证明我的确处于不能忍受且无法被减轻的痛苦当中？为什么我不能自己决定？如果真的拥有这样至高无上的决定权，那我们也应该允许自杀。即使他人不认为我的痛苦不能被减轻及不能忍受，只要我自己这样认为，即使我年轻、健康，我也拥有选择安乐死的权利和自由。所以一旦安乐死合法化，我们根本没有理由反对自杀。

这样的质疑能否给对方辩友造成压力，取决于他对自杀的态度。如果他说"对，我们就是不应该反对经过深思熟虑的自杀"，我可能就要换一个角度去反驳。这里，对方辩友也展示了另一个反驳滑坡论证的方式，那就是：就算做了A会出现Z，那又怎么样？Z虽然听上去可怕，但实际上没什么问题。

可能对方辩友还有另一种回应，就是他也认为不应该支持自杀，那么他就必须要论证，为什么安乐死和自杀有本质的区别？或者他会对他支持安乐死的理由增加一些限定条件。总之，他会努力论证为什么支持安乐死合法化不代表支持自杀也要合法化，毕竟对很多人来说，自杀并不是一件好事。

以上这样的对于滑坡论证的可能性讨论十分有意义，它能让我们检视自身的逻辑和价值观的一致性，也让我们发现不同立场的人甚至是同一立场的人真正的共识和分歧在哪里。

比如支持"如果安乐死被合法化,那么自杀也要被合法化"的人认为,人对自身命运的支配权高于自然规律,人定胜天。而不接受"支持安乐死可以推论到支持自杀"的人认为,有没有身体上的绝症和是否接近自然死亡是这两者至关重要的差别,或许他们并不认为人有完全决定自身命运的权利,他们只是认为安乐死是在一种极端的、无逆转机会的情况下减少痛苦的一种方式。它不是人定胜天,而是人拜倒在命运脚下时最后的体面。

其实,很多反对安乐死合法化的人怕的就是这样一种滑坡论证:认为有一种生命是不值得活的。如果今天开始区分绝症的病人可以死,年轻的、身体健康的人不可以死,这意味着已经承认了,不是所有的生命都值得活。接着就会开始区分什么样的生命值得活,什么样的生命不值得活,生命随之就被分出三六九等,也就再无平等的可能。

然而这是一种非常危险的价值观,是很多区别对待的根源,甚至是把某一部分人不当成人的行为的起点。而且这种标准貌似是公认的,所以是"公正的"。可如果公认的标准认为一个癌症末期的人不值得继续活下去,但是这个人自己还想活呢?

有些人对文明社会的底线是有信心的,他们相信"自愿"是一条不可逾越的底线,所以这个滑坡论证不下去。但也有些人对人性没有信心,对"自愿"在执行层面上的表现没有信心。

总有人说,一个癌症末期的病人已经没有扭转的机会了,活着就是在烧钱。但是他不想死啊,他会不会因为有压力,所以自己提出要安乐死?会不会有旁人对他指指点点,觉得这个人怎么这么不懂事?家人的某个眼神会不会让他多想?虽然我们认为一个自愿安乐死的人应该拥有自由和权利这样去做,但是我们如何判断他是不是真正是自愿的?政策的制定要考虑最终的利弊比较,为了不伤害大多数被迫自愿的人,两害相权取其轻,我们只能限制那些真正自愿的人的自由了。

提炼一下逻辑,我同意一个身患绝症十分痛苦的人应该拥有结束自己生命的权利。但由于这个支持的理由太容易被滥用造成滑坡论证,比如造成不自愿的安乐死的发生,比如会让人认为,一些人的生命是不值得活的,所以这些人不会得到平等的待遇,等等。所以在实际操作的层面,我宁愿不支持安乐死合法化。

关于同性婚姻的滑坡论证：有效自愿与道德原则

安乐死的问题暂时讨论到这里。下面回到最开始的问题，如果同性婚姻可以被合法化，那是不是乱伦、恋童都可以被合法化了呢？

提出这样滑坡质疑的人背后的一致逻辑可能是：既然人有婚恋的自由，那就有彻底的自由；既然人可以追求自由，那也不必受其他传统伦常的限制。

又或者换一个方式理解，你今天要是批准了同性婚姻合法化，那以后要有乱伦、恋童的人找上来，你有什么理由拒绝他们？这有点像新加坡政府部门办事的情况，他们最担心的就是创造先例。放到公司的行政部门也是一样，一旦你批准了这个，再有一堆类似的请求，你怎么拒绝那些？

比如美国是一个判例法的国家，一旦一个案子是这样判的，这个判决就成为了法律，以后再发生类似的案子，一方律师会拼命证明，现在这件事和以前的判例是一样的；另一方律师则会拼命证明，现在这件事和以前的判例有本质性差别。这像不像上文中，比较被动安乐死和主动安乐死到底有没有本质性差别的思路？

说回同性婚姻。文明社会的两条最基本的行为原则是自愿和对他人无害。支持同性婚姻不仅仅是因为人有自由选择的权利，也因为同性婚姻同时符合这两条原则，所以才可以被合法化。但这套支持同性婚姻的理由，真的能够被用来支持所有其他非主流的性偏好吗？

首先，恋童显然不满足这套标准，未成年儿童不具有完全民事行为能力，简单来说，他还没有能力知道自己是不是真正自愿的。未成年人在经济能力和心理认知上与一般成年人仍有差距，因此在生活中更容易对他人形成信赖和依附关系，性意志更容易受到影响和操纵，这就是为什么有法定的未成年人性同意年龄，也就是能对性行为作出有效同意的最低年龄。在我国，性同意年龄为14周岁，也就是说，与不到14周岁的未成年人发生性关系，哪怕这个未成年人表示自愿，也算作强奸，且加重量刑。

而什么是"有效的自愿"也是一个比较复杂的问题。除了最低年龄，在性同意方面，还有一个概念叫"不平等关系或地位"，比如监护人与被监护人、老师与学生、教练与学员、上下级、偶像与粉丝之间的关系等。利用权威地位、受信赖地位等不平等关系或地位，与未成年人甚至是成年人发生性关系，在道德上甚至法律上都是不被接受的。

归根结底,这样的自愿不是真正独立的判断,很可能是直接或间接被逼迫和操纵的结果,所以不算作有效的自愿。这就是为什么接受同性婚姻合法化,不能被滑坡论证到允许非自愿或无效自愿的性关系,比如恋童、师生恋、"睡粉丝"的行为。有效的自愿这条原则,就是这个滑坡论证的路障。

还有一个较少被提及的概念:动物恋。支持同性婚姻合法化,代不代表我们就要接受动物恋或者兽交合法化?

第一种情况,我们确实可能可以从支持同性婚姻合法化滑坡论证到支持动物恋合法化。但前提是认为动物不是道德实体,不必在乎它们是否自愿、是否受到伤害。既然我们认为不符合传统风俗不是滑坡的障碍,那么我们可以支持同性婚姻合法化,也可以支持动物恋合法化。

第二种情况,可以支持同性婚姻合法化,但不支持动物恋合法化。我们认为动物是否自愿、是否受到伤害也应该被考量,所以同性恋和动物恋有本质的差别。因此支持同性婚姻合法化的那一套理由并不能被用来支持动物恋合法化。

具体来说,第一个差别,美国人道主义协会称,动物没有能力像人类一样思考，所以它们不能给予完全知情的同意。该协会认为，不论动物有没有在过程中受到伤害，所有人类与之发生的性行为皆是虐待，而真正的性同意意味着双方必须神志清醒，充分知情，积极地面对欲望。因为我们无法知道动物是否真的同意，所以动物恋有悖道德，所以很多国家是通过动物保护法或者反虐待动物法来禁止动物恋的。

第二个差别，在中国香港的法律中，兽交是违法行为，违法者可被控以"违反自然性交罪"。值得注意的是，该法律已经把成年人间的肛交去罪化了，也就代表他们认为同性性行为不违反自然性交，但人与动物的性行为违反自然性交，他们认为这里有一个至关重要的差别。

什么是非自然法性行为？它的起源是中世纪基督教的神学观。而不属于神学自然法规范的性行为一般指男性之间的肛交行为，也可能指女性之间的性行为、人类与动物之间的性行为，以及人类的一切非生殖性性行为，比如自慰。性悖轨法（Sodomy law）就是把非自然法性行为定义为犯罪行为的法律，比如新加坡法律直到今天还仍然留有英国殖民时期留下的"鸡奸罪"，虽然他们不会积极执行。

很显然,这种"符合自然的、符合风俗的、符合传统道德要求的"标准哪怕是在有宗教依据的西方社会,都在逐渐瓦解。比如同为非自然法性行为,非生殖性性行为和同性性行为在大多数文明社会都已经被接受,那么依照这条法规去反对兽交的观点能成立多久呢?换言之,如果某种行为没有造成其他实际伤害,只是违反了无论是基于宗教还是习惯的禁忌,一旦我们开始接受了某种禁忌被打破,这确实可以滑坡论证到我们会接受更多的禁忌被打破。

再说回乱伦。有些人认为某一社会一旦接受同性婚姻合法化就会接受乱伦合法化。但因为乱伦不能被接受,所以同性婚姻不能被合法化。

关于乱伦,我们一般认为它与同性恋的区别在于,乱伦会造成伤害,最严重的是近亲繁殖会增加遗传疾病发生的风险。而我们一般认为健康不只关乎对个人的伤害,也关乎给公共医疗系统带来的负担。

听到这里可能有人会问,男同性恋之间的肛交也容易传播艾滋病,在健康这个维度上,这与乱伦有什么区别?这里要引入一个概念,叫根属性。利于艾滋病传播的因素不见得根属于同性性行为,而是根属于未受保护的同性性行为。

有人又会说，这个逻辑也可以用来套在乱伦上，谁说乱伦就一定会带来伤害？如果双方自愿去结扎呢？如果通过基因测试排除了遗传疾病的可能性呢？甚至进入到思想实验的层面上，如果可以防止任何实质伤害的发生，我们还有理由反对近亲结婚吗？

前一段时间，我参与了一个有关恋童的道德评价的讨论，有些人最初的想法是，如果有人天生有恋童癖，他有道德义务去进行矫正和治疗。另一些人提出做一个思想实验：如果我们能够保证有恋童癖的人只利用虚拟的漫画、动画、VR技术或想象来满足自己的性癖好，永远不会伤害到真正的孩子，他的癖好可以被接受吗？他有道德义务进行矫正吗？这时大家的想法就变成了，虽然还是觉得怪怪的，甚至不太舒服，但好像也说不出不带来伤害的恋童癖到底哪里不可以被接受。

这里涉及一个概念，叫作道德失声现象。比如，我们之所以认为"乱伦是错的"是出于一种直觉上的反感，这种反感好像不来源于它造成的伤害。因为就算对于没有造成任何伤害的乱伦或者恋童行为，我们也有一种直觉上的反感甚至是恶心。这种对乱伦、同性恋或动物恋、跨性别甚至是"娘娘腔"的反感是难以用理性解释的，它先于合理化的解释。

这种反感是天生的吗？还是后天习得的？在人类社会中它是普遍的，还是取决于不同文化的？它是如何在进化中和社会中被建立的，又是如何消失的？我们能基于这种直觉上的反感就立法禁止某种行为吗？有些人对衣衫褴褛的乞丐还觉得反感，我们能因此就禁止乞讨吗？这当然是说不通的。但放到另一些例子上，我们好像确实因为直觉上的反感而影响了我们的道德观，甚至是立法。然而现实中的敏感议题，其复杂程度远超某一条逻辑或原则的滑坡论证，社会主流的道德直觉依旧有很大的影响力，甚至在很多地方仍会被作为评价体系中的一个重要标准，且这种道德直觉是非常细分的。

政策和法律是不同价值观博弈和平衡后的结果，因为我们常常需要对具体情况进行具体分析，所以滑坡论证多数时候都立不住，但是利用滑坡论证和思想实验往往也可以帮我们发现事物之间真正的区别在哪里，以及一件我们觉得可以接受和一件我们觉得不能接受的事之间，真的有道德直觉之外的差别吗？

思考与应用

- 如何反驳以下滑坡论证？可以举出哪些实例？

    如果政府提供免费医疗，下一步人们就会索要免费住房、免费车、免费手机，所有的东西就都得免费了，国家的经济就垮了。所以政府不能提供免费医疗。

- 在哪两个推论步骤使用反例，可以加强对以下滑坡论证的反驳？

    我们不能允许医生给病人开大麻作为治疗药物，因为这会让人认为大麻是寻常的，是可以被接受的，下一步人们就会要求娱乐性大麻合法化；一旦娱乐性大麻对成年人合法化，下一步就会在未成年人当中变得寻常，这太可怕了。

- 针对以下这句话，你能不能综合以下两种不同的情况来反驳？第一种，A不会带来Z；第二种，就算A会带来Z，又怎么样呢？

    今天你允许了小张请带薪病假，明天其他人都要请带薪病假怎么办？

第 5 讲

平等与正义之间隔着一个公平

为什么现阶段需要强调女权?

有句话我们常常看到:"我们不要女权,我们要平权。"考证过"女权"一词出处的人都知道,女权其实就是平权,女权追求的就是两性平等。那它为什么要叫女权而不叫平权或是人权呢?还有人说,"关照和扶持女性是在推崇女尊,强调女性视角是在追求女性至上",如果遇到这样的观点,要如何反驳?另外,那些出于善意的保护女性的"骑士精神",究竟是不是性别歧视?

这一节的重点就是通过区分"平等""公平""正义"这三个概念的分析框架,来讨论以上这些问题。

平等 VS 公平 VS 正义

有这样一个漫画，三张图分别都画了三个身高不同的人站在围墙外看足球赛的场景。第一张图，他们虽然身高不同，但踩的是同等高度的垫子，所以高的人能看到比赛，矮的人看不到。第二张图，三个人踩的垫子的高度不同，高的人踩矮垫，矮的人踩高垫，最终三者的视线都在同样的高度，都能以同样的视角看到比赛。第三张图，赛场的围墙被拆掉并换成了透明的矮网，每个人不需要踩着垫子就能看到比赛。

第一张图体现的是 equality，平等，它不论差异，给每个人完全一样的支持。第二张图体现的是 equity，公平，它为弱势群体提供更多的帮助，以达到结果上的平等。第三张图体现的是 justice，正义，它去除了不公平的源头和系统性歧视。

所以，在没有达到第三张图，也就是正义的世界中，完全一样地对待不同的人群，不见得是最公平的选择。

美国大学针对录取黑人的《平权法案》

理解这个问题最直接和简单的例子是美国大学针对录取黑人的 Affirmative action，"肯定性行动"，它也被翻译为《平权法案》，或被称为优惠性差别待遇、积极平权、矫正歧视措施，等等。它指的是通过优待少数群体或弱势群体，来对抗他们在就业和教育上受到的歧视，从而达到各族群之间结果平等的状态。

在这种情况下，黑人的种族身份会给他们的大学录取带来加持，也就是说，当其他条件相同时，黑人会比白人更有机会被录取。甚至在黑人的客观分数不如白人的分数时，结果也是黑人被录取，而白人则没有（当然，因为美国大学录取本来就考虑很多不同的因素，像黑匣子一样，所以也很难做出直接和量化的比较）。

这是一个典型的可以用来讨论公平的例子，它追求的是对歧视的补偿，以达到大学中种族比例在结果上的平等。也就是说，通过过程不平等，达到结果平等。那么，关于大学录取的《平权法案》到底补偿的是什么？补偿的是代际积累的种族不平等。

美国直到 1865 年才废除了奴隶制度，而且之后还有很多不平等政策，比如吉姆·克劳法*。它制造种族隔离、限制黑人的投票权、规定黑人和白人使用不同的公共设施和交通工具等，所以黑人能使用的公共设施，如图书馆、学校等，远不如白人。这个法到了1965年才被彻底废除，大概就是电影《隐藏人物》(Hidden Figures)里面讲的那个年代，NASA都已经把宇航员送入地球轨道了，但他们的黑人女科学家还不能跟白人使用同样的饮水机呢！

1965年离现在其实并不远，我的父母就是1963年生人，也就是说，哪怕是现在进入大学的黑人，他们的父母也是在种族隔离制度废除后不久才出生的。这一制度被废除后还有很多其他限制，比如经济歧视，直到1980年代，美国还有一些社区银行、诊所、超市拒绝服务黑人，有一些房子不卖给黑人等，这些种族歧视影响了黑人的经济和教育水平。

众所周知，一个孩子的学习表现或者说为了达到与其他人同一水平的表现，所要付出的努力程度与ta的家庭起点有很大关系，比如取决于经济状况和父母的受教育程

---

* 吉姆·克劳法（Jim Crow laws）指1876年至1975年间，美国对黑人实施种族隔离与歧视的法律或制度工具。——编者注

度。特别是美国的大学录取制度更考虑综合因素，比如课外活动、体育等，这些就更需要家庭的支持才能培养，比如，培养一个运动特长是很贵的。

而美国各学校之间的条件和质量也很不平均，穷人上得起的学校在教育水平、课外活动、运动团队等方面就是不如那些富人去的学校。再加上美国很多大学还有 legacy preference，也就是说如果你有亲人是这个学校毕业的，那你被这个学校录取的机会就更高。这也几乎都是白人在受益，因为倒推几十年，大学里根本没什么黑人。

而《平权法案》就是为了补偿黑人在几百年内受的压迫中累积下来的代际劣势。换句话说，一个白人如果在美国高考 SAT 中能考到 1500 分以上，加上参加什么管乐队、冰球队，他所要付出的个人努力是远远少过一个能达到同等水平甚至是稍差一点水平的黑人孩子的努力的。所以，在录取过程中给黑人以优待政策，就类似于给高个子矮垫子、给矮个子高垫子的"公平"做法。

从数据上来说，平权法案确实给美国的大学和职场带来了种族方面的结果平等。比如 1980 年，美国联邦政府要求自己的供应商执行《平权法案》，因为有了政府要求，这些机构中少数群体的员工数量提高了 20%。

但通过补偿性的手段来达到公平是不是最理想的状态？我认为不是。如果能达到第三张图中的正义，那么不需要这些补偿性措施就可以达到平等，这当然才是最理想的。

即便有了这些补偿性措施，现在美国社会中对黑人的系统性种族主义和无意识偏见依旧存在。比如2020年的"Black Lives Matter"运动是被什么点燃的？首先，乔治·弗洛伊德事件的出现代表美国警察会更容易把黑人看作疑犯并对待黑人疑犯时的态度会更恶劣。而且，同一天在纽约的中央公园，有个黑人男性叫一个没有拴狗的白人女性拴狗，那个白人女性就报警说"有个黑人在威胁我和我的狗，快派警察来"。大家就认为，如果是个白人男性叫她拴狗，她还会有这么大的反应吗？她是不是根深蒂固地还是觉得黑人就是坏人，这对黑人公平吗？

再比如，现状下黑人婴儿的死亡概率是白人婴儿的三倍；在新冠肺炎大流行期间，美国少数族裔感染和死于这种疾病的可能性是白人的两倍；《英国足球评论》的研究发现，"在战术上，白人男性被描述为'聪明'的可能性比黑人高出60%，但黑人足球运动员被称为'强悍'的比例则要高得多。这一研究突出显示了我们在种族偏见上的盲点"。

总的来说，最终我们理想的世界是一个任何颜色都能得到公平和平等待遇的世界，是一个完全 colour blind（不分颜色）的世界，是一个完全不需要考虑种族因素的世界，那时所有的系统性歧视已经被消除，我们做到了正义。

但如今黑人依旧在遭受种族歧视，这时我们不能给黑人和白人同等高度的垫子，而是需要给黑人更高的垫子，至少先做到结果平等。所以，面对那些看到给黑人的垫子比给白人的高就喊"对白人不公平"的人，我们可以用以上道理去反驳他。

在存在系统性种族歧视的世界里，如果给黑人和白人同高度的垫子反而才是不公平。这是为什么"黑人的命也是命"这一主张要被称为"Black Lives Matter"而不是"All Lives Matter"，因为白人的生命本来就受到了应有的尊重，这个口号强调的，是要把黑人在现状下的劣势补齐。又或者说，"All Lives Matter"听上去太像给每个人同样高度的垫子，而在种族问题上，现状下美国社会需要的不是达到平等，而是要达到给黑人更高垫子的公平。也就是说，如果我们能达到第三张图那是最好的，但是如果达不到，我们需要的也是第二张，而不是第一张。

当然，美国大学录取的《平权法案》也有很多争议，甚至也可以被反驳。比如美国亚裔就曾因此起诉哈佛大学。

美国亚裔是一个神奇的存在，他们对《平权法案》的一些核心逻辑和假设构成了挑战。其实，亚裔在美国也是受到系统性歧视的少数群体，但是这些孩子的成绩却特别好，好到不但不需要被降分录取，学校还得把录取分数线调高。也许这是因为亚洲人的文化中对学业的重视，也许这只是一种选择性偏差——当年移民至美国的亚裔，大多要不就是虽然文化程度低但是机智、勇敢、勤劳，因此才能成功地漂洋过海；要不就是受过高等教育去美国从事学术工作。

总之，亚裔证明了即使因为肤色受到了不公平的待遇，至少在学业和成为大厂打工人这件事上，是可以靠个人的努力克服逆境的。于是有亚裔反对说："黑人成绩欠佳不是因为他们受到种族歧视，而是因为他们不够努力或者整体文化上不重视学业，凭什么把白人，特别是我们亚裔的名额让给他们！"

这就是一个有争议的话题了。首先，究竟是黑人抢了亚裔的位置，还是更有特权的白人抢了亚裔的位置？（第三章对此有更具体的讨论）。其次，整体看上去，亚裔比黑人在经济收入、教育程度等方面的起点要高。比如根据皮尤研究中心的数据，2016年亚裔收入的中位数比白人、黑人、拉丁裔各自的中位数都要高，亚裔的收入中位数为$51,288，白人的收入中位数为$47,958，黑人的收入中位数为$31,082。在2018年的数据中，亚裔中受过college（大学）及以上教育的有56.5%，但黑人只有25.2%。如果是一个适龄要上大学的小孩，一个亚裔小孩的家庭背景有更大的概率比一个黑人小孩的家庭背景更加适宜。我猜想这是美国大学录取的优待政策倾向黑人而不是亚裔的重要原因。当然，这只是平均值，一个处于亚裔收入后10%的家庭要比一个处于黑人收入前10%的家庭要困难得多，这也是以群体来划分帮扶的重大缺陷。

还有一个对《平权法案》的反驳是所谓的逆向歧视。有些白人认为："我也不来自什么大富大贵之家，我勤勤恳恳考了一个分数，结果想去的学校优先录取了黑人。"或许这个白人没有反思过自己享受的特权或优待是什么，认为自己现有的一切都是自身努力的功劳；又或许他反思了，但是发现那个黑人的父母或许比自己的父母有更好的工作，这在个体上是有可能的。

在美国黑人中，精英和穷人的两极分化情况比白人更加严重（种族内部贫富差距最大的是亚裔，其次是黑人）。举一个极端的例子，NBA球星詹姆斯的孩子就生在高收入的社会精英阶层，当然，很多白人孩子的父母的社会经济地位不如詹姆斯。那詹姆斯的孩子报考大学时，黑人身份会不会给他加分？我们不得而知，因为前面说过，美国大学录取像一个黑匣子，他们会说这是综合考量的结果，不会单纯因为是黑人就降分录取。

从这里我们可以看出，当一刀切的平权政策随着弱势群体与优势群体的起点逐渐拉近，以及被掺杂其他非常多的复杂性之后，这个垫子到底要给多高才合适？每个人的情况应该如何评估？这些问题一定会越来越难说清楚（第三章有关于废除《平权法案》的辩论）。

2003年，美国联邦最高法院的大法官桑德拉·戴·奥康纳尔（Sandra Day O'Connor）曾说，25年后美国就不再需要种族优待政策了。她说的也就是2028年，离现在也不远了，到时美国会不会做到第三张图中的正义？让我们拭目以待。

女权为什么叫"女权"?

到这里,我们已经很清楚平等、公平和正义这三个概念的区别了,我再引入一个思路,即对三种状态的区分:

1. 目标状态
2. 起始状态
3. 从起始状态走到目标状态的过渡状态

谈论事情时,我们必须要厘清所讨论的是在哪一层面。比如,我说应该对黑人优先录取,然后有人骂我主张"黑人至上、黑命贵"。没有,我并没有说"黑人被优待"是我们的理想世界,在目标状态中,理想世界里应该是人人平等的,没有人要承受系统性歧视,没有人要承受代际积累的压迫,所以也不需要给任何人垫子,包括黑人在内。可问题是,我们不是还没达到目标状态吗?

现阶段,对黑人有歧视,所以我们需要补偿、改变,而所谓对黑人优先录取是走向目标状态时的一种过渡状态。如果你作为一个黑人小孩,你发现校园里没有教授跟你同一种族,只有清洁工跟你同一种族,这会不会对你认为自己将来能做什么造成一定的限制?你身边的白人同事也在这样的环境里长大,他们能否接受你做他们的领导?

所以，我们需要一些补偿性措施来给更多黑人受教育和就业的机会，让人们习惯黑人在底层之外的存在。只有尽快把劣势补平，才能更快达到人人平等的理想目标状态。

我们再把这个框架套到对女权的讨论上。

首先，女权的诉求是男女平等，这是女权的目标状态。但是因为在现有状态下，权力天平向男性倾斜，所以女权需要为女性争取更多的权利，以拉平到两性平等的目标状态。

我们可以这样类比，理想状态是咱俩拥有同样数量的苹果，但是现在我只有2个，你有8个，所以我得向你要3个苹果，又或是在新发苹果时我得比你多分一些，最终咱俩才能一样。你可能不太愿意，因为我看上去好像是在跟你抢东西，甚至我仿佛想要骑到你头上，但实际并非如此，这只是一个达至理想状态的过程而已。

这就是为什么女权不叫"平权"，它跟"Black Lives Matter"不叫"All Lives Matter"的逻辑是一致的，因为我们强调的是女性需要更多的关注和支持，因为现状下女性需要更多的受教育机会、职场晋升机会、做领袖的机会，等等，这并不是要主张女尊男卑，而是要补齐女性的权利劣势以达到两性平等。所以，当有人因为女权的称呼就认为这意味着在追求女尊时，你可以这样反驳："叫女权是为了强调需要补偿女性权利的缺口，仅此而已。"

追求公平是通往正义的过渡状态

当然，一切平权最终的追求是正义，即去除不公平的源头和系统性歧视。女性现在有没有受到系统性歧视？我们的社会有没有做到正义？显然有很多观察和数据都说明了，在世界范围之内，还没有。

比如，有些学校和专业对男生降分录取；另外有许多研究发现，在去除了其他因素的影响后，性别本身这个因素就会带来同工不同酬。还比如，现在多数国家的父亲的产假都很短，无法让男职工和女职工自由选择如何分配育儿责任，以及其带来的对事业的负面影响，等等。而现在默认的，就是女性应该承担这个责任和对事业的影响。社会虽然在努力，但一时半会无法改变许多根深蒂固的性别刻板印象，特别是对于家庭责任的分配、对于事业的预期等。

所以在现阶段，我们仍然需要追求公平的举措。比如，有些大公司有性别公平的措施：给每个女性中层配备一个导师来指导其事业发展，帮助其应对遇到的特别是女性独有的问题；在招聘过程中有专门开放给女性的茶会、答疑环节……这些都是额外提供给女性的，是男性享受不到的，但这代表它不平等吗？或在推崇女尊男卑吗？不是，这是对现状下职场上对于女性的系统性歧视的补偿。

再比如，很多国家都有专门开放给女生的理科课程，还有人捐款专门开设教女生编程的课。这是要打压男生吗？不是。这是因为一个女生在学习成长的过程中要面对太多"女生不擅长理科""女生只会死记硬背""一旦上高中女孩物理就跟不上了""女生还是选文科吧"的阻力。所以，无论是专门开放给女生的理科课、编程课，还是对于女科学家的重点宣传和奖项等，都属于追求公平的措施。

把这个逻辑理顺，我们就能反驳以下两种情况：

第一，如果是在那个正义的、已经去除了系统性歧视的理想世界，还有人认为男性就该负责买单、女生就该不承担经济责任，那就是不对的，那就是反两性平等的。

第二，如果还只是在达到目标状态、追求正义的过程中，那为女性设置的奖学金、帮扶政策、增加女性在管理层、理科界，甚至是综艺节目导师席的存在的措施，就并不是在推崇女尊，而是一种推进"两性各顶半边天"的方式。在这个阶段，如果你的家务、育儿和照顾老人的责任还都是由女性承担，那你就不应该要求这个家的经济开销两人各负责一半。

补偿会促进正义，还是会拖累正义的到达？

下面来看一个更有争议的问题，彩礼。

首先，最理想的状态是正义，也就是婚姻中没有导致两方不平等的因素，我们去除了"男主外，女主内"这种传统性别分工的观念束缚、产假和育儿责任的不均、认为婚姻是"女方嫁给了男方，女方属于男方家，不属于娘家"等观念。这时，没有谁"吃亏"，没有谁需要补偿，也没有谁被转交了"所有权"，彩礼自然就不应该存在了。

但是，在现状下，很多婚姻中的女性主动或被动放弃了事业、承担起照顾老人和孩子的责任。如果某一个婚姻是按照这样的剧本规划的，那么这样的彩礼（注意，这里说的彩礼是男方赠予女方的，而不是赠予女方的父母的）就可以被解读为一种为了追求公平的补偿。

当然，有很多独立女性是不打算要彩礼的。这如同美国现任大法官中唯一的黑人克拉伦斯·托马斯（Clarence Thomas）反对针对黑人的补偿性措施。

其中有一个先有鸡还是先有蛋的问题：你是因为被歧视而成为了弱者所以需要补偿，还是因为接受了补偿所以才被看作弱者？是接受补偿更容易达到理想的正义世界，还是不接受补偿更容易反抗偏见？

比如，对黑人的平权措施导致了黑人律师、黑人医生的水平受到质疑，"他们能做律师和医生是因为他们水平高还是因为当年被降分录取了？我还是躲着他们走吧"。甚至托马斯认为《平权法案》给黑人的保护在本质上仍是一种歧视，因为它认定了"这个人种不如其他的人种，所以需要特殊的政策照顾"。

这让我想起了曾在电视节目上看到的一幕，一位女脱口秀演员经历了一年的网络暴力后重回舞台，此时一个男脱口秀演员说："不能让她一个女生一直往前冲，我觉得我们要保护好她。"如何理解这句话？是因为我们觉得观众对女性脱口秀演员格外不友好，脱口秀演员这个职业也对女性格外不友好，所以我们需要给女性演员额外的协助以达到公平？还是说我们觉得女性更脆弱、更应该被保护，那这样的观点就变成了一种 Benevolent Sexism（善意的性别歧视）：你认为这个性别不如其他性别强，所以需要被特殊照顾。

我现在把这个问题抛给你：如果你是女性，你愿意接受针对女性的额外保护吗？还是你宁愿不要特殊待遇，要正面挑战偏见呢？

其实，我并不觉得哪一种方式就一定更好，它需要分人、分情况讨论。性别带给每个人的束缚是不一样的，有的人更容易摆脱，有的人则不能。我能摆脱，不代表这完全是我个人努力的功劳，我可能只是身处"较难模式"。我可以给那些身处"极难模式"的人加油鼓劲，但并不能要求所有人都拒绝补偿。

拿筛选简历为例，什么叫作补偿？即我筛选简历时看到性别，然后特意多挑了一些女性。这种补偿是更容易产生争议的。有些人说："你这个筛选有性别配额，代表被选上的女性其实没有那么好。"其实并不一定，什么叫无意识的偏见？就是你认为的你对女性的客观评价，其实有可能在潜意识里打了折扣。

耶鲁大学管理学院做过一个研究，他们把很多随机筛选的投资报告随机地署上明显的男性名字和女性名字，这些报告在水平上没有差别，但收到这些报告的人明显倾向于对署了男性名字的报告有更高的评价和信任度。所以在无意识的偏见存在的情况下，这个补偿其实矫正了它的效果。

同样,虽然有人可能会质疑托马斯能当上大法官是不是因为曾被降分录取了,但是真正能扭转人们对黑人的偏见的,还是托马斯大法官优异的表现本身。如果没有《平权法案》,美国高校中极少的黑人或许不会受到降分录取的质疑,但会有更多的黑人无法从世代为奴的现状中走出来,通过教育和就业改变命运。这样一来,"黑人只配做底层"的偏见不是更加难以被改变吗?

这就是为什么我们认为补偿机制可以打破这个恶性循环。(第三章有更具体的辩论)。

如果正义到来,还需要骑士精神吗?

当然,通往正义之路不光要有补偿,更重要的是要移除不平等的根源。

我们不再宣扬郎才女貌,不再认为"男主外,女主内",不再拦着女生学理科、长肌肉,不再格外反感女性的强势和攻击性。就像在德国,小孩觉得最高领导人是名女性挺正常,甚至德国家长要时时刻刻提醒德国男孩"男性也能当总理"。

现在来假设一下:如果在一个世界里,所有关于性别的不平等的根源都被移除了，我们还需要与性别相关的高垫子和矮垫子吗？换言之，当我们不再按照性别刻板印象去养育男孩和女孩后，男性和女性在能力的层面究竟还会有多大差别？如果所有人不论性别都是按照个人的喜好和特征来成长，那么，如果再遇到泰坦尼克号沉船事件，我们还需要女士优先吗？我们还需要骑士精神吗？

我认为，泰坦尼克号沉船时，呼吁"女人、老人、小孩先走"，明显是一种在当时状况下的公平。先离开船舱的人更容易逃生，因为此时船舱里水少好走；后离开船舱的人逃生会更困难，此时需要奋力游泳甚至需要躲避漂浮物等。身体弱的人先走的逃生概率和身体强健的人后走的逃生概率是平等的，所以在理论上这是公平的。

但是，两性在体力的差别，有多少是先天决定的，又有多少是后天形成的？如果去除后天因素，只考虑先天差别，它是否还足以构成需要"女士先走"的公平？如果不是默认女人负责带孩子，是不是应该让那些带孩子的男人和女人先走？

我们不替科学下结论，只做思想实验。

如果在去除人为的性别培养后，因为基因和激素的原因，男性整体和女性整体的体力差别仍然会大到影响求生概率的程度，那么在这个领域，确实依旧需要"男生垫矮垫，女生垫高垫"的公平，也就是说，我们还需要女士优先，还需要骑士精神。但是，需要它们的场合会大大减少。

如果去除了人为的性别培养，女生练武术、练铅球不会被说三道四，男生不热爱运动也不会被要求要"像个男生的样子"，那性别内的个体差异会不会大过整体的性别差异？

虽然在奥运级别的百米赛跑中，男生的速度的确快过女生的速度，但现实生活中有很多女生比男生更热爱运动；虽然在同等的锻炼和技术下，或许男生由于基因和激素的不同，比女生有生理优势，但更喜欢、更擅长运动带来的效果可能大过了生理差距，那就代表会有很多女生比很多男生要强健。这时，基于性别的"女士先走"，就不再会被需要了。

或许那时候我们会有一条不是基于性别的谁先走、谁后走的公平标准。就如同消防队不应该只招男生不招女生，应该有不分性别的体能测试，无论性别，及格的可以当消防员，不及格的不能当。

思考与应用

- 你能再想出一个 Affirmative Action 的例子吗?它补偿的是什么?
- 这节区分了目标状态、起始状态,以及在过渡状态时所需的补偿,简称"缺啥补啥"。如果套用这个思路分析"年轻人更应该做加法还是做减法"和"德和才何者更重要",你该怎么说?
- 作为咨询顾问,我给公司做战略最常用的思路之一就是定义目标状态和分析现有状态,然后发现两者之间的差距并建议补偿方式。如果现在我说"贵公司的 A 部门是最需要钱来完成转型的",这代表 A 部门就是整个公司最重要的部门吗?

第 6 讲

三段论里的不证自明

所有指出问题的人,都不爱国?

《奇葩说》第六季刚一开始,詹青云就对上了一个很厉害的留法理工博士生,题目是"要不要复活去世的伴侣"。后者上来就说,作为一个理科生,这是一个送分题,让我用经典三段论来论证一下:

大前提:人活着是好事。

小前提:我的伴侣是人。

结论:复活伴侣是好事。

场下观众一片欢呼:"太有逻辑了!"

本讲就来讨论一下,什么是三段论?能反驳吗?要怎么反驳?

什么是三段论?

三段论是逻辑学上至关重要的论证方法,它由三个部分组成:大前提、小前提和结论。例如:

> 大前提:所有的人都是哺乳动物。
> 小前提:所有的辩手都是人。
> 结论:所有的辩手都是哺乳动物。

听上去可能有点怪,但这是正确的,我们大家都是哺乳动物。在三段论的结构中,至关重要的是包含关系,或者反过来说是从属关系。

大前提"所有的人都是哺乳动物"是说,人从属于哺乳动物这个更大的整体,或者说人完全被哺乳动物这个大类所包含。如果哺乳动物这个类别是一间屋子,人就是放在屋子里的箱子,完全被前者包含。

小前提"所有的辩手都是人"是说,辩手是被人这一大类所包含的,如果人是箱子,那辩手就是在箱子里的盒子。因为箱子在屋子里，盒子在箱子里，那必然盒子就也在屋子里，辩手也就被哺乳动物这一大类所包含，所以所有的辩手都是哺乳动物。

三段论的意义在于它是一种正确的逻辑结构，是一种推理关系。只要你把内容正确的大前提和小前提按照符合三段论要求的结构放进去，推理出来的结论就是100%正确的，你根本不需要考虑结论中的内容，就可以直接推理。所以说三段论是一种逻辑推理结构，它属于演绎论证（Deductive Argument），只要前提没错，结果就必然不会错。

具体而言，演绎论证是由一般原理出发，推导出个别情况的结论的思维过程。比如，已知所有的人都是哺乳动物，因为所有的辩手都是人，所以所有的辩手都一定是哺乳动物。庞颖是哺乳动物，詹青云是哺乳动物，巧了，黄执中也一定是哺乳动物，这个就叫由一般到个别的论证方法。

与之不同的是归纳论证（Inductive Argument）。归纳论证是由个别到一般的思维过程，比如，如果今天人类是不是哺乳动物这一问题还是未知的，我们可能会去研究黄种人是不是符合哺乳动物的特征，就算是，那非洲人呢？

世界上有没有一种奇奇怪怪的、躲在深山老林里的人类是不符合哺乳动物的特征的？归纳论证与演绎论证不同，它的结论并非100%正确，因为它的前提信息少，结论信息多，所以多少都会有错误的风险。

回到三段论。如果三段论是绝对靠谱的演绎论证，那么它能被反驳吗？要怎么反驳？

对于三段论的反驳：内容与结构

对三段论的反驳有两大类。

第一类，虽然这个三段论的结构是对的，但是前提的内容不对，也就是大前提不对或小前提不对，或两个都不对。比如，如果把刚才的大前提换成"所有的人都是卵生动物"，小前提不变，结论就变成了"所有的辩手都是卵生动物"。这个推理结构没问题，但因为前提的内容错了，所以结论也是错的。就像英文里有个短语，Garbage in, garbage out。这个机器的结构和算法再好，如果你输进去的是垃圾，产出来的也是垃圾。

第二类，这个三段论的结构根本就不对，并不是有效的结构。

现在把这两种反驳的方式套回到最开始"要不要复活伴侣"的问题上，我们来回忆一下：

大前提：人活着是好事。

小前提：我的伴侣是人。

结论：复活我的伴侣是好事。

第一种反驳，你可以说他的大前提或小前提不正确。比如，谁说人活着就一定是好事？要不然为什么会有个说法叫生不如死？为什么有人想自杀？为什么有的病人因感到痛苦而不想靠药物和仪器延续生命，我们往往会对此表示尊重？为什么安乐死在很多国家是合法的？这些都能证明大前提不成立，人活着不见得是好事。因为大前提的内容不正确，虽然三段论的结构正确，但结论不正确。

第二种，你可以说它的结构不对，这个三段论是无效的。三段论有且只能有三项，如果要利用三段论的推理结构，那就要必须符合它的规则。因为"活着"和"复活"并不是同一个概念，所以这个三段论里其实出现了四项，这样三段论的推理结构就不再适用了。

我们再听一遍原文：

大前提：人活着是好事。

小前提：我的伴侣是人。

就算两个前提都对，最多能证明到"我的伴侣活着是好事"，这与"复活我的伴侣是好事"一定是一个意思吗？如果活着代表 ta 还健康，复活是要复活到什么状态？是复活到年轻健康的状态，还是重病缠身的状态？ta 去世多久后才能被复活？一则新闻曾报道，有一个富翁把他的妻子冷冻起来，想要等到人类的科技可以治愈癌症时再将她复活。请问一个被冻了几十年因此完全与世界脱节的人，与一个一直健康地活着的人的幸福感能一样吗？其实这也是一个最经典的偷换概念的例子。

三段论的四条有效性规则

三段论可以有很多有效的形式（因为它有多项排列组合），有效的有二十四式。记住这二十四式比较麻烦，更简单的方法是从规则入手。下面先列出三段论的四条有效性规则，这四条中的每一条都是必要条件但不是充分条件，也就是说，只要违背了四条中的一条就是无效的，唯有满足全部四个条件，才是有效的三段论。

条件一：有且只能有三个不同的概念。在三段论中，这个概念叫词项。这些词项的意思应该清晰明确，因为一旦其中一个产生了歧义，三项就变成了四项或更多项，这就是偷换概念的一种。

条件二：中项必须在前提中周延一次。这一原则比较复杂，下面会详细解释。

条件三：结论的量必须反映前提的量。如果前提里说的是"一些"，结论里就只能说"一些"；前提里说的是"所有"，那结论里也得说"所有"。

条件四：结论的质必须反映前提的质。所谓"质"，指的是肯定还是否定。一个有效的三段论不可以有两个否定的前提；如果有一个前提是否定的，那么结论也一定是否定的；如果结论是否定的，那么必然存在一个前提也是否定的。

关于第一条中的偷换概念，前面已经举例。下面来看最常见的问题，也就是第二条中的中项不周延。这个概念就是指三段论中没有全称出现。

例如：

大前提：所有这本书的读者都是人。

　　小前提：所有懂礼貌的都是人。

　　结论：所有懂礼貌的都是这本书的读者。

我们用常识都能感觉到以上结论不对，错出在哪儿？错在中项不周延。三段论中一共有三个概念，只会有一个概念在大前提和小前提中同时出现，这个东西就叫作中项。"所有这本书的读者都是人""所有懂礼貌的都是人"同时出现的概念是"人"，所以人就是这个三段论的中项。

在三段论的规则里，中项是用来连接大前提和小前提的，它必须有一次做到周延才能发挥它的连接功能。而周延指的是全称，什么叫全称？其实很容易理解，翻译成大白话就是：所有的，每一个，无所不包的。也就是说，这个中项必须有一次是可以被"所有的"来修饰。

回想最开始那个有效的三段论中，它的大前提告诉我们，所有的人都是哺乳动物，也就代表这个箱子完完全全地在这个屋子里；它的小前提告诉我们，所有的辩手都是人，也就是说这个盒子完完全全地在箱子里；所以这个盒子就完完全全地在屋子里。

如果这个例子也中项不周延，那意味着什么？它没有说所有的人都是哺乳动物,而是说一些人是哺乳动物,那也就代表这个箱子一半在屋内,一半在屋外。就算辩手这个盒子是被这个箱子完全包含的,我们也不能得出"所有辩手都是哺乳动物"的结论,所以这个中项没有起到它应该有的连接作用,这个就叫作中项不周延。

回到刚才那个无效的例子,大前提是"所有这本书的读者都是人",我们尝试用"所有的"去描述这个"人",看合不合理。于是这句话变成"所有这本书的读者是所有的人",显然这就不对了。这本书的读者仅仅是一些人,是人的子集而已,所以这里的"人"并不是一个全称,而只是一个特称,指的是一部分。

再看小前提,"所有懂礼貌的都是人",难道是所有懂礼貌的是所有的人?也不对。一样的道理,"人"在这里也不是全称,所以在这个三段论里,试图帮助大前提和小前提建立关系的中项并没有任何一次可以被"所有的"描述,也就是中项不周延。

其实,无论是大前提还是小前提,它的结构都是"什么东西是什么"。凡是出现在"是"字后面的内容(也就是谓项,往往出现在后半句)一般不能用"所有的"来形容。所以,但凡中项两次都出现在后半句,就是中项不周延。

接下来，让我们调整这个无效的三段论。如果试图让"人"这个中项在大前提中周延，这个前提就会被改成"所有的人都是这本书的读者"。这个三段论就变成了：

大前提：所有的人都是这本书的读者。
小前提：所有懂礼貌的都是人。
结论：所有懂礼貌的都是这本书的读者。

这样，它的结构就是正确的（虽然前提内容不对，是假设的）。当然，我们也可以让中项在小前提中周延，比如把"所有懂礼貌的都是人"变成"所有的人都懂礼貌"，这样中项就周延了。也可以说"每一个人都懂礼貌"，是同样一个意思。那这个三段论就变成了：

大前提：所有的人都懂礼貌。
小前提：所有这本书的读者都是人。
结论：所有这本书的读者都懂礼貌。

这样，这个结构也是正确的（当然它的前提内容也是假设的）。

下面再举第二个中项不周延的例子：

大前提：一些辩手有礼貌。
小前提：一些年轻人是辩手。
结论：一些年轻人有礼貌。

这个例子在直觉上就没有上一个例子错得那么明显，让我们来检测一下。先看哪个概念是中项。一些辩手有礼貌，一些年轻人是辩手，那么，"辩手"同时出现在大前提和小前提中，是试图建立连接的中项。

再来看看中项有没有一次是周延的。大前提说，一些辩手有礼貌，显然不是指所有的辩手，这是一个特称，在这里没有周延。小前提说，一些年轻人是辩手，刚才说过，凡是出现在后半句的就叫谓项，并通常都不周延。我们也不知道一些年轻人是一些辩手，还是一些年轻人是所有辩手，所以不能确定中项是周延的。

我们为什么要学这么绕的逻辑？有时直觉更容易帮助判断，但往往比较模糊，这时就可以靠逻辑规则去确认它究竟是对是错。真的遇上了需要反驳别人的时候，对于那些有文化的人，你可以直接跟他说，你这个三段论中项不周延，所以不成立。对于其他的人，最快、最有效的方式还是举一个反例。

你说一些辩手有礼貌且一些年轻人是辩手，就能证明一些年轻人有礼貌？那可不一定。万一唯有老年的辩手有礼貌，而所有的年轻人都没礼貌，你这个结论不就不成立了吗？

那么如何调整这个例子的中项才能周延？比如换成：

大前提：所有的辩手都有礼貌。
小前提：一些年轻人是辩手。
结论：一些年轻人有礼貌。

这样，"辩手"这个中项在新的三段论里周延了一次，这个结构就是对的。

再来看第三个规则：结论必须反映前提的量。

结论是"一些年轻人有礼貌"，"年轻人"这个概念在前提中出现时是特称（一些年轻人是辩手），在结论中也是特称，它是符合这一原则的，所以这里没有错。

相反，你不能在前提中说"一些年轻人是辩手"，然后得出的结论是"所有的年轻人都有礼貌",这时结论的量大过了前提的量,也就是前提里没给的信息,你竟然能把它放在结论里,那肯定是错的。

如果结论里想要出现"所有的",那么这一项在前提里也必须被"所有的"修饰。

举一个在直觉上判断更加模糊的例子:

> 大前提:每个"看理想"的小编都是文化人。
> 小前提:每个"看理想"的小编都努力工作。
> 结论:每个努力工作的人都是文化人。

这对吗?按照刚才的方法来分析,结论的主语是"每个努力工作的人",也就代表它在结论中是全称的。再在前提里找"努力工作的人",它出现在小前提的谓项中,"每个看理想的小编都努力工作",而谓项通常都不是全称的。这也就代表这个例子的结论超越了前提中同一个项目的量,这就是错误的逻辑。

最后来看第四条有效性规则:结论必须反映前提的质。所谓质,在逻辑学里表示肯定或否定,比如"没有人是外星人",这就是一个否定的前提,代表人和外星人这两个范畴是没有交集的。首先，两个否定的前提不能构成有效的三段论，比如：

　　大前提：没有人是外星人。
　　小前提：没有人是火星人。

　　大前提说，人和外星人这两个范畴没有交集；小前提说，人和火星人这两个范畴也没有交集，那外星人这个范畴跟火星人这个范畴有交集吗？前提里并没有提供这个信息，所以我们无法得出确切的结论，有可能有交集，也有可能没有交集。能说没有火星人是外星人吗？不能。你能说火星人是外星人吗？这个结论是对的，但这你是借助了场外信息得出的，并不是靠三段论的结构推理出的。
　　不信，我们可以举出另外两个否定的前提的例子：

　　大前提：没有人是外星人。
　　小前提：没有人是石头。

　　在上个例子中，火星人恰好是外星人的子集，但现在，石头不是外星人的子集了，你还能说"石头是外星人吗"？

当然不能。所以，两个否定的前提无法得出肯定的结论，因为中项以外的那两项可以是任意关系，那两个范畴可以相互包含或重合，也可以完全不重合。

其次，"结论要反映前提的质"还包含一条规则，即如果有一个前提是否定的，那么结论也一定是否定的；同样，如果结论是否定的，那么必然存在一个前提也是否定的，这就叫作结论要反映前提的质。

这个逻辑很绕，但是根据我个人的经验，最容易弄清楚的方法是画圈圈（见下方文氏图）。

假设大前提是"没有人是外星人"，所以人和外星人是两个没有交集的圈。小前提是"辩手是人"，也就是说辩手是人的子集，辩手是人这个大圈里的小圈。结论，没有辩手是外星人，这个结论就是正确的，因为辩手被人完全地包含了，那人又与外星人不重合，所以辩手与外星人也没有任何交集。

前提并非不证自明

不过,高质量的讨论或辩论几乎不会出现三段论的结构性错误,更多的还是内容性错误。其实三段论在生活中无处不在,只是人们很少会按照这么工整的结构来说,而是将其变成一种隐藏的前提,也就需要我们指出并反驳。比如"他捐钱,所以他沽名钓誉"这句话背后的前提假设是什么?

大前提:人行善都有功利的目的。
小前提:他行善了。
结论:他有功利的目的,他是伪善,他假情假意、沽名钓誉。

还有"他搞批评,所以他不爱国"这个结论隐藏的前提是什么?

大前提:所有指出现状中不好的人都不爱国。
小前提:他指出了现状中的不好。
结论:他不爱国。

我们如何反驳？

第一步，发现并指出被对方隐藏的大前提是什么。

第二步，看这个大前提是否有问题，如果有，就需要反驳它。而最简单的办法就是提出反例。比如，谁说只要对现实有所批评就是不爱国？鲁迅对现实有诸多批评，媒体也常常曝光社会消极的一面并提出批评，展现问题并尝试解决问题，这难道不恰恰是积极正面的爱国行为吗？

这样隐藏大前提的例子太多了。比如"为了你的幸福，你应该结婚"。这背后的三段论是：

> 大前提：所有结婚了的人都更幸福。
> 小前提：你结婚了。
> 结论：你会更幸福。

我们就可以反驳这个隐藏的大前提：并不是所有结了婚的人都更幸福，不然为什么离婚率那么高？

另外，其实很多错误的推理都具有迷惑性，有时甚至听上去比正确的推理还合理，为什么？因为错误的推理就是通过直接作用于人的情感和直觉来战胜正确的逻辑推理。

当然还有一种想要蒙混过关的人,他们故意隐藏那个一旦被说出来就会被反驳的大前提,所以我们更要主动地思考对方说的话若要想成立,背后的大前提是什么?这个前提为什么不对?

比如我曾经参加过一场辩论赛,题目是"要不要禁用免洗餐具",我的立场是不支持禁用免洗餐具,而我方的立论特别不走寻常路,想要打对方一个措手不及,所以我们查到了一种新的环保材料叫作PLA(聚乳酸)。这种材料号称跟塑料餐具、泡沫餐具一样便携,但特别容易被降解,完全环保。我记得对方辩友气呼呼地问了一句:"垃圾掩埋场连报纸都降解不了,怎么能降解PLA免洗餐具?"我们就轻易地回了一句:"因为PLA免洗餐具比报纸更容易降解啊!"

这里,对方辩友就是在试图利用人的直觉设置一个隐藏前提,那就是一个一次性的杯子一定会比报纸更难降解。但我们想一想,符合直觉的就真的不需要被审视吗?

为什么这种隐藏大前提的三段论会常常出现?因为往往这么说的人都认为这个前提简直是不证自明的、达成共识的,而这个被隐藏掉的大前提就体现了人的偏见、思维定式和错误的直觉。总之,面对这一情况,我们要培养起辩手思维，也就是三连问：你的前提假设是什么？一定对吗？有反例吗？

思考与应用

- 以下三段论犯的是结构错误还是内容错误？如何反驳？

    大前提：所有生物都需要水。

    小前提：猫需要水。

    结论：猫是生物。

- 以下这句话隐藏的前提是什么？如何反驳？

    "她之所以被性骚扰，一定是因为她穿着暴露。"

- 以下三段论有效吗？如果无效，它犯了什么错误？

    大前提：没有人是外星人。

    小前提：人是哺乳动物。

    结论：没有哺乳动物是外星人。

第 7 讲

不是所有分歧都叫偷换概念

他是个老实人,怎么会杀人?

不知道你有没有看过詹青云在《奇葩说》中的辩论片段,她几次因被骂"偷换概念"上了热搜。为此我专门去发微博问观众,想要回忆一下詹青云到底是在什么情况下被骂"偷换概念"的。经过细致地调查,我发现次数实在太多了。

对方讨论实然层面,阿詹讨论应然层面,被骂;阿詹用梁山伯祝英台做类比,去辩论应该选高薪不喜欢还是低薪很喜欢的工作,又被骂;她用武侠小说举例,讲不应该给前任按下"鸡飞狗跳钮",有些观众觉得用武侠小说举例不太合适阿詹,又被骂……

当然她是不是类比不当,这点是可以辩论的,但是这真的不叫偷换概念!

什么是偷换概念？

什么是偷换概念？我去微博搜索了一下关键词"偷换概念"，看评论区发现有人常常对"偷换概念"偷换概念。比如，"偷换概念就是类比，我辩论的时候也最爱用类比""辩论本来就是靠偷换概念说服别人的"。

不是这样的！如果你去找逻辑学的书，它会告诉你：偷换概念指的是在同一思维过程中，用一个概念代替另一不同的概念，也就是说，同样的词或短语在同一个论证逻辑中，第一次和第二次出现时表面意思相同，但是实际上却是两个不同的概念，它违反了同一律要求，从而造成逻辑错误。

利用多义词进行的偷换概念

偷换概念也有几种常见的方法。

第一种，利用多义词和多义字，把一个概念从A换成了B，甚至是以欺骗为目的时故意使用多义词，这是偷换概念最标准和最常见的形式，它对应的英文叫作 Equivocation。

让我们先看一个场景：

有位青年到杂志社询问投稿结果。编辑说:"你的稿子我已经看过了,总的来说有一些基础,不过在语言表达上仍不够成熟,流于幼稚。"青年问:"能不能把它当作儿童文学作品?"在这个对话中,同一个词语"幼稚"在同一思维过程中代表的是两个不同的概念,青年把编辑所说的"幼稚"(水平不够高)偷换成了"有童真和童趣",这就造成了逻辑谬误。

再比如,上节说过,三段论的有效形式的必要条件之一是有且只能有三项,中项连接另外两项,建立关系。来看下面这段论证:

大前提:鬼是人死后的灵魂。

小前提:他眼神躲闪、心中有鬼。

结论:他的眼中有人死后的灵魂。

"鬼"在这段思维过程中就出现了两个不同的意思。人心中有鬼,意思是有见不得人的东西,不是鬼的本意。所以在这个三段论中,三项变成了四项,所以这个论证是无效的,属于偷换概念。

另外,偷换概念还可以被用来故意造成诡辩。

比如，你说一个人说谎，他却说："说谎就是在说不存在的东西，但不存在的东西是无法被言说的，所以没有人能说谎，我没有说谎。"在这里，"不存在的东西"第一次出现时，指的是不符合事实的东西；第二次出现时，指的是根本不存在的事物，所以这也是偷换概念，是一个诡辩。

要注意，我们强调"在同一思维过程中"这一限定条件；在两段不同的、独立的思维过程中使用独立的两个概念，那不是谬误，而是多义词存在的根基。

再举一个例子。我说："学习辩论能让人明理。"你说："学习辩论能让人善于吵架。"

这里面第一个"辩论"的意思是论证推理，第二个"辩论"的意思是诡辩甚至是吵架，这也是一种偷换概念。用英文 argue 这个词来表达的话，其偷换概念的情况其实更明显，因为 argue 这个词既表示 reasoning，也就是论证推理的意思，又有吵架的意思，它就更容易被偷换了。

再举个例子，比如有的广告是这么写的：财务自由是每个人的追求，快用我们的小额贷，享受财务自由。

这里的"财务自由"，前者是指一个人可以不需要再工作就可以有足够的资本支撑余下的生活，后者却可能是说，想买双鞋可以通过高利贷、小额贷买到，这也是一个故意用大词吸引人，实际上却暗暗偷换概念的例子。

再比如，"他不善言辞，是个老实人，这样一个老实人为什么会做出杀人的事情呢？"这里第一个"老实"是指不善言辞，这就是把不善言辞、比较木讷的老实，偷换成了善良、无害的老实，由此得出了一个非常糊涂的结论。

还有，比如今天我去打官司，我认为法官应该是中立的，但是这个法官却判了他赢我输，他怎么不中立了呢？那这又是一种偷换概念：第一个"中立"是不偏袒的意思，第二个"中立"是不判胜诉与败诉的意思，后者显然不是法官该做的。法官的性质的确是不偏袒，但是他的工作是判处胜诉与败诉。

再比如，很多词在学术里的概念和在生活中被实际使用的意思是不一样的，这里也有一个偷换概念的空间。比如。我说："刚才你说了你会光速赶来，按理来说你应该到了，你怎么还在路上？"这个是把"光速"偷换了。

再比如，"自由"在道德上、法律上和在日常生活中也不是同一个意思。比如我说：法律保障公民的自由，所以我有不写作业的自由——这句话小学生肯定很喜欢，但这也是一种偷换概念。

利用概念的相似性来抹杀差异

再来看第二种偷换概念的方法。这种方法是相对广义的，也叫混淆概念，指的是在同一思维过程中，把两个有某些联系或有某些表面相似之处的不同的概念当成同一个概念使用。也就是说，它抓住了概念间的某些共同点，但是却抹杀了概念间的本质区别。

比如上节提到的"复活去世的伴侣是好事"，这一例子就把"活着"和"复活"两个不同的概念当成了同一个概念使用，这就是一种偷换概念或混淆概念。

再比如，假设有人这样说：他是一个马来西亚华人，中国人都应该庆祝国庆节，他为什么不庆祝呢？该骂。这里的"华人"和"中国人"两个概念就被混淆了。华人指的是种族和血统上的关系。而与国庆节相关的中国人的概念，指的是中华人民共和国的公民。的确，马来西亚华人在某种意义上也可以叫作中国人，但从政治概念上，他们不属于中华人民共和国的一部分，他们是马来西亚公民。所以他们庆祝春节，但不庆祝国庆节，这没什么好骂的。

对概念的不同理解不是偷换概念

偷换概念这个词确实在生活中被广泛和随意地使用,有人把类比不当叫作偷换概念,有人把转移重点、掩人耳目叫作偷换概念,也有人把稻草人谬误叫作偷换概念,更有甚者,只要一个概念的意思跟他原先设想的不一样,就是偷换概念。

先来看看詹青云辩论的例子。她头次登台《奇葩说》辩论的题目是"一夜暴富真的是一件好事吗",然后立马就被观众铺天盖地地骂在"偷换概念",真的是这样吗?

在这场辩论里,詹青云的对方辩友展开的是偏事实层面的论证。她把"有机会一夜暴富"当成一个既定事实来讨论。比如突然有人给你打电话说你有一大笔遗产要继承,你接不接?或者有人告诉你突然中了彩票,你要不要领?

而詹青云是从价值层面来讨论的。她的意思是,一夜暴富的概率是很小的,在这个世界上,99.99%的人根本没有机会去做对方辩友所说的那样的决定。所以把"有机会一夜暴富"当成一个既定事实来讨论,这样的意义很小、很窄。而更大、更广泛的意义是什么?是当我们绝大多数人没有这种机会时,应该如何看待这个问题。

首先，当我们相信一夜暴富是很多人生问题的解决之道时，这会不会消解当下努力的意义？如果我认为"久病床前无孝子"是因为没钱；我认为情侣吵架也是因为没钱，而这些问题里的情绪因素、如何经营亲密关系的艺术就都被一笔勾销了。认为富人就不会遇到类似的问题，这不但是一个错误的假设，还会耽误人们在真正重要的解决方案上的努力。

其实，以上双方的观点都是对的。因为她们分别从事实层面和价值层面论证这个辩题，这并不是偷换概念。因为她们各自都没有把一个概念在同一段论证中偷换成两个不同的意思来混淆使用，而是分别提出各自的主张，并在各自的思路里都是一致的，既然概念是一致的，那这两个主张就都有道理。在这种情况下，她们需要做的，应该是先说服观众在这段辩论里应该使用哪个层面上的概念，这才是取胜的办法。

所以，我们无论是写议论文还是参与讨论或辩论时，都需要明确概念的定义，先明确我们所指的是哪一种定义，然后做到前后一致。概念有不同的定义很正常，并不是别人用的概念跟我用的或我第一反应想到的不一样，就叫偷换概念；也并不是别人想讨论的层面跟我想讨论的不一样,就叫偷换概念。

但如果双方已经达成了共识,要用概念 A 去讨论,但他悄悄把 B 掺进来当 A 在用,那叫偷换概念;又或者,他的论证在自己的逻辑框架里前后不一致,这也叫偷换概念。但如果仅仅是双方各自所用的概念不同,这并不构成偷换概念。这是第一种误读。

类比不当不是偷换概念

第二种常见的误读就是把类比不当看作偷换概念。

类比是一种辅助理解的工具,例如一个逻辑很晦涩,我们就找一个与它类似但是更容易理解的逻辑来辅助。例如,"黑人是非洲人"不能论证"非洲人都是黑人"。就好像,苗族是中国人,不代表中国人都是苗族人。这里存在一个从属关系的问题。

刚才这段话里,前面的例子是更模糊的,后面讲的苗族人和中国人的关系是我们比较熟悉的,所以可以辅助理解。

在类比时,我们需要引入一个和讨论主题不一样的例子,比如明明在讨论黑人我却提出了苗族人的概念。但这不叫偷换概念,我没有把 A 偷换成 B,我只是很明确地给你讲解 B 以辅助理解 A。就像几何体里面的辅助线，我画了条辅助线，是为了帮助我解这个题，并不是说我给自己换了个题。

当然，并不是所有的类比都是对的。你以为 B 和 A 在讨论的层面上是一致的，但并不一定。例如我说："人不可能伤害自己的孩子，因为虎毒还不食子呢！"你就可以反驳我这句话是类比不当，因为人和老虎在对待孩子的恶毒程度上不见得足够相似，或者说人类世界的复杂程度要远远高于动物世界的复杂程度。老虎关心的事情可能就那么几项，比如孩子是否极度瘦弱、食物是否极度匮乏等。

但人就复杂多了。例如，他可能会有报复之心，有对自己基因的不确定的焦虑、对责任的逃避之心、与过去切割之心、由无能而产生的愤恨，等等。所以老虎不是一个合适的类比，不能直接用"虎毒不食子"来论证"人不可能伤害自己的孩子"。

有些人会说，如果一个类比是不恰当的，那不就是把两个概念当成一个概念用吗，那不就是偷换概念吗？我理解这个意思，但我建议如果你认为对方的论证是类比不当，那就直接说这是类比不当。有两个原因。

第一，我们先来做一个沙盘推演：对方说了一个论证，当中有一个类比，你直接说这是偷换概念。那么你究竟指的是对方的哪个部分犯了错误？是对方不应该使用类比，还是类比不当，还是论证的某个其他部分偷换概念了？所以这种表达是相对不精准的。

第二，我倾向于认为，严格意义上的偷换概念是在不应该引入一个新的概念时引入了，所以这本身就是一个谬误。比如，三段论就应该仅有三项，你引入了第四项，这个动作本身就已经错了，不关乎第四项是什么。但使用类比时，你是被允许引入一个新的概念的，这是类比论证的核心，而且绝大多数的类比都不一样。"不一样"本身在这里并不构成谬误，因为我们关心的是，究竟类比的概念是否能在与当前论证相关的部分给原本的概念做参考，而这个通常是可争辩的。

比如你说："人不可能伤害自己的孩子，因为虎毒还不食子呢！"我大喊一句："类比不当！"我赢了吗？没有。我哪怕说一句："老虎跟人怎么能一样呢！"我赢了吗？也没有。因为所有人都知道老虎跟人不一样，谁说不一样的东西就不能做类比？双方要以具体的理由去论证为什么这个类比恰当或不恰当，这才是取胜的关键。

可反驳，有分歧，不代表谬误必然存在

最后总结一下，偷换概念是指违反同一律的逻辑要求，用一个概念代替另一个不同的概念而产生的逻辑错误。也就是同一个词语在同一个论证逻辑中，前后表达的却是两个不同的概念。广义上的偷换概念或混淆概念，也可以指把两个表面有关联但实际不同的概念混淆为同一个概念使用。

双方对同一个词语有不同的解读是很正常的，双方可以去辩论应该采纳哪一种解读。并不是说只要双方不一样就一定是有一方偷换了概念。

另外，一件事可以被争辩和反驳，跟一件事存在谬误是不一样的。在可以引入不同概念时引入了，比如类比的情况，无论引入的概念是正确的还是错误的，这都不是偷换概念。

网络上对于偷换概念这个词的使用是很宽泛的。但如果一个逻辑谬误的概念包山包海，那也就失去了逻辑学的准确性意义，当你喊出"你偷换概念"跟喊出"你犯了个错误"已经差别不大时，那我们就无法根据你提出的逻辑谬误的概念去迅速找出逻辑错在哪了。

思考与应用

- 你能再举出一个偷换概念的例子吗?
- 你能再举出一个类比不当的例子吗?
- 以下论证是否有偷换概念的嫌疑?

    大前提:人有爱是好事。

    小前提:我爱过30个人。

    结论:我爱过30个人是好事。

第 8 讲

稻草人谬误与红鲱鱼谬误

反对禁止色情片,就是女性的敌人?

什么是稻草人谬误?

所谓稻草人,第一,它不是真人,而是假人,所以它代表的是假的观点;第二,它是一个只能束手就擒甚至可以被轻易吹走的对象,所以它代表的是一个能轻易被打倒的目标。因此,在辩论中故意把对方的观点曲解为一个更容易反驳的版本然后对其反驳并觉得自己赢了,这就是稻草人谬误。

被曲解的观点可以是一个或一组论述,它不仅限于一个概念,它可以是对方的观点、结论,甚至整个论证过程。比如我说:"这年头,很多对减肥的需求都是焦虑营销创造出来的。"有人就说:"阿庞说不应该为了健康减肥,可是过度肥胖真的会影响健康。"这不就是曲解吗?我并没说过度肥胖是好的或者不能为了健康减肥,我也没说你自己不能为自己做决定,我只是说不要自己在没有减肥需求时被焦虑营销忽悠了。再比如我说:"我们应该尽量以人道的方式对待宠物。"他说:"啊?我们怎么能把宠物的权利放在人的权利之上,怎么能为了宠物去牺牲人?"这首先就是一个曲解,且把我原本的观点曲解成了一个更容易反驳的版本。

稻草人谬误是对观点复杂性的粗暴简化

类似这样的恶意曲解在互联网上不在少数。常见的曲解方式就是,把对方的观点曲解为更加极端、不负责任甚至有些愚蠢的;把温和的曲解为激进的;把具有平衡性的曲解为牺牲一方的;把寻求更优化的解决方案的曲解为对现状的彻底否认;把不得不做的必要之恶曲解为美好的、值得追求的,等等。因此这些被曲解过的观点都可以被更轻易地反驳掉。

再举一个例子,2001年的"9·11"事件之后,美国社会上下都极其愤怒,大力反恐,甚至"报仇"成了很多人所期待的事。就在"9·11"事件发生后的几周之内,有美国人跑到阿富汗,用飞机往下撒传单,说如果交出符合这些特征的恐怖分子,就可以拿到很多钱。结果很快就有成百上千的嫌疑人被抓住了。怎么处理这些人?小布什在关塔那摩湾(古巴境内)设立了一个监狱。根据1898年美西战争后签的条约,古巴是独立的了,但美国拥有这块地的永久租约且只有美国可以取消这个租约,这块地就成了法外之地。这个监狱专门关押这些抓来的疑似基地组织的恐怖分子,也就是通过悬赏举报交上来的人。

因为这个监狱在美国境外,犯人的人权就不受美国的法律保护,所以关塔那摩监狱有着许多未经审判就被长期关押的人。该监狱还强化了针对疑犯的审讯手段,包括用头撞墙、禁止睡眠、水刑等。这些手段究竟是不是酷刑和虐待?它们究竟带来了有意义的情报,还是屈打成招后的误导?总之,美国人找了一块法外之地,做着在美国本土上无法做的事,这件事本身的正义性充满了争议。

有国会议员赞同把拘留在关塔那摩的人放在民用刑事法庭上审理,反对者大加控诉:"赞成民事审判的人就是赞同恐怖主义,他们是与我们国家作对的人!"这就是一个稻草人谬误掺杂着扣帽子行为,也就是给人扣上一个不真实且不讨好的标签后，打击它的难度就会大大降低。再加上遭受恐袭后的美国人极度愤怒，这种高涨的情绪让这样的稻草人谬误和扣帽子行为变得一呼百应。

再比如，某人反对禁止色情片，我们就说他一定是因为支持对女性的性剥削才反对的，所以他是女性的敌人。还有，某人认为堕胎应该合法化，我们就说他完全不在乎那些被堕掉的胎儿，他真是个杀人不眨眼的恶魔。这些都是稻草人谬误加扣帽子行为。

一个关爱女性的人也可以支持色情片合法化，或许他的确认为现状下的性产业造成了对女性的压迫，但是在短时间无法改变的情况下，合法的市场比地下产业更容易监管，相对女性获得的保护更多。虽然这个观点是可争辩的，但我们不能一听到他反对禁止色情片，就攻击他是女性的敌人。

而支持堕胎合法化的人大概率也不是杀人不眨眼的恶魔，或许他觉得在伤害母亲或胎儿这两端很难抉择，所以他试图找一个他认为能最大化平衡两端的中间地带。

2019年美国有一个民意调查，发现大多数美国人的观点都处在某个中间地带（虽然平时吵得热闹的是处于两极的人），我们读一读这个民调里的更细微的问题划分和调查结果，就能感受这件事的复杂性和微妙程度：

如果怀孕威胁到孕妇的健康甚至生命，你支持堕胎吗？86%支持；如果怀孕是强奸或乱伦造成的，你支持堕胎吗？63%支持；如果胎儿还很小，离开子宫就会死，你支持在这个阶段随时可以堕胎吗？53%支持；你认为我们应该要求孕妇在见医生和做手术之间至少等待24个小时吗？65%支持；你认为我们应该要求在手术前24小时之内给孕妇看胎儿的B超照片吗？52%支持。

另外，关于对生命究竟是从什么时候开始的看法，也有许多种。在同一个民调中，38%的人认为是从受孕开始；8%的人认为是从怀孕8周时开始，那时开始有胎心；14%的人觉得是从24周左右开始，因为那时婴儿可以脱离子宫而存活了；16%的人觉得要出生才算；8%的人坦然承认自己不确定。所以支持堕胎合法化的人，当然不一定是杀人狂魔，或许他对生命从何时开始的理解和其他人不一样。

有很多观点其实是复杂的、精妙的。如果把一切复杂、精妙的思考都简化和曲解为一个简单、粗暴的立场，不但是稻草人谬误，也错失了许多加深思考的机会，以及理解世界复杂性的机会。

如何反驳稻草人谬误：忠实原则与宽容原则

为什么要理解什么是稻草人谬误和扣帽子手段？因为我们首先要警惕自己，不要使用这样的手段；同时警惕他人，不要被这样的手段误导，要保持清醒。当有人对我们使用这样的手段时，如何反驳？我们首先要喊出：这根本不是我的意思，你故意曲解、扣帽子，血口喷人！然后解释原意和"稻草人"的区别在哪里。

其实，我承认有时使用稻草人和扣帽子手段是有吸引力的。比如随意就省去了摆事实、讲道理的力气，它太容易了。特别是当你拥有很多不理智甚至是被情绪冲昏了头脑的观众时，这种手段的煽动性太强了。的确，谬误是可以有效果的，是可以误导、影响甚至是操纵人的，但它没有真正地驳倒对方的观点，它在思想上没有意义。

真正高明的辩论是什么？是真实地反映对方的观点，不将其曲解成假的、容易的；可以对真的、难的观点进行正面反驳，这在逻辑学上叫作重构论证时的忠实原则和宽容原则。

所谓忠实原则，是当对方表达观点后，我们要尽可能按照他的本意去理解、去复述、去反驳，而不是编造出另一个不符合他本意的东西。所谓宽容原则，是将疑点、利益归于提出观点的人，尽可能使他的论证有说服力。当然这也要在忠于他的原意的前提下。在这样的前提下，我们反驳的才是这个观点，否则反驳的只是另一个概念，或者我们战胜的只是对方一时没说清的失误而已。

什么是红鲱鱼谬误？

下面看看转移焦点、掩人耳目、混淆视听这种谬误，这在英文中叫 Red herring，也就是红鲱鱼的意思。腌过的鲱鱼是红色的且气味极重。关于这个典故的来源有几个版本，这里只说其中之一。

据说以前的猎人用红鲱鱼来训练猎犬，因为红鲱鱼的气味能对其嗅觉产生干扰，猎人就观察猎犬能否够排除干扰去抓真正的猎物。所以后来红鲱鱼就被用来比喻那些为了让人分散注意力而提出的不相干的观点甚至是错误信息。

如果在讨论或辩论时，我正在说 A，对方却提出了 B，乍听之下 B 可能跟 A 有点关系——可能两者事件本身相关，但是讲的并不是同一个问题，所以实际上 B 并不会加强或削弱 A 本身——但讨论的焦点就被转移到 B 上。

这就是通过提出不相干的论点来转移焦点和注意力，从而混淆视听的谬误。

比如我说："我的工资买不起房子，我得换个工作。"我妈说："你想想非洲有那么多吃不饱饭的孩子，你已经很幸运了。"这是同一件事吗？我是比非洲的孩子幸运，但这跟我的工资买不起房，所以我想换个工作有什么直接关系吗？幸运的人就不能想买房子吗？幸运的人就不能想跳槽吗？如果话题就这样被转移到了"我是不是比非洲的孩子幸运"上，就算讨论出了结果，它并不能实质性地帮助我更好地思考和权衡我是否应该换工作这个决策，这就是转移焦点，混淆视听。

假设我反驳我爸："你说得不对。"我爸说："我辛辛苦苦都是为了这个家。"这也不是同一件事，你辛苦不代表你说的话是对的，当然也不代表是错的，辛不辛苦与正题中本来要做的论证没有关系，一旦这个话题被转到"他辛不辛苦，我感不感恩"，观点的对错就被糊弄过去了。所以这也是转移焦点、掩人耳目。

红鲱鱼谬误和稻草人谬误有什么区别？后者是曲解对方的观点，但前者不是曲解，而是抛出一个不相干的东西来转移讨论的重点。

我们再举一个例子。我说:"他的这种行为真的是辱华吗?"可是小张却说:"我们今天的美好生活都是烈士的鲜血换来的。"美好生活确实是用烈士的鲜血换来的,可这件事跟划定他的行为究竟是不是辱华没有关系。辱华是一个错误行为,但它与界定一个行为是不是辱华的论证没有关系,这是两个独立的问题。它既不加强论证,也不削弱论证。无论是想把人的思维带偏,还是想通过强调事情的严重性来吓唬人,让人丧失客观的判断能力,这都是不对的。这两个论证本该是独立的,所以我们必须保持清醒。

再举一个例子,大卫说:"一个能够自由流动的社会一定会有更大的遭受恐怖袭击的风险。所以问题的关键在于,我们愿意为了安全牺牲多少自由和便利。"彼得听了说:"不,问题是美国政府太蠢了,忽视了那么多恐怖袭击的情报。"这同样也不是同一层面的讨论。

在"9·11"事件中,美国的几个政府部门确实犯了很多错,比如因为 CIA 和 FBI(联邦调查局)之间沟通与合作不畅而忽视了很多重要的情报,但是这跟大卫本来要讨论的问题没有关系。探讨政府是否犯错是一个问题,在自由便利和控制风险之间找到一个平衡是另外一个问题,比如批准外国人入境要经过多少背景审查、安检有多么严格和繁琐、公权力可以在多大程度上逾越个人隐私去监控通话,等等,这些才是在自由便利和控制风险之间找平衡的问题。

再比如,我来反驳我的对手说:"下面让我来反驳他关于战争的观点,让我来给大家分析一下为什么他说的话十分没有道理。他简直让我想起了过家家的小孩子,实在可笑,刚才我对他提出了三个质问,他一个都没有回应。"

我的反驳犯了什么错误?也是红鲱鱼谬误。我开头说我要反驳他的观点,我反驳了吗?我没有,我又转移焦点,去说他没有回答我的问题。他没有回答我的问题,不代表他的观点就是错的,这也是两码事。我试图通过指出他辩论礼仪上的对错来转移对他观点上的对错的判断,这也是混淆视听。

红鲱鱼谬误的分类

第一种,诉诸情感的信息是很容易把话题带偏的。比如我们本来在划定叛国的标准是什么,它却激起了我们的爱国情绪;或我们本来在讨论他的观点对不对,他却把话题转到了他对家庭做了多少贡献、多么不容易，这种热情、感激、愧疚甚至是害怕被扣帽子的恐惧情绪很容易把话题成功带偏。

第二种，我们本来是在讨论某个人或者某件事的某一个层面是不是好的、是不是对的，他却把话题带到了另一个层面的评价上，但其实这两个层面的问题应该是不相关的。

比如，我本来要向观众分析他的观点为什么是错的，我却开始指责他没有回答我的问题。我把重点从他的观点上转移开，通过利用他在辩论礼仪上的缺点来引导观众对他的评价。

第三种，通过提出相关话题中更简单、更直接的问题或层面，把大家的注意力从更复杂的问题上带走。比如刚才那个便利与反恐的平衡的问题，去讨论人类社会应该如何平衡自由便利和风险控制，显然是更复杂的方式，有些人就直接把讨论引到了更简单、更直接的问题上，比如美国政府在"9·11"事件中究竟有没有犯过错？虽然可以讨论出结果，但是已经偏离了初衷，因为就算论证了美国政府曾经（或还会）忽视空袭的情报，人类社会也需要在求便利的"松"和得反恐的"紧"中间找平衡，所以这是转移注意力。除非他能论证，只要政府不犯错我们就再也不需要面对"松"和"紧"的取舍。

如何反驳红鲱鱼谬误：识别被转移的焦点

遇到那些试图转移注意力、混淆视听的人，首先一定要保持清醒，要相信一码归一码，并敏锐地判断对方是否在转移焦点。如果有，不要犹豫，笃定地指出："这根本是两件事，你跳点了，不要转移注意力。"这时使用类比能特别快速有效地指出这种思路究竟有多么的滑稽、可笑。

比如在我和我爸的例子里，我可以反驳他说："爸，我给您举个类比，我孝不孝顺您，跟我这道考试题有没有做对，根本就是两码事嘛。"或者当我们在评价一个人或一件事的一个层面，对方非要扯到另一个层面时，我们可以说："你现在做的事情，就好像我们讨论的是他长得高不高，你说了一堆都是想告诉我他有多重，这不是一件事，你根本就跑题了。"

又或当对方引出道德判断试图诉诸我们的情感时，我们可以说："我们讨论的明明是王老师究竟是不是一个好老师，你非说好的老师像蜡烛一样燃烧自己，我们要感谢他们。确实是，可这是同一件事吗？"所以在这种情况下，用一个更加简单清晰的类比可以更快地让大家知道对方在转移焦点，混淆视听。

更有甚者，有些人会通过博取同情、制造笑点来转移焦点，通过让观众对他产生同情或者好感，来不加分辨地接受他的观点。能操纵人的东西不见得是有道理的，这种技巧经常出现也不代表它就是正确的。所以说，我们每一个人都需要努力保持清醒。

一个观点的质量取决于它的内容和推理的质量本身。把焦点放在论证的外围问题或者无关的问题上，提供的信息与所要进行的论证毫不相关，这就是混淆视听的红鲱鱼谬误。

思考与应用

- 你能再举出一个稻草人谬误的例子吗？
- 你能再举出一个贴标签、扣帽子的例子吗？
- 你能再举出一个转移焦点、混淆视听，也就是红鲱鱼谬误的例子吗？

第 9 讲

样本偏误不可信

20 岁时，要不要一夜成名？

本节来讲一讲与统计学有关的错误，让我们从一个辩题开始："20 岁有个一夜成名的机会，该不该要？"

正方当然会讲一夜成名带来的好处，比如自我实现的可能、影响他人、影响社会的机会。反方当然也会讲一夜成名的坏处。比如一夜成名有极大的风险，年轻人难以驾驭，产生的伤害是很严重的。他该如何面对金钱、诱惑，甚至极大可能会发生的过气？不但很多人因此产生了心理问题——出演《小鬼当家》的美国童星最后落得酗酒甚至是吸毒的下场。

任何事情都有两面性，这很正常。可见双方交锋的第一个重点就是年轻人是否可以驾驭一夜成名，并在实现它的好处同时避免它的坏处。此时正方有一位辩手恰恰是20岁一夜成名的人,他现身说法:"对方说我会过气,我没有。对方说我会迎合别人,我没有。"

反方说:"您这是幸存者偏差!"

幸存者偏差:无视"牺牲者"的数据谬误

什么是幸存者偏差?简单来说,我们从那些看得到的幸存者身上收集的数据是不具有完整代表性的,因为还有很多我们没看到的牺牲者,那部分数据是缺失的。

幸存者偏差的英文叫 Survivorship bias 或者 Survival bias。最经典的例子是第二次世界大战时,美军研究了从战场上返航的飞机,他们认为中弹最多的部位应该被加固,因为这意味着这些地方容易被打到。例如如果机翼上弹痕特别多,那就应该给机翼加强防护。

当时有位数学家亚伯拉罕·沃德的建议恰恰与美军的想法相反。他认为越是中弹少的部位越需要加固,也就是发动机,因为凡是发动机中弹了的飞机都没能返航。如果我们只研究那些成功返航的幸存者,结论就是有偏差的。后来事实证明他的建议的确更正确。

幸存者偏差出现的场景有很多。比如，有时我们会听到人们说，"以前的东西质量多好啊""以前的工艺多讲究啊""以前的建筑多美啊"等，这里很可能就存在幸存者偏差，因为只有那些质量好的、美的、讲究的东西才可能成为经典流传至今，兴许它们仅仅是那1%，而大多数的、被淘汰的、销声匿迹的部分并没有被我们看到。如果通过这1%去判断过去的整体水平，就会得出一个有偏差的结论。

再比如，如果你去采访50位成功人士，无论是著名企业家还是著名演员，他们当中大多数人都会讲自己非常努力。若是以他们为样本，我们会发现个人努力和成功之间的相关性看似非常高，甚至会给一些人带来一种错觉：只要有才华、肯努力就一定会成功；又或者成功最重要的因素是个人努力。甚至有些人会认为那些过得不好的人是因为他们不努力。

但是，这个样本完整吗？如果采访的是1000个人，其中有创业失败的、有努力钻研演技却从未有机会登上大舞台的，我们会发现个人努力和成功之间的相关性就会大大降低。同样很多有才华、很努力的人因为外部因素或者是超越了个人可控范围的因素才没有成功没有被大众看见。如果我们看到的是整个样本，那么得到的结论会更倾向于认为成功是天时地利人和的小概率事件。

再比如，在商业领域，我们想要研究投资基金的平均回报率。这个平均回报率大概率是偏乐观的，因为那些经营不下去的，倒闭了的或者被兼并了的公司是没有数据的。曾经有个研究，他们发现对小基金的回报率研究是更不准确的，因为小基金更有可能关闭。如果计算还存在的基金的年平均投资回报率，这个数字会比计算所有的基金（包含关闭了的）的年平均回报率要高出0.9%。

选择偏差：具有倾向性的样本无法代表总体全貌

以上这种只选择幸存者做样本的情况，只是样本偏误的方式之一，我们在选择样本时还可能犯其他错误，比如不选幸存者只选失败者。所以，幸存者偏差是一个更广泛的大类"选择偏差"（Selection bias）中的一种。选择偏差指的是在选择样本时并不是随机的，导致选择出的样本无法代表真正想要分析的总体。

比如，我要做一个关于健身房的市场调研，我却只站在健身房门口发问卷，这个样本有代表性吗？90%的人都告诉我他们每周至少去一次健身房,这能够代表这个城市对于健身房的需求很高吗?如果我想要设计一个人见人爱的健身房,这个问卷的结果是否可能会误导我?因为我的样本忽视了那些需求并没有被这一家健身房满足的顾客,所以这个结论也有偏误。

又或者当我身处一个工作强度大且门槛高的行业,如果我反思工作之于人生的意义,我去跟公司的同事聊,我得出来的结论更可能是:工作十分重要,年轻人拼搏奋斗十分重要,职级薪水十分重要。

这代表世界其他人也都这样想吗?不是,因为我的样本有倾向性。这个公司的选拔和晋升标准更鼓励有这样价值观的人留在公司。之所以这样的行业是心理疾病的高发地带,是因为如果一个人开始觉得焦虑,同时对世界的观察又跳不出眼前这个高强度、高压力的样本,他环顾四周,以为世界就是这样的,也只能是这样的,那他当然会更加焦虑。所以,如果要反思人生,应该考虑更多元的样本。不要认为一个有倾向性的样本,就是世界的全貌。比如,如果去跟那些选择辞职的人聊天,瞬间结论就不一样了。

自选择偏差：主体自我选择带有的特征会影响因果关系的判定

还有一种选择偏差叫自选择偏差（Self-selection bias）。

回到第一讲提到的一个辩题："决意离婚的父母，要不要等到孩子高考后再离？"自然每个人都会思考，父母的离婚能否做得平和、体面一些，离婚后有没有能力处理好与前任的关系、不影响双方对孩子的亲情，把对孩子的伤害降到最低，这些人们到底能不能做到？这场辩论中的一个辩手就是一位离婚律师，打过两百多场离婚官司，所以他在辩论时加入了很多经验之谈。

但我们想想，这里面有没有自选择偏差？离婚不是必须要请离婚律师的，什么样的人会去找律师？往往不是那些能和平协商解决的，而是有更复杂的情况，比如双方谈不妥甚至已经撕破脸了的。用这个样本去研究离婚也是有偏差的。或许请律师这个选择代表了一些特征，这些特征既带来了请律师的决定，也带来了离婚时闹得鸡飞狗跳的原因。

再比如，我们现在要研究上竞赛班对孩子的成绩的影响。如果比较上了和没上竞赛班的孩子的成绩，发现上了竞赛班的孩子的成绩更好，这能不能代表上竞赛班对成绩有助益呢？不一定。因为会选择上竞赛班的孩子一般是更在乎学习的、更用功的，甚至本来成绩就更好的人，他们比没上竞赛班的孩子成绩本来就更好，这不见得是竞赛班的功劳，至少不全是竞赛班的功劳。这个自我选择本身就带着某些特征。

在因果关系的判定中，这些特征很有可能就是第三个因 C，C 同时带来了会选择上竞赛班和成绩更好这两个结果。所以进入竞赛班和成绩更好两者并不是完全的因果关系。

正确的比较方法应该是在一群有同样学习基础和学习热情的孩子中，比较上了和没上竞赛班的成绩，这叫反事实分析。就好像有一个平行世界，一切因素都是一样的，只是假设这群在现实中上竞赛班的人在平行世界里没上竞赛班，他们成绩会是怎样？这才是更加公允的比较。

当然，这在操作层面上是做不到的，所以我们可以对上了竞赛班的人（处理组）的个体特征进行分解，在不上竞赛班（控制组）的人中找到跟处理组个体特征差不多的样本再进行比较，做到其他因素都一样，只有上不上竞赛班这一个差别之后再去比较。

如何纠正样本偏误：Heckman 两阶段模型

还有一个经典的例子是关于教育程度和工作经验对女职工工资的影响。假设有1000位女性，其中600位就业了，400位没就业。就业的是有收入数据的，没就业的没有。但一个人是否选择工作不是一个完全随机的决定，人们会根据潜在的收入水平、其他经济来源、家庭情况（比如有几个孩子、孩子的年龄）等因素来判断。如果只看那600位就业女性的收入数据，那它的统计学结果是有偏差的，因为这个样本既不完整也不随机。

就好像如果把这位女性的教育程度、工作经验设为x轴，把她的工资水平设为y轴，再把600个人的数据点放进去，结果会连成一条有清晰走向的线。但如果把1000个人的数据点都放进去，很可能这条线的走向就并不清晰了，而这才更准确地反映了全样本的结果。但是因为那400位女性没有收入数据，就没有y值，要怎么把她们画进去？这就变成了一个复杂的统计问题。

这时我们可以参考一位诺贝尔经济学奖得主詹姆斯·赫克曼的成果，他的 Heckman 两阶段模型就可以纠正校本偏误。

简单来说,模型的第一步就是先判断在这1000位女性中什么样的人会选择就业,然后计算出一个比率,叫逆米尔斯比率(IMR, Inverse Mills Ratio)。第二步,对那600位女性的就业数据进行分析,但在分析中,要把第一步计算出的逆米尔斯比率加进去,这就像是第一步计算出了一个补丁,然后把这个补丁加到第二步中,那第二步计算出的结果就能较为接近全样本的结果。

这有些过于专业,但总之我们需要知道的是,如果一个样本不是随机的,它是不具有代表性的。而如果是否能进入一个样本本身就有一些条件和特征,那这是一个有倾向性的样本,它的结果更是不可信的。

无反应偏差:调查内容对样本的筛选会造成结果偏误

还有一种是无反应偏差(Non-response bias),也叫参与偏差。

想一想,我们在做问卷调查的时候,有没有带有某些特征的人是倾向于不参与的?比如我们今天出于想要调查公司员工的工作量的目的而发了一份问卷。那些工作很轻松的人可能不愿意参加,他们怕万一被发现了自己的岗位可能就被取消，而那些工作很忙的人可能也根本抽不出时间回答。所以统计结果是有偏误的，当然也有可能歪打正着。只是如果没有可靠的样本告诉我们什么是"正"，我们也无法判断是不是歪打正着，我们不能只靠"我猜会两头抵消"或者"我希望会两头抵消"就把这个问题拨到一边不看。

所以，我们往往要对问卷调查的结果做一些检查，或劝人做问卷调查的理由要更多元一些，这样参与进来的不同的人就会更多。另外，样本数越小，产生无反应偏差的概率越大，所以增加样本数也有一些作用。

新加坡有一个《统计法》(Statistics Act)，这个法条给了政府部门收集数据的权力，不配合的公司和个人甚至可以被罚款，这个法条的存在也保障了样本的代表性。他们还有一个常见的检验无反应偏差方法是给那些没回复的人打电话，问一些问题，然后看看这些答案和已经收上来的问卷中的答案的分析是否类似。

条件概率：收集信息，理解自己

最后再介绍一个概念叫条件概率（conditional Probability）。我曾经听过一位麻省理工学院统计学教授的演讲，他说他个人最喜欢概率统计学中的两大原则：一个是大数定律，另一个就是条件概率。

条件概率是指事件 A 在另一个事件 B 已经发生了的条件下的发生概率。比如，假设一个班上有 50% 的男生和 50% 的女生。已知女生中有 30% 的人喜欢打游戏，男生中没有人喜欢打游戏。这个 30% 就是一个条件概率，是在已知女生的前提下的条件概率。假设班上同学的性别比例是未知的，这个班上喜欢打游戏的人的概率是多少？应该是 50%×30%=15%。

再比如，有人跟我说拍电影的特别挣钱，十个电影明星里，八个都能大富大贵。请问，我要如何理解这句话中的概率？这很明显是一个条件概率，你先得成为电影明星，才有那 80% 大富大贵的概率。或许一个人只有万分之一、十万分之一的概率会适合并有机会进入这个行业。虽然条件概率高，但是整体概率很低。

所以说，小时候别人问我们的理想是什么，我们说要做歌手、做运动员，父母一般都不支持，认为成功的概率太低。当然，如果我们完全不了解自己有什么天赋和条件，这个成功的概率只能是根据全人口来算。但如果我们参与相关的活动与训练，收集信息，加深对自己的理解，比如已知我是一个五音俱全的人，那我成为歌手的条件概率会高一些，又或已知我在少年歌手大奖赛中拿到了名次，那我的条件概率又会高很多。

参考什么样本取决于你像哪种人、你想成为哪种人

为什么要讲条件概率，以及举上面这个例子？我真正想讨论的是我们应该如何听取他人的建议。

让我们回到最开始的辩题："20 岁有个一夜成名的机会，应不应该要？"刚才说，如果只听正方的论证，会造成幸存者偏差，因为正方是年少成名且现在过得还不错的人。

但是，只听反方的论证就没有偏差吗？

反方是虽然出了一些名但选择继续回归到原来生活中的人。这是不是也代表了某些特征？比如更保守的、更想回避风险的价值观等，这也可能会产生选择偏差。这和前文中有关女性工资的研究很类似，是否把作公众人物当成主业和女性是否选择进入职场是同一个逻辑。

所以我们要听谁的？更准确地说，我们在参考不同的意见时，要如何加权？如果我们要找样本给自己做参考，计算自己相关的某种概率，我认为更准确的方法是找到与

自己条件最接近的样本。或许不是看全人口中的概率，而是要比较在某些已知条件下的条件概率。

将这个问题延展开来，很多不同的人都在兜售自己不同的价值观，我们应该如何看待？成功者给的建议我该不该听？我要把他们看作幸存者、跟我不一样的人所以不值得听，还是把他们看作过来人所以更值得听呢？

正方会说，如果你的得失心太重，流量低了你担心，收视率低了你担心，你做得好但别人做得更好你也担心，那一夜成名当然会有问题。可是名气带来的压力其实在于我们自己怎么看待它。这些问题是要你自己去解决的。而且智慧是当你面对困难时一步一步栽培出来的；压力是压在你身上时、你感受到了时才能去学习如何承受它；机会是一次次失败然后试出来的。

有道理吗？我觉得很有道理。但同时，反方说的我也觉得有道理。反方说，你万一承受不住压力呢？你怎么知道你能挺着压力去学习呢？垮了怎么办？你在巅峰时控制不好自己怎么办？你从巅峰掉下来无法调整心态怎么办？

那我们到底应该听谁的呢？

我认为，没有任何人说的话应该被当作是绝对正确的，包括我现在说的这句话。所有的话都只是参考。它们不是行事准则，而是我们理解这个世界、理解自己时取样的数据点。

我们到底要如何给这些数据点加权？究竟哪个样本对我们有更多的参考价值？我认为这取决于我们认为自己更像哪种人。更重要的是，千万不要忘了，这也取决于我们更想成为哪种人。

思考与应用

- 你能再举出一个幸存者偏差的例子吗？
- 你能再举出一个选择偏差的例子吗？
- 如果现在有这样一个辩题："我们是否应该听取成功者给出的人生建议？"你分别作为正方和反方，该如何论证？

第 10 讲

回避论证过程的循环谬误

女人不讲逻辑，因为讲逻辑的不叫女人？

我曾经听过这样的观点："女人不讲逻辑，讲逻辑的不是真正的女人。"类似还有："好马不吃回头草，因为吃回头草的不是好马。"乍听之下，这两句话都完成了逻辑闭环，但又感觉哪里不对，因为这都属于循环论证。

什么是循环论证？

循环论证的核心在于试图回避论证过程。它没有提出任何实质性的理由，只是用一种巧妙的方式把有待证明的东西换了一个说法、绕了一个圈子后包装成了一个"理由"，并将其变成了一个不证自明的东西，最后就把它当成了论据——这表面上看是一个论证，但实际上不是。

或者用逻辑学的说法，窃取论题就是借用论题本身或近似论题的命题做论据，去论证论题。比如，如果我问：为什么女人是不讲逻辑的？你是如何得出这个结论的？你是如何论证的？科学家屠呦呦不讲逻辑吗？宇航员王亚平不讲逻辑吗？什么叫论证和论据？统计数据、研究成果、进化和历史、科学理论等，这些都可以作为论据去证实或证伪一个命题。

但如果一个人绕过了这些讨论，还能用什么来维护他的观点？"因为讲逻辑的不是真正的女人""因为我们称她们为'先生'""我感觉她很不像一名女性，因为她各方面都很强"——那就只能用这样的循环论证了。

回避论证过程不是有效论证

我们可以从两个层面去进一步理解这个问题。

第一，从逻辑学的角度分析，这为什么是循环论证或者窃取辩题？因为"讲逻辑的不是女人"仅仅是"女人不讲逻辑"同一含义的不同说法，本质上只有正着说还是反着说的区别。这个论证过程并没有提出任何超越待证明的结论以外的信息,也就是没有论证,只是用一个论题本身论证了它本身。这种论证的质量相当于:"我关心他,因为我并没有不关心他""动物园对待动物很人道,因为他们并没有不人道"。这些理由说了等于没说。

第二,这是通过定义来试图完成论证。

如何定义"女性"这个性别?也就是gender,其属于偏重社会属性意义上的性别。为什么女性是弱的?他们会说,因为强的女性不是女性,或者不是真正的女性,是女汉子、假小子、名誉男人。这种说法把所有强的女性都排除在"女性"这个定义之外,也就是说,女性的定义中就带着"只有弱的才是女性"这个特征。那又为什么女性是弱的?因为按照定义,女性就是弱的,不符合这个定义的就不是女性,因为弱的才叫女性。这种论证的质量也相当于:"为什么?""没有为什么,就是这么定的。"这是通过定义"完成"了这个循环论证。

所以论证了吗?并没有。

一个论证背后的基本目的是证明一个论点。论证者的任务就是要提供可以证明结论的、可靠的证据。回避整个论证的过程就叫窃取辩题或循环论证,是一个非形式谬误,也就代表它的推理形式(结构)是对的,但在整体内容上，它并没有进行真正的论证。

让我们再举一个例子。我曾经打过一个辩题，题目是："伦理是不是市场禁区？"大概意思是，比如性交易、器官买卖、赌博等是违背某些文化中的伦理的，我们能否因为一件事违背了某种伦理就禁止它进入市场被买卖和交易？

正方认为伦理是市场的禁区，而他们的立论是基于一段三段论：

> 大前提：所有有强制力的东西都是禁区。
> 小前提：伦理有强制力。
> 结论：所以伦理是禁区。

反方问正方，您为什么说伦理是有强制力的？比如，不思进取、沉迷赌博是违背华人的伦理的，但为什么在有一些华人主导的国家和地区，比如新加坡和澳门，赌博又是合法的？在这些地方我们没发现伦理有强制力啊！正方说，好赌是道德问题，不是伦理问题。反方又问，性交易也是违背伦理的，那为什么在新加坡，性交易也是合法的？正方说，性交易是道德问题，不是伦理问题。

反方继续说，比如乱伦也是违背伦理的，但是一些国家通过法律的强制力对其惩罚，另一些国家就没有，可见伦理不见得有强制力。正方回答，乱伦在一些国家违法，那它在这些国家就是伦理问题；乱伦在一些国家不违法，那代表在这些国家是道德问题。

正方也太能自圆其说了！为什么伦理有强制力？因为有强制力的叫伦理，没有强制力的不叫伦理。这里的论据是对结论的重复，所以它没有提供论据，以及任何实质上的证明，所以它回避了论证的过程。两个命题只有表达方式上的不同，没有内容上的差别，所以这是循环论证。

通过篇幅包装的循环论证

为什么有的循环论证更难被发现？因为有时展现循环的两句话并不紧挨着，中间隔了更多的环节。

比如有一个非常标准的循环论证的例子：

> 为什么神存在？
> 因为《圣经》上说神存在。
> 为什么要听《圣经》的？

因为《圣经》是神的话语，所以《圣经》必然准确无误。

看到第四句，循环论证就很明显了。逻辑被提炼后就变成：为什么神存在？因为神说神存在。但我根本都不知道或者不相信神存在，我为什么会信神说的话？我为什么会信神说了话？我为什么会信有神能说话？

如果这段对话仅仅停留在前两句，我们就需要自己多想一步：《圣经》可信的基础是什么？是神存在。唯有相信神存在，才可能用《圣经》作参考。也就是说，这个理由能够被相信的前提是结论成立。那就相当于在用结论论证结论，所以是循环论证。

有一点要注意，循环论证试图论证的结论在事实上可能是对的，也可能是错的。我们说的是，如果试图论证它的方式是循环论证，那这个论证是无效的、不被接受的。或许那个结论可以通过其他有效的论证去证实或证伪。

比如，好马也许确实不吃回头草，但让我相信这句话的理由不能是"因为吃回头草的不叫好马"。或许我们有一些公允的标准去划定什么马是好马，比如毛色、速度、健康等。然后再对好马进行研究，看看它们究竟吃不吃回头草。

再来看一个通过篇幅包装来循环论证的例子。比如，在一篇文章或者一本书中，作者提出了一个观点，但是当时没有继续论证："因为人的命运是注定的，所以人类没有自由意志。"过了很久，甚至跨越到了另一章节中，又说："你看，人没有自由意志，所以人无法改变自己的命运。"

这两句话要是放在一起，循环论证就非常明显了。但一旦它们离得远了，中间插入了很多似是而非的东西，就难以被辨认出了。

逻辑学家理查德·沃特利曾说过，一个谬误若被用几句话赤裸裸地加以陈述时，它不会欺骗一个小孩，如果以四开本的书卷稀释时，则可能会蒙骗半个世界。

如何对抗这样的循环论证？就是及时问"为什么"，不要等，以及要求一个简明扼要的答案，要求对方不要兜圈子。如果对方拒绝回答并一直兜圈子，我们就帮他总结，然后问："你是这个意思吗？这个意思可是循环论证哦！如果你不是这个意思，请现在就澄清。"

第一种循环论证：重复结论

循环论证有几种常见的形式。

第一种是重复结论，也就是一开始提到的，用一种与结论在表述方式上有差异但实质内容没有差异的命题做论据。

比如，我问他："你为什么相信小张？"他回答："因为我觉得小张没有说谎。""可信"和"没有说谎"不就是同一个意思吗？如果我耐心追问："你为什么觉得小张没有说谎？"或许他会给出理由，比如小张的眼神不飘忽、语气很坚定；或者这个答案被其他人印证过；又或小张从来没有撒过谎，等等。这些都是论据和论证。但如果他仍然回答："因为我觉得小张很诚实可信。"我会说："你说了等于没说……"我曾经就遇到过这样一个场景，当时的辩题是："我们更应该追求尽如人意还是无愧于心？"对方说："我们更应该追求无愧于心，因为无愧于心让我们可以回归初心。"我问："为什么回归初心是件好事？或许人成长了，心意应该随着成长而改变啊！"对方说："因为改变了心意，那就不是初心了！"我们问："可是为什么一定要回归初心？这有什么好处？"对方说："因为不忘初心，方得始终。"然后洋洋洒洒一篇抒情散文。

我们说："您能提炼一下吗？为什么回归初心是件好事？"对方说："因为我们要追求自己最初的信仰，要回归生命的本真。"我就总结："追求自己最初的信仰跟回归初心有差别吗？回归生命的本真不还是回归初心的另一个说法吗？'换汤不换药'，这就是一个循环论证呀！"

第二种循环论证：互为因果

第二种循环论证是，假设他需要论证A，然后用B论证A；你问他为什么B是对的？他说因为A，所以B是对的。也就是说，A和B互为因果。

我们沿用刚才的例子。

对方说："我们更应该追求无愧于心，因为无愧于心让我们可以回归初心。"我继续逼问："回归初心、回归生命的本真到底有什么好处？"对方说："好处在于它让我在做事的过程中不会迷茫，我可以时刻提醒自己为什么要做这件事情。"我就去帮他总结："您的意思就是说，回归生命本真的好处在于，我做一件事时能时刻符合我内心的愿望，对吗？"对方说："您可以这么说。"

这时我就可以帮他总结整个论证过程："所以，换言之，您方说无愧于心的好处在于可以回归初心，回归初心的好处在于可以无愧于心，这不就是循环论证吗？"

再比如我问："为什么提出批评的人就是不爱国？"

他答："因为爱国的人都更积极正面。"到这里也还好，循环论证还不是那么明显。我继续刨根问底："为什么爱国的人都更积极正面？"他答："因为不爱国的人才会盯着阴暗面。"这就是循环论证了。

所以，记住，听到一个理由，要追问这个理由为什么成立，很可能对方一回答就会形成循环论证。

当然，循环论证的逻辑链也可以更长，例如为什么A，因为B；为什么B？因为C；为什么C？因为D；为什么D？因为A。这就像循环论证的英文Circular reasoning所形容的，是一个圈一样的论证。

鲁迅在《论辩的灵魂》中就有一段对诡辩的揭露：

> 我骂卖国贼，所以我是爱国者。爱国者的话是最有价值的，所以我的话是不错的。我的话既然不错，你就是卖国贼无疑了。

这就是一个标准的长链条循环论证。

第三种循环论证：前提需要结论的支持

第三种循环论证是前提的成立需要结论的支持。刚才说的上帝和《圣经》的例子就属于这一种。再来看一个生活中的例子。

比如，我对我的父母说："我觉得你们不爱我。"

父母说："我们当然爱你，天底下的父母都是爱自己的孩子的。"这就是一个标准的"我要想相信你的理由，必须先相信你的结论"。

我相不相信天底下的父母都是爱自己的孩子的？显然我不相信呀！如果我怀疑我的父母不爱我，可见我觉得天底下的父母不见得都是爱自己的孩子的，有的爱，有的不爱，可能我的父母是不爱的。你怎么能用一个我不相信的理由来论证一个我不相信的结论呢？

第四种循环论证：玩弄定义

第四种循环论证是靠玩弄定义来实现的，前面已经举了几个例子了,比如:"女人不讲逻辑,因为讲逻辑的不是女人。""好马不吃回头草,因为吃了回头草就不叫好马了。""人民都是拥护自己的国家的,因为不拥护自己国家的人不配被叫作人民。""学生就应该好好学习,因为不好好学习的孩子不是学生。"这里就不赘述了。

用待证明的结论证明结论违背了论证的意义

最后总结一下,首先循环论证也叫窃取论题,后者的英文是 Begging the question,直接翻译是"乞求论题"。你本来在为论证一个论题找理由,但是你却去求论题给你一个理由,也就代表着你在用结论本身去论证这个待证明的结论。

其次,论证的意义在于为支持一个结论提供理由、论据、数据、例子。但循环论证的本质是,整个论证过程并没有提供结论以外的任何论据。

那么,如何识破循环论证?当发现对方好像根本没有论证,但是听上去又是个绝对正确的闭环时;当发现对方没有提供任何论据,就已经达到了自圆其说的无敌状态时,这往往就是循环论证了。

如何反驳？喊出："这是循环论证！您就是换了个说法，根本没论证！""您这说了等于没说！"

思考与应用

- 以下这段话的问题出在哪？

    在有关堕胎合法化的讨论中，你们都在讨论生命应该从什么时候开始。我觉得这种讨论非常没有意义，是失焦的。我认为讨论的重点应该是婴儿的权利问题！

- 以下这段话的问题又出在哪？

    那些反对马克思主义的人都是资本主义的走狗！马克思解释得很清楚：由无产阶级劳动操作的高效率机械化生产模式，在生产过程中替少数持有生产工具的资产阶级产生了剩余产品并成为剩余价值，此种剥削关系进而转化为根本性的矛盾。

- 你能再举出一个循环论证的例子吗？

第 11 讲

进退两难也许只是假象

猫有传播病毒的风险,只能立即扑杀?

有这样一个辩题:"'艺人有一半的钱是挨骂的钱'到底是对还是错?"这句话最开始是郭德纲说的,特别有意思:

> 侯宝林从年轻的时候开始,就是被一路骂过来的,你就说咱这行容易吗?那你说怎么办呢?干这行挣那个钱,有一半儿就是挨骂的钱,所以说,心态不好,你根本干不了这个。

正方(认为"艺人有一半的钱是挨骂的钱"是对的)表示,其实吧,艺人在展示专业之外还有一项特别重要的劳动叫作"情绪劳动",也就是为粉丝或大众提供"情绪自由"。骂人只是表象,本质上娱乐圈是一个让大家放松、让大家不必那么理性、让大家拥有情绪自由的地方。

而大众是一个光谱,林子大了,什么鸟都有,如果你希望娱乐圈能够服务大众,那么你必然就要忍受一些你完全无法理解的恶意。所以对方辩友,你认为娱乐圈应该服务小众还是大众呢?如果只服务小众,确实娱乐圈可以做到干干净净、纤尘不染;如果要服务大众,那就是林子大了,什么"鸟"你都得接受。

反方(认为"艺人有一半的钱是挨骂的钱"是错的)却说,对方辩友,你使用了一个逻辑谬误,叫虚假两难。

什么是虚假两难?

虚假两难也称非黑即白,指的是在本来有其他选项的情况下,却要求人们做出非此即彼的选择。

这里的"进退两难"其实是个假象,就好像在黑与白之间明明有很多中间色,却非要强制我们选择黑或白。用逻辑的语言来说,这个论证试图让我们相信它所提供的选择是不相容且穷尽的,可实际上它们只是所有可能选择中的两个。

先来举几个简单的例子。

"要么瘦,要么死。"

(谁说的,我还可以胖着活嘛。)

"你不认同'996',那你为什么不辞职?"

(谁说的,我不能骑驴找马吗?)

"宠物重要还是人重要?"

(又有谁说一定要比出个非此即彼?)

"你是要结婚还是要孤苦伶仃啊?"

(我都不要啊!)

"如果不能改变世界的游戏规则,那你就接受它!"

(我们慢慢渗透不行吗?谁说实然和应然只能同步呢?)

这些例子都很直接,在专门讨论虚假两难的语境下我们很容易发现问题所在。但是当它们散落在生活中并快速闪现时——尤其是它们往往符合一些思维定式——却难被发现。

面对虚假两难的情况,我们要怎么培养辩手思维,更敏锐地应对?我认为需要两个层面的训练:第一,锻炼跳出思维定式的心态;第二,了解常见的思维定式的深层逻辑。

跳出框架，坚定地审视规则

首先是心态层面，我想用两个故事来说明。

第一个，曾经有一场国际大专辩论赛辩论："顺境还是逆境更有利于人的成长？"当时台湾世新大学的辩手持方是反方"逆境更有利于人的成长"，其中一位辩手非常有创意，他问正方（中山大学的辩手）："现在桌子上有三个杯子，你能猜一猜哪个里面有喉糖？"

正方说："这我还真猜不出来。是不是有放喉糖的就是顺境，没有放喉糖的就是逆境？"

反方说："你猜猜看就知道了。随便猜，猜错一次，再猜一次也没关系。"

正方又说："那我猜三个里面都有，行不行？"

反方一看，对方怎么还不选啊，就自己帮忙选了一个打开了，说："对方辩友，你看这个杯子里有喉糖，但如果你一次就猜对了，那另外两个杯子里到底有没有喉糖，你是不是就没有机会知道了？"

正方说："我为什么一定要证明这两个里面有没有喉糖呢？我觉得人活着，如果能有糖吃，过得好、有发展，就足够了。不需要尝试很多错误的途径，'没有困难，创造困难也要上',需要这样吗?人生不是一场猜谜游戏,在这里我猜对了有糖吃,猜错了没糖吃,很简单,损失并不大;可很多时候它们往往是对我一生都影响重大的选择,如果我选错了,可能追悔莫及。所以在能走正确的道路时,我们还是不要往弯路上走。"

正方这个反驳非常精彩,成了一个名场面。

的确,我们不一定要跟着对方的思路或对方设下的规则和框架去思考,要有跳出框架、从外部审视框架的视角,甚至是提出另一个框架的视角。

谁说叫我从三个杯子里面选一个,我就一定要选一个?不能不选吗?不能都选吗?生活和工作中的很多场景并不是中学时简单粗暴的单选题。谁说的?一定要这样且只能这样?题目不可能出错吗?题目就算出对了,这是唯一正确的方式吗?这是对世界、事件、情境唯一正确、唯一可接受的解读吗?

第二个故事,有一个实验叫米尔格拉姆实验(Milgram Experiment),这个实验的设定是这样的:实验小组找了40个志愿者并告诉他们这是一个关于"体罚与记忆力的关系"的实验。志愿者要扮演老师来测验隔壁房间里的学生对单词词组的记忆,如果学生的答案是错的,老师就要发起电击。随着错误的次数变多，电击的强度会增大，从15伏特直到450伏特。逐渐地，学生表示出越来越强烈的痛苦，甚至是出现惨叫、拍打墙面的行为，在最大电压被触发后，他们就再发不出声音了。

但这个实验测的并不是体罚与记忆力的关系，而是人对权威的服从性。其实，所谓的"学生"是演员，他们并没有真正地被电击；这些"老师"反而是被测验的对象，测验的目的是看这些志愿者会不会因为看到受电击的人如此痛苦而开始怀疑实验的设定，甚至停止参与实验。

事实上，有很多志愿者都觉得有问题，他们一度停下来或者去询问实验小组。但这个实验的设定是，实验小组会有四句话用来回应那些想要停下的志愿者：

"请继续。"

"这个实验需要你继续。"

"继续下去是绝对必要的。"

"你没有其他选择，你必须要继续。"

如果这四句话都用过了，志愿者还是想要停止，那这个实验就会停止；如果志愿者并没有一再要求停止，实验小组自然也没有使用完这四句话，那这个实验就会在450

伏特的最高压电击被使用三次后才停止。也就是说，志愿者已经听到学生从难受到惨叫到发不出声音，还要继续用450伏特电击两次，实验才会停止。

我们猜猜有多少志愿者（也就是实验对象）停止了电击？有多少做到了最后？

40个人中，每一个人都曾停下来怀疑过。但当实验小组说"你的配合对这个科学实验至关重要"之后，在最著名的实验版本中，40个人里的26个，也就是65%，都完成了最高压电击三次才停止的实验。

虽然在不同的实验版本中这个数字有变化，虽然它的伦理问题一直受到质疑，虽然对这个现象的解释也有不同的观点，但是这个现象本身是有巨大思考价值的。

把这个实验放在这里讲，我想强调的是：不一味地服从设定、跳出规则看规则是种心态上的"解锁"，每个人都应该学习。

虚假两难之下的深层逻辑

下面再看看虚假两难中几种常见的深层逻辑。

第一种，它伴随着夸张的说服出现。比如"要么瘦，要么死""要么努力,要么灭亡"。

有的人会说,说这些话的人不见得真的认为世界上仅仅存在这两个选项,他可能只是为了加强说服效果而使用了一种夸张的修辞。

的确,但关于这类"鸡血",我想强调的是:第一,不要被冲晕了头,真认为只有瘦子才能幸福。或许提升外貌是让自己更顺遂的方式之一,但也仅仅是之一,不是唯一,也不是最好的,甚至在有些情况下,是有副作用的。

第二,"鸡血"这种东西,最好是在清醒的状态下自己选择给自己打。或许人没有完全的自由意志,那必要时我可以清醒地选择用这种东西短暂地哄骗自己产生动力。比如,考试前我也看非常"鸡血"的"大战高考"的书,来给自己营造复习的氛围。但"鸡血"最好不是别人给打的,因为它带着非理性的属性,来自别人的忽悠更可能带着目的,更难保证"我"的清醒。"为我所用"是目的,"我的清醒"是前提,"鸡血"仅仅是一个可供选择的实现目的的小把戏而已。

第二种深层逻辑,它是思路不广、能力不高的体现。

其实工作中我们常常遇到这种情况,项目经理说:"你们最近排时间表出了很多错,这样有很多负面影响。"小同事说:"要想少犯错,得再派一个人检查,两个人互查,也就代表要多付一个人的薪水。"换言之,要不你就包容错误,要不你就多批预算。项目经理说:"写个Python代码,把人工做的东西自动化,这个问题不就解决了?"

其实很多社会事件跟这个例子也是同一逻辑。比如,新冠疫情期间,哈尔滨有几只猫被测出阳性,结果被扑杀。支持者的核心逻辑是,要不扑杀,要不承受猫传播病毒的风险。但是,猫也可以就地居家隔离啊!猫也可以跟着主人一起隔离,必须猫跟人显示都呈阴性了才能出门自由活动,产生的费用全部由猫主人承担,等等。这种情况是有可评估的、比较直观的方案的,不是仅有两个选项而已。

当然,有时使用虚假两难的人喜欢利用"急迫感"来增加说服力,仿佛需要三分钟以上才能想出来的方案都太迟了。

比如,性交易是否合法化也是一个两难困境。如果合法,就会有更多的性工作者在不同程度的逼迫和无奈下进入这个充满压迫和风险的行业中,使更多经营者获利。但如果不合法,一个地下的性工作者受到侵害时就不敢报警,不敢寻求帮助,因为自己也会因为触犯法律而被惩罚,那她们就会处于更弱势的地位。

对此,一些北欧国家的模式是:嫖娼者是违法的,他们会受到法律的起诉和惩罚，但法律不会起诉卖淫者，不会处罚那些被迫提供性服务的弱者。无论这种模式是否是最理想的方式，这样的有创意的、折中的思路非常具有参考性。

解决问题的能力和创新的能力是人重要的能力。有时我们看到一些人对一些社会事件发表两难观点，他们看上去像是凭空在两难中站队，并没有显出任何的对于如何解决问题的思考，只是"喊打喊杀"。这是不可取的。总之，只要能力不滑坡，办法总比困难多。

第三种深层逻辑，虚假两难也体现了光谱思维的欠缺。

所谓光谱思维，代表世界上的颜色不光只有黑和白。世上的事也不只有恶和善，这中间有无数的颜色和中间地带。就像美国的民主党也有偏"右"的，共和党也有相对偏"左"的。或者是性别——特别是性别特征和性别表达——也不只有男和女两个独立的类别，这中间是有一个光谱的。当然，我们的大脑有惰性，喜欢把事物明确地分成独立的类别以降低认知的消耗。但是，我们要明确地意识到这种无意识的偏见，才能在需要的时候靠理智去矫正。

有一个实验研究的是美国人对变性人的接受度或厌恶度。这里的变量是一个变性者在做手术期间，从生理上的某一个性别变为另外一个性别的过程。研究发现，当这个变性者看上去更像男性或更像女性时，ta 所受到的恶意都更低；而在这个转变过程的中间时期，也就是当这个人更难被快速归类为男性或者女性时，ta 受到的恶意更高。

为什么？因为人的认知习惯就是通过快速把人、事、物归类来提高效率、降低耗能。当一个人、事、物难以被迅速归类时，这就增加了认知难度、降低了效率，所以让人不适，而且越在乎效率的人往往越容易对难以被归类的人、事、物产生反感。

这样的认知习惯也让虚假两难变得更常见。"ta 要不是男生要不就是女生"，其实不见得；"ta 要不就是圣母，要不就是全盘认可特朗普"，也不见得。

还有，缺少光谱思维的一个特例是，这世界上不仅有正和负，还有不正不负，也就是中立。比如体罚对提升记忆力有好处吗？可能有好处，可能有坏处，也可能有还没有被证实的关系。对于性交易是否应该被合法化，我可以不支持也不反对，我可以不知道，因为我对现状没有确切的了解；或许我支持更多的信息被披露出来之后再决定？但没有必要为了给一个答案而给一个答案。

第四种深层逻辑，故意用一个更恶劣的选项逼对方选另外一个，甚至是利用、逼迫和威胁。

"你不结婚？你是要气死我吗！"所以结婚和气死家长里面必须选一个。一般孩子是轻易选不了后者的，所以就被逼婚了。

"你只要不转发爱国的微博，你就应该被网暴。"所以在"做广播站"和被网暴当中只能选一个，他们不接受"在心里爱国""这个选项的存在。

"9·11"事件后美国一度很强硬，表示"要不就与我们站在一起反恐，那么你就是我们的朋友；或者不与我们站在一起反恐，那么你就是我们的敌人"。这基本上就属于威胁了。逻辑上是有"中立"或"不干我事"或"我觉得你这样做有点夸张，但是我又不敢阻止你，所以你爱干嘛干嘛，我就不参与了"的选项的。但由于受到威胁，就只剩这两个选项了。

第五种深层逻辑，有人想让你认为你没得选。

在新加坡，外籍劳工很常见。比如一个月500新币的菲佣，一个月只有一天假，不能怀孕，不能随意用手机，需要常对主人用尊称，住的隔间也就勉强放得下一张小床。外籍建筑工人的薪水可能也不比菲佣多多少，住在外籍劳工宿舍。因为有些本地人讨厌或害怕外籍劳工，所以有各种方案将外籍劳工宿舍与本地人的社区分隔开，再安排每天往返于宿舍——工地两点的开放式小卡车接送劳工，这是有安全风险的。在新冠疫情暴发初期，外劳宿舍由于居住条件不好，交叉感染非常严重。在整个新加坡，当劳工宿舍外每天的确诊人数只有个位数时，劳工宿舍内已经是三位数甚至四位数了。

每当有人为外籍劳工呼吁更好的从业条件时，就会有人跳出来说："你之所以会选择漂洋过海来打工，代表这里能给你的比你家里的更好，你还有什么可抱怨的呢？要么干，要么走，就两个选择。"

这是一个比较极端的例子，但其实背后的逻辑是广泛的。比如对纪录片《美国工厂》里的美国人说，"要不就接受低薪高危的新常态，要不就接受你的工作会被东南亚发展中国家的人抢走"；或者对"996"的打工人说："接受'996'，不然你就没有高薪工作，你在这个社会就没有安全感。"这些背后逻辑都是一样的。

首先，真的只有跪着挣钱和站着饿死两个选项吗？为什么不能追求站着把钱赚？为什么不能要求安全和健康上的保护？为什么不能要求像个正常人一样需要时间留给家庭和休闲？为什么我只有不要求和滚蛋这两个选项？是资本家联合起来制造了种种困难让我真的只拥有这两个选项？还是虽然是资本家也做不到"铁板一块"，但是至少让我先相信我只有这两个选项？

8小时工作制也是争取来的，5天工作制也是争取来的，所以我们不止两个选择。资本家联合起来把劳动者的力量打散了，当然就为劳动者追求第三个选项创造了困难。如果资本家让劳动者相信这世界上没有第三种选择，你只能在这两种里选，那劳动者追求第三种选择的意愿和动力可能也会降低。这是符合某一方利益的，但不见得是事实。

思考与应用

- 针对以下这句话制造的虚假两难，该如何反驳？

    如果没有办法改变这个世界的游戏规则，那就接受它。

- "艺人有一半的钱是挨骂挣的"，在开篇这一辩题中，正方认为如果你要服务大众，那就得面对"林子大了，什么鸟都有"，所以你要接受被骂；如果你不接受被骂，那你只能服务小众。为什么这是一个虚假两难？
- 你能再举出一个虚假两难的例子吗？

第 12 讲

人身攻击无法论证观点
他犯过 100 次错,他的话怎么能信?

前面提到了一个辩题:"决意离婚的父母,要不要等到孩子高考后再离?"我也是这场辩论的辩手之一。但我看到网上有些评论是这样的:"庞颖的父母又没离婚,她一看就是在幸福家庭长大的孩子,所以她的观点不可信。"

从逻辑谬误的角度来说,这里的问题叫"人身攻击"(Ad Hominem)。你可能会疑惑:"人家网友也没骂你啊,也没说你不好,甚至是在描述你身上的一个正面的特征,怎么就'人身攻击'了?"

人身攻击谬误

人身攻击这个词有一个日常的用法,尤其它在网络上看似等同于"骂人"或"比较严重地骂人"或"就个人和生活层面恶狠狠地骂人",甚至是"骂他的家人"。

骂人当然是一个问题,关乎文明礼貌和道德水平。但如果从逻辑学层面更严谨地定义人身攻击的话,它是一个逻辑谬误,它的含义就不能再与骂人直接等同。

人身攻击也称"诉诸人身",指的是通过评价一个人与当前论题无关的个人特质,如人格、品质、处境等,来论证他的某种言论为假,或者至少是降低其言论的可信度。

人身攻击从属于不相干谬误,或叫关联性谬误。关联性谬误指的是论证所依据的前提与结论不相干,即使前提是真的,如果它与结论不相干,那也不能构成支持或反对这个结论的理由。因为一个人的人格、品质、处境,与他观点的正确与否没有直接的逻辑联系。前面也讲过一些关联性谬误:诉诸情感——靠煽动感情来代替论证;稻草人谬误——反驳一个被曲解了的命题来代替真正的论证;红鲱鱼谬误——通过转移注意力来避免真正的论证。

我们可以再通过几个例子感受一下人身攻击谬误的核心是什么。比如有人说"庞颖又馋又懒",这可能算是个不太友好的评价。但如果有人说:"一个又馋又懒的人说的话,我们为什么要相信!"那这就是人身攻击谬误了。

一个人馋不馋、懒不懒跟他的观点是不是站得住无关。

回到开头有关离婚的辩题，如果我说："决意离婚的父母应该即刻离婚，因为如果拖着不离，父母常常吵架，对孩子的伤害更大。"如果我的对手说："你的父母又没离婚，你没有发言权！"这就属于人身攻击谬误，因为我的父母有没有离婚这个背景，与我的观点的对错无关。

我不是黑人，不代表我不可以对黑人的种族问题发表观点；我没爬过珠穆朗玛峰，不代表我不能知道珠穆朗玛峰上面温度低、空气稀薄。一个结论是否成立要看它的理由，而理由可以来源于多种方式，比如通过阅读相关的论文、理论和数据。

你可以质疑我的论据，比如我是如何得出的结论？参考来源是什么？你可以提出相抗的理论，比如你可以反驳说，快高考时孩子多数时间都在学校，在家时间不多，所以对父母来说，维持家庭的和谐还是比较容易的，不会对孩子有很大的影响；如果即刻办理离婚，一旦出现鸡飞狗跳地闹上法庭的事，说不定还会拉着孩子去，对孩子的负面影响更大。这都是对我论点相关的、合理的挑战。

当然，如果今天我的观点是："我认为家长可以理性和平地办理离婚，因为我的父母每次有矛盾都可以理性和平地处理。"

然后我的对手说:"你的父母没有离婚,所以他们的关系是相对好的,面对的问题的难度是相对低的,用你父母处理日常矛盾的例子来论证所有家长或者大多数家长都可以在离婚时做到和平理性,是不可信的,这不是一个具有代表性的样本,这甚至有选择偏差。"这就是一个相关的、合理的反驳,而不是一个人身攻击谬误。

再举一个前面章节提过的例子:"20岁有一个一夜成名的机会,应不应该要?"正方,支持应该要的一方都是曾经一夜成名如今发展得不错所以荣归故里的嘉宾。

如果今天反方一看正方站在台上,就说:"观众们,你们千万不要信他们的观点,他们是幸存者偏差",这也属于人身攻击谬误。他们自己是成功者,不代表他们的观点就是不全面不可信的。他们有可能是参考了很多成功者和失败者的案例,然后给出了很公允的论点。我们不能因为人家的身份和背景就直接判负了。

当然,如果今天正方说:"年轻人可以处理好一夜成名带来的风险,因为我处理得很好!"这时候咱们再说"你这是幸存者偏差",就没有谬误了。因为我们是针对他的论据的反驳。

再举一个例子。

比如阿庞说:"我寄愁心与明月,奈何明月照沟渠。"

阿詹说:"你对的诗有问题,很明显你没有文化。"

这叫人身攻击吗?不叫,因为她前半句针对的是我的观点,后半句就是顺便嘲讽了一下。虽然运用嘲讽也从某种程度上"彰显"了她的道德水平,但她并没有用这句嘲讽去反驳我的内容,所以不算人身攻击谬误。

如果阿詹只说:"很明显你没有文化。"这也不算是人身攻击谬误,因为她可能只是在陈述一个观察,她并没有用对我某种特征的评价去证实或证伪我的观点,只能算是"草率归纳"(Hasty Generalization)。

但如果阿詹说"你一向都没有文化,所以你肯定是错的"又或"你的语文只有初中学历,所以你肯定是错的",那这就是人身攻击谬误了,因为她在以我个人的特征或背景去论证我的观点是否成立。

当然,阿詹可能不会说得这么直接,她会包装一下:

阿庞说:"我寄愁心与明月,随君直到夜郎西。"

阿詹说:"你一定在家里装了提词器。"

这有什么问题呢?因为这句话暗藏的逻辑其实是:你一向都没有文化,所以你说的东西肯定是错的。今天你说对了，一定是因为在家里装了提词器。所以，这还是在以我的一个标签去判定我说的内容正确与否，这依然是人身攻击谬误。

再比如阿詹说："不好意思，我还是比较相信那些至少上过高中语文课的人的答案。"虽然这句话的意思也不太直接，但依旧属于人身攻击谬误，她还是因为我没上过高中语文课而一竿子打翻我说的话。

私德与身份无法攻击观点，论证本身是关键

了解了人身攻击谬误的本质后，我们再来总结日常生活中常常会遇到的两种情况。

第一种，以道德来攻击一个人的观点。

比如，"不要相信他说的话，他是一个强奸犯"。一个强奸犯当然要受到法律的惩罚和道德的谴责。但是这个人的观点和主张是否有价值是一个与其不相干的论题。这个人的话有可能成立，也有可能不成立，这需要通过对他说的话的内容本身进行讨论。

还有，"这个导演特别渣，渣的人怎么懂爱情，他拍的电影我才不看"。一个人的私德跟他的艺术水平是两件

不同的事，不能直接论证。你可以说因为你不喜欢他在电影里展现的某一种爱情观，所以你不想看。但不能直接用"渣"来论证他的艺术水平不值一提。

类似的人身攻击谬误还有："这些专家提出的政策太傻了，一群自私自利与官商勾结的专家能提出什么好政策？"先不说后半段的攻击性指控是否成立，即使成立，这也不能直接论证他们提出的任何政策都是错误的，因为说这句话的人并没有讨论具体是哪项政策、究竟是错在哪。

如果今天我们可以指出某一政策是对某一利益集团有倾向性的，而这个专家与这个利益集团有绑定，那这其中就有利益冲突，所以这个专家不适宜参与这一政策的制定，这样是合理的。又或者我们能具体地分析，出于对公共利益的考量，这个政策应该怎么制定？而为什么现有的政策不好？是否因为现有政策的制定是在为某些集团输送利益？关键是要就事论事，要对论点本身进行讨论、举证和论证。

第二种，以一个人的身份、处境来否认他的观点。比如："他出身贵族，所以他不会真正地关心劳动人民的疾苦。""他是个资本家，他制定的反'996'政策一定只是表面功夫。""他是男性，所以他关于产假的观点我们不能听。""她是个家庭妇女，她懂啥？"……

我们如果只因为说话的人是谁就拒绝审视他的观点的真正价值，这也犯了人身攻击谬误。比如，如果我们并没有理会男性或女性的具体观点，而是因为观点的出处就拒绝理会他的意见，这就是人身攻击谬误。观点出自谁并不重要，重要的是他们是否提出了好的或坏的论证。

法律中的人身攻击谬误

下面来看一个更特殊的情况。

我们或许有这样的疑问：如果一个人是惯犯，又被抓到了，我们能不能靠攻击他的品德来论证他大概率是个坏人？另外，从直觉上看，如果一个人一直都满嘴跑火车，这个人的可信度就会降低；如果他现在作为一个证人，我们人身攻击他的诚信，是不是一种谬误？

这里不具体讨论法律的细节，只讲与人身攻击谬误有关的大原则。

一个人的性格特征、声誉，以及他过往做过的某些事，一般来说，都不允许被介绍到法庭上，因为法律只讲"你这一次做了什么"，而不是裁决"你一直以来是一个什么样的人"。

比如，阿庞被打了，阿詹是嫌疑犯。然后她们的好朋友说："虽然这次我没看到阿庞是被谁打的，但是我以前看到过100次阿詹打阿庞，所以这次应该还是阿詹打的。"这个能不能作为给阿詹定罪的证据？不能。就算阿詹打过阿庞100次，也不代表这一次是阿詹打的。万一她改过自新了呢？

什么能在法庭上被记为证据而什么不能，是有原则的。不能用"她以前打过"来直接论证她这次有打的倾向。

当然，这些证词也不是没有一点用处。它们可能可以被用来论证某些具体的环节或技术细节，但不能被用来直接定罪，只可能最终成为定罪证据的某一部分。比如，假设法医发现阿庞是被大棒子打的，而有人前100次目击证明了阿詹拥有一个这样的大棒子且具有使用这个大棒子的能力和技术。

再比如，有人怀疑阿詹一副气虚的样子究竟能不能打伤健康强壮的阿庞呢？前100次的目击至少能够证明阿詹有打伤阿庞的能力，不能因为她看上去气虚就排除了她的作案可能性。

还有一类证据是人的性格特征，这类证词的方向是受到限制的。

因为人身攻击谬误是一个相关性谬误,所以其核心问题是这些性格特色与这个案情本身是否相关?还是我们犯了诉诸情感、诉诸背景、诉诸人身攻击诸如此类的错误?

如果一个证词说的是"阿詹是一个温和、软弱、宽容的人",这姑且跟阿詹是否暴力打人这件事还有些关系。但如果一个证词说的是"阿詹是一个聪明、高知、努力的人",这就跟当下讨论的案件完全无关。我们不能因为阿詹爱读《庄子》就认为她没有犯罪或者应该被减刑。

那证人呢?证人的诚信非常重要,证人说的话可不可信?我们要如何挑战?至少我们不能通过论证这个证人撒谎成性,就论证他在当下案件做的证是不可信的。律师会喊"Objection, relevance",也就是不相关。

当然,我们是可以就事论事地证明这个证人这次的证词是不可信的。比如他一会儿说东,一会儿说西;一会儿说看到了这个,被律师换方式问了几次后又说没看到,这种前后不一致可以论证他说的话不可信或是他在撒谎。又或者我们可以试图论证他在这个案子里有撒谎的动机,甚至比如他说他看到了红灯,但是我们发现他是色盲,所以他说的话不可信。这些都是就事论事、与案件相关的讨论。

诉诸权威谬误

还有另一个相关性谬误叫诉诸权威。它最核心的问题是不看内容，仅仅靠权威去判定一个观点或主张的质量。

例如诉诸不相干的权威：明明在讲经济学问题，他却援引哲学家的话。歌星、影星在广告里介绍保健品的性能和功效，其实也是不相干的权威。还有诉诸官职：做事的根据仅仅是"领导发话了""指鹿为马""皇帝的新衣"等。

以上情况都很容易理解，但如果我们的确援引的是相关课题的专家的发言或者研究成果，那还会有诉诸权威谬误的危险吗？其实还是有。

比如，"A教授说这个对，B教授也说这个对，C教授还说这个对。所以这个一定对"。

我们假设三位教授都有相关的资质，但这是应该有的论证方式吗？并不是。如果这三位教授都没说"为什么对"，仅仅因为他们是相关领域的教授，我们就认为一定对，这也是诉诸权威谬误。占据主导地位的并不应该是他们的身份，而应该是他们给出的论证本身的质量。专家的话也需要检验。

举个极端一点的例子，比如只有高中学历的父亲自制药剂救患有罕见病的儿子,假设我有药学的学士学位,那么我的水平一定比他高吗?真不一定。还是得比具体的论点和论据。

再比如,虽然 ABC 教授都说这个对,或许还有 DEF 教授觉得这个错呢!我们如何判定是 ABC 教授对还是 DEF 教授对?是看他们的职称高低,还是看他们在某个学术领域的历史和口碑?但谁又知道不是某个资历更浅的人开创出一个新的颠覆性理论呢?所以,核心不在头衔和名号,而在具体的论点和论据的交锋。

诉诸权威谬误还有一个体现,比如我对一个政策提出了质疑,结果我的朋友说:"李专家都这么说了,你比他还厉害吗?"这就是完全否定了一个权威有可能错、一个非权威有可能对的可能性。

不过有一种更复杂的情况,比如张医生是传染病专家,张医生支持 A,我二舅反对 A,那么仅仅出于权威性考虑,我认为张医生的观点比我二舅的观点更有可能是对的。这是不是诉诸权威谬误?这个问题是没有绝对共识的。我个人认为,从严格意义上来讲,这仍然是诉诸权威谬误,因为本质上我还是在用权威本身去论证,而不是由论证和论据本身的质量去得出结论。

因为是不是诉诸权威谬误，核心在于程序正义，不在于结果正义。张医生的观点大概率比我二舅的观点要正确，但这不代表我的论证程序是对的，或许错误的程序有时可以得出正确的结果，但不代表错误的程序次次都能得出正确的结果，也并不代表错误的程序是我们应该使用的。

事实上，张医生发言时一般也不会只扔出自己的头衔和结论而不讲理由；多问二舅一句"你为啥这么说"，二舅一开口我们大概率也知道他是在跑火车还是真有点东西，到时再做判断也不迟。

当然，我们不可能具有从内容上判断所有观点和主张的质量的能力，所以有时为了方便还是会参考更权威的人的观点。我个人认为，在没有其他办法的情况下，以权威性来给证据的可信度进行排序，也是一种可以选择的手段。比如，二舅说理由时也头头是道、有理有据，以我的知识水平根本无法判断其对错，那我认为张医生的可信度排序略高于我二舅，如果有集体专家共识或权威机构发布的指南对其支持，那可信度可能又会更高。

到这里，这就不完全是个谬误了，因为我并非完全没考虑论证内容，我也没怼着我二舅说："您别说话。"集体专家共识或权威机构也没有只拿权威压人，也提供了站得住脚的指南。

我们唯一要做的是要保持清醒,不要盲目仅仅通过比对谁更权威去下结论。很多时候,很多事情也确实没有唯一正确的答案,知道一件事情在现阶段是有争议性的,让权威们内部再研究研究、再"吵一吵",比我们按头衔去站队更理性。

思考与应用

- 以下这句话的问题出在哪?

    这个健身房的私教给我制订的运动计划我可不敢信,我对他的专业性没有信心,很明显,他根本连自己的食欲都控制不住。

- 为什么以下观点也是一种诉诸不当权威的谬误?

    大家都这么说,所以这一定是对的。

- 你能再举出一个人身攻击谬误和诉诸权威谬误的例子吗?

第 13 讲

充分吗？必要吗？

没有恶意的恶行应该受到道德谴责吗？

在本书第三章有一场我与詹青云的辩论，题目是："AI 创作的诗歌、音乐等，是否有艺术价值？"我是正方，认为有价值；詹青云是反方，认为没有价值。

詹青云说："AI 写不出来那些真正经历了人生悲痛后的诗，比如'佳人犹唱醉翁词，四十三年如电抹''与余同是识翁人，惟有西湖波底月'。这里的语言并不精巧，也没有使用那些惯常被用来形容悲伤的词，可是读它的人心灵会大受震撼。真实的经历让这些创作可以震撼心灵、穿越时光。AI 做不到！"

我说："我承认，由真实经历出发的创作是非常有价值的、非常高级的，但这不代表 AI 的创作是没有价值的。

哪怕 AI 的创作比有过真实经历的人类的创作价值要低，这也不能论证 AI 的创作没有价值。我今天并没有说 AI 的创作是唯一有价值的，我也没说 AI 要替代人，我也没说 AI 的创作价值高于一些现有的形式，我只是说 AI 也可以作为创作者之一，AI 的创作也体现了某种艺术价值。"

詹青云说："创作一定要有人的主观能动性在里面。"

我说："请你帮忙论证一下，为什么人的主观能动性是必要条件？"

詹青云说："因为只有人才能理解人，AI 做的是统计学意义上的分析，不能被称为理解。"

我说："您这是定义了只有人对人的理解才叫理解，只有人进行的创作才能被称为创作，这是霸道定义。"

当然，我对这段辩论稍作了简化（详后），目的是想引出三个概念：一是绝对值与比较级的分别，二是充分条件和必要条件的正推和反推，三是霸道定义。

先来看第一个，绝对值与比较级的分别。

绝对值：设定"入围标准"，不必选择"第一名"

在日常生活中我们常常听到类似这样的对话：

甲说：小张这么做不对。

乙说：小张还算好的，现在这个社会，比小张过分的人太多了！

小张做的不是最坏的事，这就代表小张做的坏事可以被接受吗？

甲说：我的压力很大，我们行业是心理疾病重灾区，我们需要关怀！

乙说：我的行业的压力比你的还大！

有另外一个需要关怀的，甚至是更需要关怀的行业，这就代表甲的行业不应该被关怀了吗？

甲说：我想要救黑熊。

乙说：比黑熊可怜的人有很多。

有更值得救的人，就代表黑熊不值得救吗？

我理解，乙的意思应该是：资源有限，所以救助应该有优先级，与其把钱和精力花在救黑熊上，不如花在救别的人上，比如失学儿童。但哪怕是失学儿童，你一定还能找到所谓的比他们"更值得救"的人，比如因没钱治病生命受到威胁的人，比如生存在贫困线之下的人，比如因战争流离失所、朝不保夕的人，等等。

如果我们接受了"只有最值得救的人才值得被救"的逻辑，那千万个潜在的救助对象中，只要"第一名"的问题还没有被解决，其他九千九百九十九个救助对象都不能获得帮助，这是不现实及不人道的。

何况，如何选这个第一名，人类有统一的标准吗？会不会"争论谁是第一"成为永恒的冲突呢？更何况，这世界上的事情只有救助吗？照这样说，还有在生死线上苦苦挣扎的人，我们为什么花时间在讨论思辨力呢？失学儿童的问题还没有被解决，我们怎么能去音乐厅里欣赏音乐呢？

在此给大家推荐一篇陈嘉映教授的文章叫作《救黑熊重要吗？》，其中有很多发人深省的理解世界和生活的思考，其中有句话是这样的：

> 我那些从事公益事业和正义事业的朋友，他们做那些事情，体现了高于常人的德操，但他们并不是因为这些事情体现了更高的德操才去做的。

这里就体现了一个逻辑思路，很多时候我们不应该使用"选出谁"或者"什么是最高、最好、最重要"的思路，而是要使用一个"入围标准"的思路。

比如回到开头有关 AI 创作价值的辩论，我们要做的不是比什么样的艺术创作更有价值，而是要制定一个标准——符合哪些条件的艺术创作能够被称为有价值。然后再去考察 AI 做出来的诗歌、音乐等是否符合这个入围标准。

再比如在微观经济学里，我们决定是否要多生产一个商品或者我们的生产规模扩大到什么程度就停止，需要考虑的相关经济学概念是"边际收益"和"边际成本"，也就是多生产一个商品所带来的额外效益和额外成本。只要得到的额外效益大于额外成本，多生产就能增加利润。也许在很多时候，利润率相比峰值已经开始减少了，但是哪怕此时的利润率不是最高的，只要利润还是大于零的，多生产一个商品就是赚的。

比较级：面对有限现状，量化最优选项

当然，如果今天我的资金只够在众多项目中选一两个来投资，而且我的目的是达到投资回报最大化，那么我就

需要选择其中投资回报率最高的项目。也就是说，我在这里要使用另外一个思路——选出最高、最好的排名思路，而这需要根据情景来灵活选择。

这与救黑熊的例子有两个明显的差别：第一，我追求高尚，但我不追求最高尚，这与追求投资回报最大化是不一样的；第二，投资回报率是更容易被量化和排名的，而行善是不能被量化的。

再比如我选伴侣有一个大概的标准，首先 ta 必须是一个善良的人。然后我妈跟我说："唉，某某某更善良，你快换吧。"这里能用我妈的排名思路吗？我认为不能，还是应该用我的入围标准思路，ta 够善良就可以了，不需要是最善良。

现在换一个更复杂的情况，把善良换成合适：ta 必须是一个合适的人。然后我爸跟我说："唉，某某某更合适！"这里能用我爸的思路吗？这个灵魂提问就交给你了，你觉得这里应该用哪种思路呢？

充分与必要，充分不必要，必要不充分

下面来说第二个概念，充分条件和必要条件。

所谓充分条件，指的是只要有这个条件就能推出结论。比如，如果善良是我择偶的充分条件，那么只要一个人善良，哪怕 ta 又无聊、又懒、又市侩都无所谓，因为善良是充分条件。

所谓必要条件，指的是要想得出结论，必须有这个条件，但不代表这个条件是唯一被需要的。如果善良是我择偶的必要不充分条件，代表我的伴侣需要是善良的，但是只有善良是不够的，或许还需要是有趣的、积极的、淡泊名利的。不善良不行，只有善良也不行。

将这两个概念排列组合，还会出现充分不必要条件的情况。比如，如果善良是我择偶的一个充分不必要条件，也就代表只要善良就符合我的标准，可 ta 不善良但有才华也可以，因为有才华也可以同时是充分不必要条件。

还有一种情况是充分必要条件，简称充要条件。如果善良是我择偶的充要条件，也就代表 ta 必须要善良，不善良再有才华也不行；只要 ta 善良，ta 还有没有别的优点无所谓。

以上这些基本概念不难理解，那么再来看一组现实生活中的应用，比如公司里的"一票否决权"和"零容忍政策"。

某领导的反对仅仅是被参考的意见之一，还是他拥有一票否决的地位呢？我曾经在做亚马逊的面试题时就遇到这个问题,他们问我,领导的话对我来说是参考还是做决定的充分条件?

再比如,很多公司对一些破坏价值观的行为持零容忍政策。例如一个人说了一句种族歧视的话,那么完全不需要考虑任何其他的因素,包括这句歧视的话有多严重、这个人的工作表现、ta 的潜力等,ta 就要被开除。也就是说,只要说出了一句种族歧视的话语就是被开除的充分条件,也代表符合公司的价值观是留在公司的必要条件,那么面试时"判断符合价值观"是一个一定要被勾选上的条件。

充分 & 必要的反推

像以上这样正着推,你应该大致能跟上这个逻辑。但更绕的是反着推。

如果善良仅仅是充分条件,你能不能得出结论说我的伴侣一定是一个善良的人呢?不能。这里涉及一个逻辑谬误叫"肯定后件"。

比如,"只要阿庞在吃东西,阿庞的嘴就是张开的"。而所谓肯定后件,就是确认后面那个部分。也就是说,我看到阿庞的嘴张开了,所以阿庞在吃东西。

这对吗？当然不对。阿庞或许在说话，或许在进行口腔取样检测。

但是，若 p 带来 q，能推出的是：非 q 所以非 p。也就是说，虽然我们不能肯定后件，但是我们可以否定后件。我看到阿庞的嘴没张开，所以我可以判断，阿庞一定没有在吃东西。

那能不能说，我知道阿庞没有在吃东西，所以阿庞的嘴没有张开？也不能，这个逻辑谬误叫作"否定前件"。同样的逻辑，我们也不能说：如果他善良，那么他就符合阿庞的择偶标准；他不善良，所以他不符合阿庞的择偶标准。因为如果善良是阿庞择偶的充分不必要条件，那么阿庞的伴侣不见得善良，不善良的人也可能是阿庞的伴侣。

那什么样的表达代表了善良是阿庞择偶的必要条件呢？比如"只有善良的人才符合阿庞的择偶标准。除非他善良，不然他不可能成为阿庞的伴侣""善良是一个必不可少的条件"等。总之，必要条件代表了阿庞的伴侣一定是善良的。不善良的人不管有多少优点，也不符合阿庞的择偶标准。

再回到最开始有关 AI 创作的辩题，我问詹青云："的确，根据个人亲身经历创作是一种创造艺术价值的方式，但你如何论证'亲身经历'是一个必要条件呢？（这甚至也不是一个充分条件)"如果你不能论证亲身经历是一个必要条件,那么,"个人亲身经历创作可以创造艺术价值"就不能代表"不根据个人亲身经历创作,就无法创造艺术价值"。

我们再来讲一个充分必要条件的应用。

一个常见的辩论是论心与论迹之争。判断一个人是否应该受到道德谴责,"有恶心"是充分条件吗?也就是说,如果一个人动了恶念但是没有任何行为层面的恶行,他应该受到道德谴责吗?如果你认为,这个人至少应该自我谴责,那么你就是认为,有恶心是受到自我谴责的充分条件。

那么,有恶心是必要条件吗?也就是说,如果一个人没有恶心,但是不小心伤害了别人,他应该受到谴责吗?或许你觉得无心之失不算恶,所以他不需要受到道德谴责,那么有恶心就是受到道德谴责的必要条件。也就是说,在道德谴责层面,有恶心是受到道德谴责的充分必要条件。

那么法律层面的惩罚呢?有恶心是充分条件吗?

如果你认为一个人只要没有在行为层面作恶,社会就不应该动用法律武器惩罚他,因为法律惩罚依据的是我们做了什么事情,而不是我们是什么样的人。那么你就认为,有恶心并不是受到法律惩罚的充分条件。

那么有恶心是不是受到法律惩罚的必要条件?一个人

如果没有恶意,只是行为上造成了过失性杀人,应不应该受到法律惩罚?《中华人民共和国刑法》规定了两档刑罚:对过失致人死亡的,处三年以上七年以下有期徒刑;情节较轻的,处三年以下有期徒刑。

也就是说,是否受到法律层面的惩罚,有恶心是不充分及不必要条件(当然,会有一些量刑方面的考量)。

霸道定义,包山包海:条件不中立,标准不统一

最后来看第三个概念,霸道定义。它其实并不是一个严格意义上的逻辑学问题,却是辩论里常见的诡辩技巧。

曾经有个辩题:"我不合群,我要改吗?"

正方说:"我不合群,我要改。我要改变大环境,我要让内向的人被接受,我要让小众的爱好被尊重,我要让不合群的人不被看不起。"这听起来是自洽的,但是有没有觉得哪里不对?

让我们回归你第一次看到这个辩题的印象。你想到的是一个什么样的生活情境?

有个人很内向,他在想自己要不要表现得外向一些?比如多跟别人聊天。又或有个人的爱好很小众,别人都听

歌、追星，他只喜欢读《庄子》，他在想自己要不要培养一些更大众的爱好以便跟周围的同学有多一些共同话题？

所以反方（认为"我不合群，我不要改"的一方）会说："你就继续做自己，不用刻意做这些把自己变成大多数人的样子，每个人在这个社会上都有自己的位置和价值。"

但是，现在正方却说："我没说你一定要让自己变成大多数人的样子啊，你只需要改变这个社会，让这个社会更能接受小众。"

说到这里我们就发现，正方对于"改"的定义是包山包海的：改变自己叫改，改变环境也叫改；培养一个更大众的爱好叫改，坚持小众爱好、做得足够出色让别人看见也叫改；环境本来就在改变，促进它更快或更慢地改变也叫改……这真的是强盗逻辑了。

就像我的老师说，他说对的东西是在教育我，他说错的东西也是在锻炼我辨别的能力，所以老师永远是对的；就像我老板说，他给我创造顺境是在帮助我，他给我创造逆境是在训练我的抗压能力，所以老板永远是好的。

总之，里外都有理，这就是一种最常见的霸道定义。

遇到这样的诡辩我们要如何反驳？我们首先要指出："您方的观点包山包海，这是强盗逻辑、霸道定义！"然后可以问对方:"照着您这个定义,我方要论证什么才能赢呢?也就是说,按照您这个说法,这世界上存在着任何老师不对、领导不好的可能性吗?那如果不存在这个可能性,您这个框架和定义公平吗?!这世界上我能做的事都被您方叫作"改变",是不是我方要论证到这个人不能主动地改变现状下的任何事情才能赢?哪怕是这个人以前因自己不合群而焦虑,虽然现在啥也没干但是变得不焦虑了,也叫改变?您方太霸道了,在您方的定义之下,我方根本没有论证空间,说什么都不可能赢,这不公平!"

再来看第二种霸道定义。回到开头 AI 创作的例子,詹青云说:"唯有人才懂人,AI 通过数据分析来发现人的特征,这不叫懂;唯有产生共鸣才有艺术价值,如果只是感动受众,那不叫有艺术价值。有主观意识的主体才可能产生共鸣,才能做到有创作的艺术价值。"

这个回答也可以被总结为霸道定义,因为詹青云从定义上就否定了 AI 能创造艺术价值的可能性。她规定"人"是必要条件、有"主观意识"是必要条件,可 AI 从定义上就不是人,那这个定义不霸道吗?

什么才是公平的定义?比如,满足某种条件就能被称为有艺术价值并且这个条件要中立。比如创作是否优美、是否能够感动受众；或者可以做类似图灵测试的检验，看评审团队是否能将真人和AI的创作区分开。

这就好像如果你规定只有具有男性气概的领导力才叫真正的领导力，这就也是霸道定义，因为这从定义上就排除了有女性气质的领导力的可能性。同样，我们应该把领导力定义为成功带领团队完成一个目标，然后再去看男性气概的领导力和女性气质的领导力是否分别可以达到这个标准，这才是公平的定义。

思考与应用

- 绝对值和比较级还有另外一种用法，比如，你该如何反驳以下这句话？

    阿庞运动后体重仍然上升了，所以运动对减肥没有帮助。

- 有一个概念叫"高薪养廉"，你能否试着分析，高薪对于廉洁是充分条件吗？是必要条件吗？

- 你能再举出一个强盗逻辑、霸道定义的例子吗？

第二章
立：
塑造论证的整体结构

第 14 讲

分析问题的"起手式"MECE

花木兰和林黛玉,谁更适合做女友?

有很多人问我,如何让自己的思维和表达更加有条理?也有很多人都好奇,如何提高自己分析和解决问题的能力?让我们先列出一系列待解决的问题:

刘备和曹操谁更适合做领袖?

花木兰和林黛玉谁更适合做女友?

电信公司A在顺风顺水三年后突然利润下降,怎么办?

在公司内部,如何和同事建立信任,让对方愿意分享信息?

应不应该推迟退休年龄?

这些问题虽然看上去有很大差异,但都可以利用一个结构性分析问题的框架,即 MECE, Mutually Exclusive,

Collectively Exhaustive,也就是相互独立、完全穷尽。这些点与点彼此不重合,叫相互独立;它们加在一起能够完整地覆盖对这个问题的分析,叫完全穷尽。

这是管理咨询中最基础的方法论之一。

不遗漏,找核心,切分要素,发现问题

首先,让我用我曾亲身经历过的BCG(The Boston Consulting Group,波士顿咨询公司)最后一轮的案例面试题来讲解什么叫MECE。这个题的完整版是这样的:一个国家有ABC三个大电信公司,本来都好好的,今年电信公司A的利润突然下降,为什么,怎么办?

案例面试的流程大概是,听到题之后,你可以在一张A4纸上写下你的结构性分析框架,然后向面试官展示这个框架并可以向面试官询问更多的信息。在纸上画出的这个分析框架长得像树,可以叫它逻辑树。

逻辑树的第一层,也就是要分析的问题,是"利润"。那利润取决于什么?收入减去成本等于利润,所以树的第二层就是"收入"和"成本"。

我们把利润拆成了收入和成本这两个东西,它们彼此

没有重合，并且加在一起让对利润的分析没有任何遗漏，所以这样拆分是符合 MECE 原则的。

到了树的第三层，收入又能够被拆分成什么？可以选择拆分成单价和数量，因为收入等于单价乘以数量。如果得知公司 A 的收入降低了，会有哪些原因呢？可能是因为降价了，也可能卖出去的产品数量少了，甚至两个都有。这就是为什么我们要这样来拆分收入。

那成本又能够被拆分成什么？固定成本和可变动成本。固定成本又能够被继续拆分，例如明星代言成本、研发成本、租金及设备成本和其他固定成本；可变动成本也可以被拆分，例如给销售员的提成和其他可变动成本等。

使用这样一个结构性分析框架的好处和关键点在于：

第一，它不会遗漏问题，并且尽可能地让我们的思路清晰、有条理。

第二，它可以快速进行聚焦，找到问题的核心。比如当我面前有这个框架时，我可以先就第二层，也就是收入和成本去提问。我可以问："哦，利润下降了，那请问这个公司的收入下降了吗？你有成本的数据可以给我看看吗？"如果收入的曲线其实很平稳，没有下降，我们就能快速地判断问题一定出现在成本上；或许可变动成本也没有出现问题,那就可以判断问题出在固定成本上,那么就可以把精力用来深挖固定成本这一要素。

第三,如何切分要素,也会体现你对问题的判断力。比如,同样都是拆分和挖掘固定成本,如果是一家科技公司,我们首先要问的可能是他们的研发成本有没有发生重大改变?如果是一家纺织厂,首先要问的可能是厂房的租金有没有上涨,或者其他可变动成本,例如原材料价格有没有上涨?到了逻辑树的后面几层,我们可能会把不重要的因素合起来,也就是说,把"大头"都减掉后,剩下的就叫"其他固定成本"。这里的判断力需要建立在对内容的理解上。

这个例子体现了 MECE 的第一个用法:发现问题。这是解决问题的第一步。比如还有个面试题问,为什么北京的房价比上海高?你会怎么设计这个 MECE 的框架?是拆分成供给 + 需求 + 政府干预,还是拆分成中心城区 + 非中心城区?

再比如我头疼,问题出在哪?是生理性的还是心理性的?如果是生理性的,是外因影响还是内因的问题?

再比如,我国人口 2020 年净增 204 万人,相较于 2018 年、2019 年,净增人口降幅超过一半,问题出在哪?

是出生的人少，还是去世的人多？出生的人少是由于育龄人口少，还是由于育龄人口生育意愿低，还是两个都有？如果按照性别和年龄层来对我国人口进行 MECE 式的拆分，我们就能看出人口结构的变化，以及一些核心问题，这有利于分析背后的原因及制定可能的应对方案。

其实，什么是分析问题、解决问题的能力？它往往涉及把大问题拆分成小问题，发现什么是重点，什么是杂音，然后对重点进行逐一击破。

制定比较标准，塑造完整的分析论证

MECE 的第二个用法：制定比较标准，以此说服他人我们的分析和论证是很完整的。这也是辩论中常用的。

例如以开篇中"林黛玉和花木兰谁更适合做女友"为例，这样的辩论很容易演变成：我说一个林黛玉的优点，你说一个林黛玉的缺点；我再说一个林黛玉的优点，你又说一个花木兰的优点……结果就是罗列了一堆优点和缺点，那到底谁赢呢？比谁的优点数量更多吗？这就是缺少分析框架的弊端。

如果要为"什么样的人更适合做女友"设计一个

MECE的框架，比如我们认为选伴侣无非就是两个方面：第一，两人的私人生活；第二，两人共同经历的社会生活。这两个方面加起来就已经很全面了，如果我能论证某个人在这两个方面都更加突出，那只需要讲两个优点就赢了。

比如我可以说："选伴侣无非就是私人生活和社会生活两个层面。在私人生活中，很明显花木兰是一个愿意为家人付出的人，这体现了什么？这体现了无条件的爱，这是私人生活中最重要的一点；在社会生活中，花木兰征战无数、遇人无数，社会经验更多，跟她在一起的体验多丰富、多有趣。花木兰在这两个层面都更加突出，所以她更适合做伴侣。"

这样就比仅仅罗列优点和缺点要更有条理和说服力。

再比如，如果要比较阿詹和阿庞谁是更优秀的辩手，那就要来拆分哪些因素会影响对一个辩手的评价。如果我支持阿詹，那我会把对辩手的评价拆分为三个层面：知识储备的丰富、思辨能力的充足和语言表达的优美。

我会说，阿詹辩论时喜欢旁征博引，对诗词歌赋无比熟悉，历史故事张嘴就来，所以阿詹的知识储备更丰富。而且阿詹辩论时文采十足、气势磅礴、非常有感染力，所以在语言层面也明显取胜。三个因素胜了两个，所以阿詹是一个更优秀的辩手。

不过，有两点需要特别注意：

第一，并不是每一个 MECE 框架都是有共识的，其中有很强的主观性。比如，如果我支持阿庞是一个更优秀的辩手，我就会用不一样的框架来拆分。我会说，辩论是团队运动，一个真正优秀的辩手不但能够带领自己的团队取得胜利，还能保证队伍的传承。所以评价一个辩手主要看两个层面，一是个人成绩，二是带队成绩；阿庞个人获得的辩论冠军比阿詹多，带队获得的冠军也比阿詹多，所以阿庞是一个更优秀的辩手。

这里涉及比较标准的设立和交锋，后面有一节会详细讨论。在这里我们至少要意识到，分析问题的框架没有一个统一的答案，它能否服务于你的目的和它能否说服别人接受，体现了你设计框架的水平，这需要一定的练习。

其次，在生活和工作中也不全是辩论的情况，有时是单方面的演讲。比如需要写一篇夸奖某个人的文章，如何让这篇"夸夸文"听上去更有条理和说服力？这个 MECE 框架也能帮到你。这也侧面表明了为什么辩论要比演讲难，因为演讲时你只要自己的观点立住了就行；辩论呢，不但有人给你拆台，还非得比出个谁更立得住，所以说辩论是难度级别更高的思维训练。

第二，MECE框架中的每个因素也不都是平等的，而是有不同的权重。比如，某一个产品的固定成本占总成本的"大头"，那我们的重心就要放在优化固定成本上，甚至有可能可以跳过对可变动成本的讨论。

这里又涉及一个概念叫作"敏感度分析"。固定成本的起落对最终利润有多大影响？可变动成本的起落对最终利润有多大影响？如果利润对固定成本的变化非常敏感——固定成本变一点，最终利润变很多——那就代表固定成本值得我花力气去优化；如果利润对固定成本的变化不敏感，比如我都努力把固定成本削减一半了，最终利润却没什么提升，那还花力气干吗？

再回到评价辩手的框架中，支持阿詹的人说，辩手的优秀在于三个层面，知识储备、思辨力、表达力，阿詹三个中赢了两个，所以阿詹胜。而这背后的假设是这三个层面的权重是相同的，否则这个论证不成立。如果我今天要对此反驳，我既可以反驳论点，也可以反驳论点的权重。

当我要反驳论点，我可以说，表达力有不同的风格，阿詹那种语言优美、有煽动性的表达是一种很好的风格；但阿庞的深入浅出、通俗易懂的清晰风格也不错。两种风格只有不同，没有高下，所以比不出来。

当我要反驳权重，我可以说，互联网时代，信息检索是非常容易的，所以知识储备的权重很低，不太重要，输赢无所谓。

总结来说，表达力上两人打成平手，思辨力阿庞胜，知识储备阿詹胜，但由于思辨力的权重比知识储备的权重更高，所以总体是阿庞胜。

澄清一下，我只是举个例子，我内心认为詹青云是一个更优秀的辩手！

深层分析问题，产生更多洞见

MECE的第三个用法：分析问题。

前几天我参加一个职场播客，主播问了我一个问题：在公司内部，怎么和同事建立信任，让对方愿意分享信息？主播的本意是让我讲一些沟通的技巧，事实上我也可以讲一些小窍门。

我可以说：这个问题让我想到了之前听一个非常懂人际关系技巧的朋友讲过的故事，我们其实可以通过偶尔适当地麻烦对方一下来建立私人关系，比如和对方说："你的茶好香，我可不可以尝一尝？"我也可以说：这个问题让我想到以前在商学院时上的一门课，它说有的时候我们分享脆弱，也就是露一点短，会更有利于获得别人的信任和帮助。

这是一种非常散文式的回答，他提了一个问题，这个问题引发了我的某些思考，我将其分享出来，这也是一种风格。

但后来我决定先用 MECE 的方法分析。

我把情况分成了：第一种，我与同事的利益有冲突；第二种，我与同事的利益一致；第三种，我与同事的利益关系不大。显然，这三个情况彼此不重叠并且加在一起穷尽了所有可能。

接着，我对这个问题的回答就变成了：

第一种情况，如果我们的利益有冲突，这在长期看来是公司制度设计的问题，一个公司不能从制度上就设计成狗咬狗的世界，然后指望员工靠个人能力去促成合作。如果真的是这样，我的建议是不要选择长期留在这样的公司。我们更应该选择鼓励合作的制度，比如更重视团队 KPI。个人表现的评定依据的是一个绝对的标准，而不是一个此消彼长、硬要拼出你死我活的评价体系等。

第二种情况，如果我和同事的利益一致，那是最好的，这里的重点在于，你要善于发现大家利益一致的地方并传达给对方，让他意识到这对彼此都好，这是能事半功倍的关键。

第三，如果我们没有明显的利益关系，那么如何做一个宜人性高，或者说"easy to work with"的人就成了问题的关键。有什么小技巧可以提升我们的宜人性？比如说话的语气，遇到不同的观点，我们要在冷嘲热讽和好奇心之间选择后者，比如："你说得很有启发性""我从来没这么想过这个问题，你能多说一些吗？你能跟我分享一下是什么让你这样想吗？"，包括刚才说过的，喝喝同事的茶或者给同事带些家里做的小零食也都属于技巧之一。

这样比较下来，你感受到了没使用 MECE 和使用了 MECE 的差别吗？使用 MECE 能够帮我们更全面，甚至是更深层地去分析问题，做到不遗漏，关注到没那么直觉性的层面，产生更多的洞见。

类似的例子还有很多，比如：应不应该推迟退休年龄，可以用物质层面＋精神层面的框架去分析，或者个人层面＋家庭层面＋社会层面；是否应该收购某个公司，可以从战略层面＋经济层面＋风险层面去分析；分析现代人的健康问题，可以把健康看成身体＋心理＋社会功能三个方面的充满状态。

如果今天我们需要发表对某一件事的观点，最容易上手的方法是，用 MECE 把问题拆成三个论点。你可以说："我要说三点：第一；第二；第三……"点与点之间不重合并且加在一起穷尽了所有重要的层面。这不但会让表达听上去更有条理，而且会倒逼我们进行更完整的深度思考。

当然，这三点能切分得多么精彩，是需要通过练习逐步提高的，但仅仅这"起手式"已经能让分析问题能力的提升有质的改变了。

思考与应用

- 如果你今天的起手式是"我方认为 A 国应该（或不应该）在民间实施禁枪，原因有二或三"，你会如何切分这两点或三点？你可以自己选择作为正方或反方。
- 如果你开了一家书店，当下的目标是提升营业额，你会如何利用 MECE 框架来拆分这个问题？
- 你可以从生活或工作中举一个应用了 MECE 框架的例子吗？

第 15 讲

明确定义是讨论的开始

钱,到底是不是万恶之源?

2001年的国际大专辩论赛有一场非常经典的比赛,辩题是"钱是不是万恶之源"。正方为武汉大学,反方为马来亚大学。

正方立场:钱是万恶之源。他们认为:

第一,钱具有与任何商品进行等价交换的现实合法性,它具有无限的效力,所以能煽起人的无穷贪欲。

第二,钱不仅可以在商品领域呼风唤雨,而且可以使非商品也商品化;它不仅是物质财富的象征,而且成为了精神价值的筹码。权力、地位可以用钱购买,人性、尊严被待价而沽,天理、良心也染上了铜臭之气。

第三,人对钱的崇拜还异化了人与钱之间的关系。钱本来是工具，但现实中，人却对钱顶礼膜拜，把钱当成了目的本身在看待，人生价值和人性尊严都被当作牺牲品供奉到了拜金主义的祭坛之上。

那反方怎么说呢？"万"的意思是"一切的""所有的"，所以，如果钱带来的只是一部分的恶，那金钱就不是万恶之源了。这个世界上虽然有很多恶是由钱而起，但也有很多恶跟钱没关系，比如家庭暴力、性侵、校园枪击案、种族屠杀，等等。人作恶可以是为了钱，也可以是为了权势、地位，或单纯是出于愚昧和仇恨。所以，"钱是万恶之源"是一句以偏概全的话。

正方又说：我方只需要证明钱可以产生数量极多而且品种繁复的恶行，我方不需要证明钱产生了一切的恶。我方查了《辞海》《辞源》《说文解字》，"万"从来就没有"一切"的意思，对方辩友用的是不是盗版的资料呢？盗版也是钱造的恶啊！

反方说：您方断章取义。在"万恶之源"这个词组中，"万"就是指"一切""所有的"。成语、谚语、《辞海》都告诉我们万恶之源指的就是"一切恶的根源"的意思！

这时，正方现场掏出一本厚厚的书，说："万"在《汉语大词典》中有9种意思，但没有一种是"一切"，大家自己去查！

这场比赛成为了一个很有名的定义之争。

但钱是不是万恶之源，不仅有针对"万"的定义可以争。比如关于"源"，反方提出：贪钱贪钱，"源"是贪还是钱？是勾引你的外部因素被称为"源"，还是你之所以会就范的内在原因叫作"源"？如果勾引你的外部因素就能被称为万恶之源，那么人类不仅贪钱，还贪色、贪吃、贪睡，那么吃、睡、色都是万恶之源吗？

正方说：这些东西源于人的动物性，不能被称为"人的恶"。这里正方又玩弄了"恶"的定义。

这一节就来讲思辨中的一大基础要素：定义。

定义直接影响观点，划清定义乃辩论之基础

相信大家都写过议论文，辩论跟写议论文很像。正所谓"开宗明义"，进入正题之前要先说清楚关键词的定义和范围。先来看几个题目：

1. 传统孝道是不是财富？

什么是传统孝道？二十四孝里的埋儿奉母、卧冰求鲤

就算孝道吗?我们要讨论的是内核还是外在表现形式?如果讨论的是内核,要深入到哪一层?是为了父母可以牺牲配偶和孩子的价值排序呢?还是说,孝顺就意味着顺从,孩子要顺从父母、听从父母的安排?还是说,我们要讨论得更加深入一些,最内核的意思基本就是:孩子要爱父母、对父母好,不能不管不顾。但到了这层,这还需要传统孝道吗?现代孝道也差不多如此。

至于财富,是全盘有价值的才叫财富,还是说,只要能被我们取其精华、去其糟粕的东西就能被称为财富呢?

2. 整容是否能帮人找回自信?

整容指的是什么?修复性的整容,比如修复先天或后天的创伤、缺陷与畸形等算吗?但是什么是缺陷呢?我特别胖叫缺陷吗?医美算整容吗?还是说,只有那种原本没有缺陷、但是非要动刀成为"网红脸"才算整容?对这些定义和范围的界定会影响这个讨论的走向。

所谓找回自信,什么是自信?一定要是由内而外的、不顾他人眼光的才叫真正的自信吗?还是说,自信是可以靠外部称赞去支撑的,至少不需要完全靠内力,也可以借助外力的呢?

3. 同化政策是否有利于国民团结？

什么叫同化政策？相关资料说，同化政策在社会学上是指个人或团体被融入非原本、但具社会支配地位的民族传统文化的过程。但具体来说，什么样的政策或强度可以被称为同化政策？

比如，一个典型的例子就是澳大利亚的同化政策。

1910年澳大利亚通过了白澳政策，即以改善土著儿童生活为由，规定当局可随意从土著家庭中带走混血的土著儿童。这些儿童多数由教会和孤儿院抚养，一些肤色较浅的孩子则被送到白人家庭中收养，接受同化教育，让他们学习白人文化，最终回到澳大利亚主流社会中。

至1970年，全澳大利亚有近10万土著儿童被政府从家人身边强行带走，这些土著儿童就是后来所谓的"被偷走的一代"。他们长大后也并没有像预期那样真正融入白人文化中。他们虽然放弃了自己的种族身份，但也并没有被主流社会所接纳，还是社会边缘人。直到2008年，澳大利亚政府终于对过去实行白澳政策给土著居民带来的伤害表示正式道歉。

但是，只有这种消灭族群原本自我认同的政策、只有这种强制的、血腥暴力的政策才能被称为同化政策吗？那些更加温暖的、过程更加有耐心的、更缓慢的呢？或者说那些允许原文化和新文化共存的呢？

比如，新加坡有华族、印度和马来三大种族，为了种族和谐，政府把英语作为第一语言，强制政府组屋满足种族比例的配额。这对少数族裔有没有限制？肯定有一些，比如，一直到2021年年底，马来族裔的护士在穿制服时才被允许戴头巾。这个程度比当时的澳大利亚轻太多了，这能叫作同化政策吗？所以，当你在讨论同化政策是否有利于国民团结时，你讨论的是澳大利亚的那种同化政策，还是新加坡这种同化政策呢？

4. 如果我终其一生是个平凡的人，我后悔吗？

什么叫平凡？什么叫不平凡？只有那些极少的、站在金字塔顶尖的人才叫不平凡吗？一个不出名的人可不可以是一个不平凡的人？平凡的岗位可以造就不平凡的人吗？

总之，从这些例子里足以看出，如何定义对于我们的观点是什么极其重要。下面就来介绍三种定义的方法。

诉诸权威定义

第一种,借助官方定义、学术定义、词典、专业参考文件等。具体的方法就是查资料,从搜索引擎开始,到相关的论文、书籍等。

比如"是否应该对儿童隐瞒父母离婚的事实?"多大叫儿童呢?10岁以下是儿童?14岁以下是儿童?《联合国儿童权利公约》第1条将"儿童"定义为年龄不大于18岁的人。

回到"我终其一生只是个平凡的人,我会后悔吗?"的问题。在这个辩题里,我曾经是正方,认为我会后悔。我引用了《说文解字》中"凡"字的原典。"凡"是个象形字,其本义是铸造器具的模子。模子本身要规规整整,生产出的东西从任何一个角度看上去也都一模一样。平凡,就像模子里造出来的一样,没有特点。

社会是不是也有一套试图将人生标准化的模子?上学时,考试升学就是标准;选文理科时,父母说:"学好数理化,走遍天下都不怕。"到了适婚年龄时,七大姑八大姨父说:"女孩子不结婚到了中年很惨的!"没错,人生的每一个决策点都依照规则来是很稳妥,但如果终其一生都跟着规则呢?

一个做临终关怀的女医师记录了病人死前最后悔的五件事,排名第一的就是"我真希望当时我有勇气过自己喜欢的人生,而不是他人眼中期待的样子"。我们不需要处处标新立异,但如果我们完全没敢违抗过任何一个社会标准,终其一生终于活成了千篇一律的样子,一定会后悔。

以上这个论点,就是完全以《说文解字》里的定义为基础延展出来的。

建构语境,展现惯例

第二种定义的方法是构建语境,用大量的例子来展现某个字或词的习惯用法,或者理性人的一般性真理。

比如,钱是不是万恶之源?正方说:钱是万恶之源,但是"万"不代表"一切"。就像当我们说一个人经历了千辛万苦,这个"万"也一定不代表"所有的",因为一个男人不可能经历女人生孩子的苦,一个女人也不可能经历男人独有的苦,所以,没有任何一个人可以经历这世界上一切的苦。但我们还是常常使用千辛万苦这个词,这就代表,"万"不等于"一切的""所有的"。

反方也可以用同样的方法来反驳，反方说：对方辩友，如果"万"不是"所有"，我方说"您方万万不能同意我方的立场"，是不是代表你大部分时候不同意我方的立场，但偶尔可以同意一下？如果"万"不代表"一切"，那钱有时候是万恶之源，有时候是万善之源，那我们的讨论还有什么意义呢？

这里，双方就在试图展现惯例。

再用关于平凡的辩题举例。大多数人的第一反应都认为，平凡是绝大部分人的归宿，不平凡的标准是很高的。但我是正方，我认为终其一生如果我只是个平凡的人，我会后悔，那么，我就会试图论证平凡这个词的标准最好不要太高，如果只有万分之一、百万分之一的概率能变得不平凡，当然也没什么太值得后悔的。所以当时我就使用了建构语境的方法，讲了几个故事。

第一个故事，我们学校有个校车司机，他总要看到学生下车走进宿舍楼门后他才再开车离开；我的中学班主任退休时，两个班的同学把她堵在楼道里哭着不让她走。走出学校后，有人认识他们是谁吗？没人认识。你说他们平凡吗？不平凡。

第二个故事，临汾市的几个医生选择为没学可上的艾滋病患儿建起了全国唯一一家艾滋病人学校;总有一些被暴力裁员的小白领、被家暴的受害者不是忍一忍而是选择站出来;是你我心中都深藏着的勇气成就了属于他们的不凡。

我记得当时我说完这段话后,主持人问观众:"你想起了哪个不平凡的人?"他们都开始说自己的奶奶、姥姥等。所以,这是通过构造语境改变了大家的第一印象。

框定定义,确认意义

第三个方法是强调如何定义这个讨论才有意义。

比如,在"整容能不能给人带来自信?"的辩题中,我非要一直抓着修复性整容来说是没有错,但是这个部分根本没有争议,这样的辩论也就没有意义。究竟美容性的整容是会让人变得自信,还是会让人不断地觉得自己不够好、整完之后还不断再整,才是我们有兴趣了解、有争议性、值得辩论的部分。

再比如,讨论大麻要不要被合法化,如果你说:"大麻"有很多种,有一种大麻是用来搓麻绳的,我们认为搓麻绳用的大麻应该被合法化。这是大家想讨论的吗?"搓麻绳用的大麻应该被合法化"这个争议足够大到需要辩论吗?

明确定义，细分拆解

你有时会不会觉得辩论赛很扯，为什么一定要辩论定义不明的东西？

对这个问题我有两条回应：

第一，现实中有很多场景都涉及到对定义的争议，比如法条或合同中提到的那些名词到底是什么意思？包括什么，不包括什么？辩论赛作为锻炼思维的工具，肯定是要体现这种争议的。

詹青云在她的音频节目《像律师一样思考》里面提到过一个例子：假设有一条法律叫作"公园里不能行车"。什么叫行车？我今天骑了自行车或滑板车进了公园，公园把我赶出来甚至向我要罚金，我去法庭里讨公道，那么"行车"包不包括行自行车或滑板车就变得很重要。这不是"抬杠"，是法律需要回答很难回答的问题。因为语言本身的局限性、语言能够涵盖的细节的局限性、语言能够承载的信息的局限性等，使得这种争议难以避免。

还有一个是我遇到的真实例子，有个学院员工写邮件说"你本月的累计出勤率没有问题"，有些人以为计算出勤率的分母是一整个月需要的出勤时长，所以自己不需要再上课了；有些人觉得分母是本月至今天为止的累计需要的出勤时长，所以这个月剩下的时间还需要上课。结果这个不同的理解造成了一定的经济损失，然后大家就开始争定义了。

这两个故事告诉我们，必须要有一个定义尽可能明确的意识，细节很重要。特别是在面对书写的文件、合同时。

詹青云还提过一个例子，是真实的案件。一个纽约的公司把鸡卖到瑞士，合同里约定了鸡的重量、数量等。但瑞士公司收到鸡之后发现，这些鸡怎么这么老啊？！原来 chicken 这个词在字典里有两种解释：一种是泛指鸡（不管年龄）；一种是专指童子鸡（年轻的鸡）。

就这个案件，我们就可以使用几种方法去争论"chicken 到底是什么意思"。比如，诉诸行业惯例，该行业内的人听到 chicken 会想起鸡还是童子鸡？他们平时写合约用哪个词？再比如，诉诸权威定义，美国农业部是怎么定义 chicken 的？再比如，在合同的其他部分及谈判合同的过程中，有没有其他内容可以佐证，他们当时说的"chicken（虽然没有明说，但是本意）"是什么意思？还有所谓的一般性真理，如果 chicken 代表的是童子鸡，那价格就会相对更高一点，但是合约里规定的价格那么低，如果这个指的是童子鸡,怎么会有公司愿意用那么低的价格纯卖童子鸡呢?

另外值得注意的是,如果一个词可以代表一个更大的范围,通常来说,想要把这个词的定义限制在某个更小的范围内,会更难被大家接受。

比如"应不应该向孩子隐瞒父母离婚的事实?"如果我们今天只讨论初中生,那肯定是更难说服人的,为什么不讨论小学生?为什么不讨论临近高考的高中生?如果我们今天讨论整容,我们只想讨论受到外伤后的修复性整容,也会让人觉得是在避重就轻。

我的第二条回应是:在生活中,如果情况允许我们可以不纠结定义,那当然是最好的。我们需要学习的是,不要想当然地认为对话双方天然是不需要纠结定义的,不要想当然地认为双方天然是在讨论同一个东西,把定义掰开来分析是很有用的策略。

比如"你支持女权吗?"当然,一个人可以把女权理解为一个最大的总称,但不一定每个人的理解都是一样的。

比如女权的大流派就有很多种,李银河的《女性主义》一书里把女权的派系分为了自由主义女性主义、激进女性主义、社会主义女性主义、后现代女性主义、文化女性主义、生态女性主义、第三世界女性主义与黑人女性主义、心理分析女性主义、女同性恋女性主义、权力女性主义和包容女性主义。

再举个非常常见的例子，社交媒体上常有人使用"极端女权"和"温和女权"这两个词。这些人在说这些词的时候到底具体指什么，ta自己一定清楚明确吗？还是模糊地使用而已？人们在吵架之前有没有确认过双方对于定义的理解是一致的？比如不同的人在用极端女权这个词的时候，心里想的大概率是不一样的概念吧！

也许有些人以为极端女权要创建女尊的目标状态；有些女权主义者认为"毕竟你要求拆房子，别人才会同意你开个窗"，那这些人算不算网友口中的极端女权？极端指的是终点过分，还是手段激进？什么程度叫激进？极端女权者都是恨男、厌男的吗？什么叫恨男、厌男？它针对的是男性这个社会身份的群像，还是具体到每个男性个体？那这些人还与男性谈恋爱吗？所谓的子宫道德是所有激进女权者的共识，还是下面某一种派系的观点……

这里，我的目的并不是要展开对女性主义的分类和分析其光谱，而是想通过这个粗浅的例子来展示定义的复杂性，以及网络上常常出现的"跳过定义去讨论某个复杂概念"的滑稽之处。

所以我们不但要明确定义，还可以把复杂的概念拆得精细一点。比如，我们不需要问"你支持极端女权吗？"而是可以直接讨论具体的主张。要是有人这样问我，我第一句先回问："你指的是什么？能具体点吗？什么样的主张在你看来属于这个定义呢？"

这样的例子在生活中也很常见。比如情侣吵架，一方说，"你不爱我""你太自私了"。请问，"不爱"的定义是什么？"自私"又指什么？人类趋利避害的天性算自私吗？还是我哪些具体的行为让你感觉到我自私，你具体说出来，我具体改还不行吗？

遇到这样的情况，没必要纠缠定义，也可以直接把"你不爱我"改成"我需要你更爱我""我需要你更多地表达""我需要你更多地关心我"……避免去评断和定义对方"不爱"，只是表达出我需要更多的爱而已，这就避免了很多矛盾和情绪。

再比如，我们评价一个人说"这人三观很正"，这到底指什么？是指他的想法传统，不会离经叛道，还是说虽然想法很新潮，但是品性好、有底线？当使用这样的形容词时，我们得先问问自己这究竟是什么意思。

明确定义，达成共识，挖掘更深洞见

最后总结一下。

首先，明确定义很重要。如果是书写文件，明确定义能避免很多日后的争端；如果是日常讨论，先明确定义能避免鸡同鸭讲，只有尽快达成定义上的共识才能让双方的讨论更深入；或许我们也能从定义的差别和矛盾中发现很多更深的洞见，比如极端女权究竟指什么？

其次，如何定义？三个方法：第一，参考词典、官方定义、专业论文、专家意见等。第二，构建语境，用大量的例子来展现某个字或词的用法上的惯例，或者理性人的一般性真理。第三，强调如何定义才能使讨论更有意义，指出真正有讨论意义的争议点在哪里。

最后，定义这件事在现实生活和工作的应用有两个方面：第一，有时我们是需要争定义的。比如在制订合同中，学会更好地支持自己的定义是很有用的。可以引用大量的惯常用法、引用权威定义、通过引用这个文件或者这个讨论的其他部分来证明，只有像我这样理解这个定义才符合理性人的一般性真理等等。

第二，网络上和生活中很多无谓的争端和误解都来自跳过了统一定义这一步骤。"人都是自私的",可什么是自私呀?"你挑起了对立",可什么叫挑起了对立呀?

当然,在辩论赛与工作之外,我们可以更有开放性,不需要一定要抠某一个字眼,可以更加细分地讨论。比如,我们的结论不需要是金钱是或者不是万恶之源,双方可以讨论金钱是不是造成了大部分的恶,我们只需要在定义上达成共识而已。

再比如,我们不是一定要讨论你是不是支持极端女权,我们可以讨论我们是否支持 A 主张,是否反对 B 手段等。我们不需要给是否挑起对立定一个性,我们也可以具体讨论某一件事情在多大程度上减轻了或者恶化了某种对立。我们不一定非要总结说这个人三观正不正,我们可以更具体地多层面地评价。

思考与应用

- "追星利大于弊还是弊大于利",你分别作为正方和反方,对追星的定义会有什么不同?又该如何说服别人相信你?
- "政治正确"也是一个有不同解读的词,你的理解是什么?你觉得网友在用这个词时是否还有别的意思?
- 你能再举出一个"如何定义很关键"的例子吗?

第 16 讲

有标准，才有意义

员工犯了大错，要不要辞退？

曾经有这么一场辩论："法海应不应该拆散许仙和白素贞？"

反方（中国人民大学）立论说：在这个故事中法海拆散了许仙和白素贞是因为法海没有真正地领悟佛理。佛有"三不能"，不能灭定业，不能度无缘，不能尽众生界。

所谓不能灭定业，指的是佛虽然智慧无边，但是不能干涉已经注定的因果。许仙的前世救了还是小蛇的白娘子，菩萨点化白娘子叫她来报恩，所以他们是前世就注定的因果。

所谓不能度无缘，指的是佛虽可以度人，但不能度无缘之人，不能度自己没有意愿寻求佛法点化的人，许仙和白素贞还有情缘未了,而且这两个人也从未有求于法海。

所谓不能尽众生界,指的是佛即使法力无边,也不能度尽芸芸众生,不能管尽世间的纷纷扰扰。法海正是不懂这一条,过于执着于抓妖而不看抓妖给世间带来的究竟是灾害还是福分。法海拆散许仙和白素贞违背了佛法的"三不能",所以他不应该拆散。

反方用佛法的标准来要求法海,有没有一些出乎你的意料?的确有些意料之外、情理之中,挺妙的。

但是,更妙的是正方。

正方(香港大学)站起来先说,一幅画该如何被创作出,色彩、构图、感情的表达等这些艺术价值的维度才是标准;一个运动员应该怎样制订训练计划,如何更大程度地激发潜能才是标准;《白蛇传》是一个文学作品,文学作品应该如何设计角色和设定情节?标准应该要从文学作品本身的价值出发。

而拆散二人正是这个文学作品的价值所在。伴随社会的发展,压抑在封建礼教桎梏千百年之下的人终于在新思想的萌芽中勇敢地追求不拘于世俗教条的爱情——贫寒书生同富家小姐,正常的人类同妖媚的狐精。《白蛇传》的时代意义也正在于此,它呈现的是两种价值观在一个社会里的碰撞，呈现的是白蛇的爱情如何饱经保守势力的阻挠而不改初心。

然而《白蛇传》却又不止于此，每每白素贞暴露恶行便会遭受打击，最终水漫金山，白素贞被镇于雷峰塔下。因此，《白蛇传》本身并没有完全偏向某一种价值观，而是通过让法海拆散许仙和白素贞的方式，引发人们对爱情和礼教的辩证思考。

以如何写小说才能更有艺术价值和时代意义为标准，正方的角度是不是更出乎意料？你会发现，以不同的标准来衡量，就会有完全不同的结论。

前面讲了分析问题的整体框架和定义，这一节来讲另一个建立论证的关键因素：比较标准。

比较标准是建立论证的关键因素

比较标准是几乎所有论证和辩论的必需品，让我们举几个例子：

"社会发展更应以当前群众意愿为依归，还是更应以国家的长远福祉为依归？"

（是应该以社会效益更高为标准，还是以民众有实际参与为标准？）

"道德是主观的还是客观的？"

（符合什么标准的叫主观？符合什么标准的叫客观？）

"新加坡应不应该开设赌场？"

（是应该以可计算的经济利益为标准，还是不可计算的社会利益为标准？）

"被拐卖的儿童寻亲成功后应不应该回到亲生父母身边？"

（是应该以人朴素的感情为标准，还是以法律上的是非为标准？）

"员工在工作中因能力不足犯了大错，应不应该辞退？"

（效率至上是标准？还是以人为本是标准？）

"如果你是教练，你是否会指导队员'消极比赛'和'战术性犯规'？"

（成绩是标准？还是口碑是标准？）

"如果你是科技平台的CEO，你是否会接伦理存疑的广告？"

（在公司的本身利益之上，私人企业有没有社会责任？）

下面就来依次讲解关于比较标准的几个值得学习和注意的点。

比较标准的公开是建立共识的前提

第一，明确、沟通和统一比较标准至关重要。

我曾经做过几年的辩论教练，其中一个职责就是排兵布阵。一场辩论赛有四个辩手上场，但是队里可能有十几二十个人报名，所以会安排一个选拔赛。整个辩论队都对这个选拔背后的比较标准非常感兴趣，教练是不是选了跟自己关系好的人？教练是以辩论表现为唯一标准还是也会"分猪肉"？

所以我们需要公开这个选拔的标准。但第一步是，教练得先想清楚标准是什么。我们必须根据愿景去制定决策的标准。一个大学里的辩论队，是应该以追求比赛成绩为目标，还是以育人为目标？我认为育人是最高目标，但同时我也认为，追求成绩有利于育人。如果一支辩论队成绩不好，就不会有大赛邀请他们，他们也就少了很多与其他队伍交流碰撞的机会、少了很多真刀真枪地锻炼公众表达和临场反应的机会、少了很多创建个人形象和认识有趣的人的机会。所以，比赛机会是最能育人的，而好成绩是带来比赛机会的最佳途径。所以我的选拔标准的首要考量是他得能赢比赛。

这个选拔标准还得被进一步细化，是只考虑这一次比赛的成绩还是得考虑更长期的成绩？我认为，只有长期成绩好，才能持续不断地育人。所以，我会带一到两个低年级的辩手出征，他们虽然对当下这次的比赛成绩而言不是最优的选择，但是这种提前锻炼可以避免队伍青黄不接，对更长期的成绩有好处。

那么，如果有一种队员，他们水平不行，而且已经是高年级的学生了，对当下和长期的比赛成绩都没有明显的利处，我还要不要带他们去比赛呢？

这就到了考验比较标准的时候，如果衡量辩论队成功的标准是成绩，就不应该带他们；如果衡量辩论队成功的标准是育人，就应该带他们。因为我的目标是育人，所以我认为应该在不严重影响获胜概率的前提下带他们，因为哪怕只是去参加一次比赛，对丰富这个队员的成长和履历都有好处。

那么，当我的思路清晰和确定之后，我需要去统一和沟通比较标准。比如，与我们队伍的指导教授、辩论队的队长和执委等沟通；在给队员打分之前，不同的评委应该先统一比较标准，不然分数是没有意义的；在队伍招新的时候，我们会告诉所有人这是我们辩论队的价值观和行为标准，如果你十分反对，那这里会让你失望，你就别来了；如果你选择进入这个队伍，那么希望你也照着这样的标准监督队伍、要求自己。

如果今天这个集体里的比较标准是不统一的，就会有辩论，甚至是矛盾的产生。不同的人对什么是好、什么是坏，有不同的标准，这背后体现的是这个人的底层价值观，而很多不同的价值观也都分别能自洽。但当人组成一个集体之后，怎么做评价？怎么做决策？应该以谁的意见为标准呢？

这就是为什么无论是国家、公司，还是任何一个小群体，都应该明确、统一和沟通共同的价值观。比如我们有社会主义核心价值观，在这个国家里面，我们就要按这个标准去衡量什么是好的，什么是应该的；比如谷歌曾经有一个价值观叫作"don't be evil"，不作恶。如果一个产品可以赚钱但是对社会造成伤害，他们就不做。这就省去了每次当赚钱和伦理发生冲突时公司内部的疑惑和矛盾。据说，2018年谷歌把这条原则从员工手册中拿出去了，有很多谷歌员工就因为这个原因辞职了，因为比较标准不再一样，也就没有共识了。

检视标准是发现分歧、明确重点的方式

第二个有关标准的要点是,当双方观点不一样时,先从检视彼此的比较标准开始会让思路更有条理。

比如刚才另一个辩题:员工在工作中因能力不足犯了大错,应不应该辞退他?部门两个主管一个认为该辞退,一个认为不该辞退,吵来吵去。

先问问他们各自的比较标准是什么。如果是标准不一样,那就先统一标准。比如其中一方认为效率至上,这个人能力不足不如换人,公司不是学校,不能付工资让你去慢慢学习。但是另外一方认为好领导的标准不仅仅关乎效率和工作产出,如何能够给手下带来学习和成长也很重要,所以应该再给这个员工一次机会。

你会发现他们的出发点不太一样,一个更从公司的效率出发,一个更从个人怎么才是个好领导出发。那怎么说服对方接受自己的比较标准就是此时的重点。

比如,第二位领导去说服第一位领导时可以说:"我同意你,要是以公司的效率为出发点,确实应该裁掉这个人。但是你我也不能不考虑自己啊,长远来讲,公司是会换的,但是做人的口碑会一直跟着咱们,稍微宽容

一点,给他人多一次机会,自己受累多带带、多教教,大家都在一个行业,早晚还会遇见,做人留一线,日后好相见啊。"

另外一种可能性是他们的比较标准是一样的,但是在这个标准下做出的具体比较不一样。

比如他们都觉得效率最重要,可是一个人认为培训下属效率更高,另外一个人认为重新招聘效率更高。明确和统一了比较标准之后,讨论的重点就应该放在:比较这位员工的学习速度和当下人才市场状况下招聘的速度。发现了分歧出在哪些环节,可以更加明确讨论的重心。

再比如,脱口秀演员杨笠说"男人都是垃圾。"显然这样一个全称论证(全称的意思就是"所有的")在逻辑上是不准确的。但是这里的另外一个思路是,在脱口秀中,我们是否应该使用"逻辑准确"这个比较标准?

脱口秀经常使用偷换概念这个逻辑谬误创造笑点,而且夸张本来就是一种修辞,比如"是金子总会发光的",金子并不会发光,它只能反射光;而且这里的全称命题经过论证了吗?真的所有的金子都有机会反射光吗?

再比如,有一本书叫《天才都是夸出来的》,我们知道这书这么叫是在倡导赏识教育,我们不会去深究是不是所有天才都是夸出来的，还是有些天才是夸出来的，还是大部分天才是夸出来的，等等。

所以，对杨笠这句话真正的讨论重点不应该放在"是不是每一个男人都是垃圾"上。而是我们在脱口秀中是否可以为了达到目的而使用夸张的修辞。

再举一个例子，比如有人说，日本的房子比中国的房子更好，因为抗震级别更高。

你先去问他，你评价房子好不好的比较标准是什么？是按抗震级别的高低去评价吗？还是有什么别的标准？或许这个问题本身就会让他开始反思。

依照他的结论去反推，他的标准就是抗震级别的高低。可是这个标准合理吗？我们是应该用抗震级别高来评价房子好，还是用抗震级别合理来评价呢？如果按抗震级别高低来评价，那防空洞是这个世界上最好的房子了，这是不是很滑稽呢？不在地震带上的房子当然不需要那么高的抗震级别，这跟房子好不好是无关的。

比较标准的反驳：有效性、合理性与归谬反驳

第三个要点就是比较标准的反驳方式。

第一种反驳方式就是指出对方的比较标准比不出来。或者换个说法，"就算按照你的比较标准，你也赢不了啊"。

比如正方最开始说："法海应该拆散许仙和白素贞，因为这样的话《白蛇传》的艺术价值和时代意义会更高"。如果我是反方，我可以说："要是法海没有拆散许仙和白素贞，这个艺术价值和时代意义会更高吧！简直超越时代的振奋人心！它给了很多人以榜样，让我们相信美好的爱情可以感动和融化一切！您看，您方这个艺术价值的比较标准就不太可信，拆不拆散艺术价值都可高可低，比起您那个情节写得更有冲突性的，好多也没有《白蛇传》艺术价值高是不是？所以，这个标准根本比不出来。"

再放到刚才那个裁员的例子上。如果我是第一个经理，我可以跟第二个经理说："你说咱们做领导口碑很重要，可是，'做人留一线，日后好相见'有可能给咱们加分，但作为经理不顾公司效率也有可能给咱们减分啊，这圈子里一传，说咱俩糊涂了吧。你要是以'别人怎么想咱们'为标准，那永远说不清楚。所以啊，口碑这种事太虚了，指不定怎么传呢，咱们还是尽自己的本分，顾眼前这些算得清楚的事儿吧。"

这就是一种按对方的标准根本比不出来，所以不能用对方的比较标准的一种情况。

第二种反驳方式就是指出对方的比较标准会得出很滑稽的结论。比如自相矛盾，与常识不符，所以不能采用这个标准。

比如在《白蛇传》的例子里，如果我要反驳正方的比较标准，我可以说：按照对方辩友的逻辑，美女要不要和长相丑陋但心地善良的野兽在一起，取决于写出来的故事精不精彩？梁山好汉应不应该接受招安、项羽应该乌江自刎还是东山再起要看哪个写成故事后传颂度更高？对方辩友把经典的价值辩论都变成了写手速成培训班，这消解了价值辩论的意义啊！

这里要再顺便强调一种反驳方法，叫作归谬法。《逻辑学大辞典》对归谬法的解释是：通过从一个命题导出荒谬的结论而否定该命题的一种方法。也就是说，我们先假设对方是对的，然后就会得出一个错误的、荒谬的或者自相矛盾的结论，所以可见，对方是错的。

比如前面有一个辩题叫"道德是主观的还是客观的"。

支持道德是客观的一方认为："道德存在的意义是什么？就是要维护人性的真善美，维护人与人之间的和谐，这样一个核心是亘古不变的。人类对于增加自己的认知，以及完善道德的追求也是古往今来都不变的，为什么人类会废除奴隶制？为什么我们会追求废除性别的不平等？就因为代表人人平等的道德内核是不变的，我们对道德的追求也是不变的，所以道德是客观的。"

对方对此提出了挑战，问："在您方的比较标准之下，有什么东西是主观的？口味是不是主观的？"

反方答："口味是主观的。"

正方接着问："人类的口味自古以来都是追求好吃的，这个核心有没有变过？没变过吧。人类对于更多的、更好吃的美味也是不断追求的，对吧？所以第一口味是不变的，第二是自古至今被不断追求的，所以符合您方把道德归为客观的两条标准啊。所以按照您方标准，口味也是客观的啊！可您方自己也承认了口味是主观的，这不自相矛盾了吗？可见，您方对于什么是客观的这个标准是不对的。"

假设对方是对的，然后推导出了对方自相矛盾，这就叫归谬法。

明确比较标准：洞悉底层价值，引导决策方向

最后来总结一下。

首先，比较标准指的是一套评价体系。我们在建立论证之前不但要明确关键词的定义，也要选用一套合适的、明确的比较标准。

比如，阿庞开的这个玩笑是否合适？要用什么作为标准呢？我们在公开场合和私下场合会用不同的比较标准。

再比如，阿庞是不是一个好的作者？在大家畅所欲言阿庞的优点和缺点之前，咱们先明确标准，先有标准再打分才有意义。使用比较标准的这个习惯会让我们的思路更加有条理，让我们的判断有据可依，不会前后跳动。

由于有些比较标准的冲突体现的是底层价值观的冲突，所以，事前明确比较标准可以避免日后很多没有必要的争端。典型的例子就是国家和公司制定的共同价值观：比如新加坡的共同价值观上写着自己是一个多元种族的社会，所以包容和冲突中要选择包容；比如很多公司的网站上都会写着愿景或价值观之类的内容，这些东西不都是虚的，是可以在决策时切实提供指导方向的，也是对进入这个公司的人的价值观的筛选。

其次，反驳比较标准有两个方法：

一是说对方的比较标准比不出来，比如就算我们要以艺术价值作为标准，不拆散许仙和白素贞的艺术价值不比拆散了的低啊!

二是说按照对方的标准会推论出非常滑稽、不符合常识、没有意义或是自相矛盾的结论,所以不能使用对方的标准,这种方法叫作归谬法。比如抗震级别高的建筑就更好?那卢浮宫的玻璃金字塔还不如人防办管的过街通道,这也太滑稽了!

思考与应用

- 如果你是教练,你是否会指导队员"消极比赛"和"战术性犯规"?你的比较标准是什么?
- 假设今天有第一个世界,里面有10个人,每个人有1万元;还有第二个世界,里面也有10个人,其中一个人有11万,其他9个人没有钱。第一个世界的期望值是100%×1万=1万。第二个世界的期望值是10%×11万=1.1万。你会选择哪个世界?比较标准是什么?
- 你能再举出一个在生活或工作中应用比较标准这一思路的例子吗?

第 17 讲

权衡价值与利益的"需根解损"

要不要征收垃圾食品税？

辩论里面有一类题目是政策性辩论。比如"是否应该征收垃圾食品税""是否应该调高遗产税""是否应该开设赌场""是否应该全面禁止免洗餐具""是否应该将安乐死合法化""是否应该调低入刑年龄""是否应该对企业开征环境污染税""是否应该减少房地产市场限制""是否应该设立婴儿安全岛""是否应该废除（或引入）死刑"，等等。

与政策性辩论相对应的另一个分类叫价值性辩论，比如"人性本善还是人性本恶""金钱是不是万恶之源""安乐死是否人道""杀一救百是不是正义之举"，等等。

你有没有感受到这两类题目的差别？

政策性辩论是十分脚踏实地的，关于要不要做一件事情，怎么做。价值性辩论相对比较"务虚"，关心的不是要不要做、怎么做，而是我们应该如何理解和看待这个世界。我刚刚特意举了一些稍有迷惑性的例子，比如"是否应该将安乐死合法化"就是政策性辩论，而"安乐死是否人道"就是价值性辩论。再比如，航海事故后101个人到了一个荒岛上，没有食物，大家在等待救援，是否应该杀掉一个人作为食物延长另外100个人获救的概率？又或者放到现实生活中，新加坡是否应该放宽防疫政策，也就是对国际旅客放宽入境限制、放宽社交与聚会限制等，但同时要承受阶段性的确诊和死亡数量的增加，这样的"杀一救百"要不要做呢？

当我们有具体的行为建议，讨论要不要做时，这就是政策性辩论；与之相对应的，"杀一救百"是不是正义之举，就是价值性辩论。无论它正义也好，不正义也好，与我们要不要做这件事情相比是两个不同的讨论。

电车难题中电车往左行还是往右行都有各自的道德问题，如何理解道德，这是价值性辩论。而政策的制定者不是不考虑价值，而是需要权衡各种价值和各种利益然后落实为一个要怎么做的决定。

这一节我们就来讲一个政策性辩论的分析框架，叫作需根解损，也就是需求性、根属性、解决力、损益比。这个框架可以帮助我们更好地理解公共政策的制定，甚至是工作和生活中的决策，比如某个产品要不要多加某一个功能、我们要不要辞职读研等。

需根解损的相关概念

让我先来讲解最基础的概念。

需求性指的是我们有没有做某一件事的需求。需求可以是问题导向、利益导向或目标导向。也就是说，为什么有这个需求？可能因为我们想要解决现状下很严重的问题，比如空气污染；或者我们想要获得某个新的利益，比如我想要一个更好的工作，某个国家想要加入一个国际组织；又或者我们想要追求一个更高、更远的目标，比如要变成一个更文明的社会。

最常见的需求是问题导向，例如我肚子疼请医生诊病，解决肚子疼就是需求。做决策时，为什么要考虑这个政策？第一步就是因为有需求。

根属性指的是之所以会存在这个需求，其根本原因是什么。肚子疼的原因有很多，到底是胃疼、阑尾疼，还是肠子疼？医生建议我吃的药或者做的手术是针对病因的吗？

以一个政策性辩题为例：A组织的产出低于国际平均水平，于是有人建议现在应该多雇用员工。但产出低这件事是根属于缺人，还是根属于效率低下？如果根本原因是效率低下，那么多雇人这个政策就过不了根属性这一步的检测。曾经还有个政策性辩题是"中国台湾应不应该继续兴建核能电厂？"这里的需求性是台湾缺电，但根属性呢？反对台湾应该继续兴建核电厂的一方认为，缺电问题根本上并非电厂不足导致，而是由于管理效率欠佳的结构阻碍，以及民众缺乏省电观念的态度。

再看解决力，也就是这个政策解决问题的效果。这有两个层面，第一个层面，这个政策能被执行吗？有可行性吗？第二个层面，就算执行了，会有效果吗？比如A国有环境污染问题，而工业排放是一个非常大的原因，现在我们要辩论的是应不应该对企业征收环保税。解决力的第一个层面是可行性，也就是说，这个税能收得上来吗？以A国的税务监管能力，偷税漏税的情况能不能被发现？如果环保税要以企业排污量为基础来评估，可排污量要怎么检测？是企业自己上报吗？那企业肯定有动机去钻空子；

但是Ａ国的相关部门有没有能力去亲自测量不同类型的企业的排污量呢？

解决力的第二个层面是效果，也就是说，就算这个税收上来了，它真的能解决环境污染的问题吗？说不定企业对价格非常不敏感，就算会多缴税也不减排，因为这样赚的钱更多。又或者以现在的科技，企业根本不知道如何干净地生产，交钱归交钱，它也没有别的办法。所以针对政策提出者所提出的需求性，也就是环境污染，收税这件事的解决力不高。

为什么要强调效果？或许Ａ国收上来很多钱，这是个好处，但是这个好处却不是针对这个政策提出者建议修改法律的那个需求性的。如果今天的需求性是政府缺钱，建议的政策是收环保税，那么对这个建议的研究和评价就是另外一套说法了。因为首先根属性就存疑，缺钱和没收环保税有因果关系吗？因为缺钱就收环保税，这个对政府形象的伤害，损益比过得去吗？

需根解损的最后一步是损益比，比比落实这个政策带来的好处和它产生的弊害，划算吗？这个政策的好处，其实就是经过前面三步分析——需求性 × 根属性 × 解决力——得出的。比如，环境污染问题很严重，这是需求性；

这一问题半数都是由企业排放导致的,这是根属性,其他因素可能是汽车排气排放物、冬季供暖等;收取环保税能够让企业排放降低30%,这是解决力;综合考虑这三步,就能得出这个政策带来的好处。

坏处是什么?比如一些企业会搬到其他不收环保税的国家,还有一些企业因此活不下去了,那么A国的经济和就业就受到了影响。我们必须要比较好处和坏处,并且可以从两个重要的层面开始:

第一,至少需要大致的量化,可以通过具体地分析或参考其他案例。比如我们可以把企业分别归类为重污染的和轻污染的。在那些重污染的企业中,有多少是可以搬到其他国家的?有多少是存在清洁替代方案的?有些信息我们可以找到,有些信息就必须要预估。如果有其他国家有过类似的政策,就可以参考他们的经验来预估。比如探讨美国禁枪究竟会对治安有多大的帮助,就可以参考澳大利亚的经验。

第二,要考虑补救措施,也就是弊害可不可以被规避?比如我有一次看医生,医生给了我两种药,一个是强力止痛片,一个是胃药。为了消除疼痛,我需要吃强力止痛片,可是强力止痛片的弊害是伤胃,为了让这个损益比能够过关，就必须得配上护胃的药，这样就利大于弊了。需根解损就是这个意思。

奥瑞冈赛制

这一套政策辩论的分析框架来源于一个辩论赛制，叫作奥瑞冈（也称"俄勒冈"）赛制。它由英美法庭辩论演进而来，首创于美国俄勒冈州立大学。1974年台湾大学将这个赛制的条规翻译成中文并引进中文辩论中。在台湾地区，奥瑞冈赛制算是中文辩论的主流，而在其他地方，价值辩论的赛制还是主流。

除了需根解损，奥瑞冈赛制还有几项设计也非常有意思。

第一，奥瑞冈赛制讲究此时此地原则。

也就是说，对于任何一个政策性辩题，我们都必须非常明确它要在哪里被推行，所以，所有的题目其实都包含了地域。我参加或见过的奥瑞冈比赛的实际题目有："某国应继续兴建核能电厂""某国应调高遗产税""某国应将安乐死合法化""某国应继续修建新隆高铁""某国应对企业开征环境污染税""某国应大幅减少房地产市场限制"，等等。

除了此地，还有此时，指的是我们要明确时间点就是现在。不是在辩论5年后、10年后时机能不能成熟，而是现在要不要做？5年后怎么样要根据那时的情况再辩论。

为什么要执行这个原则？还记得在前言中有关代孕的讨论吗？其中列举了美国商业代孕的例子和印度代孕村的例子。虽然有些人认为无论何时何地代孕都不应该被合法化，但对另一些人来说，这件事取决于地点和社会发展状况。

比如，此时此地，我们从法律和文化方面能不能切实地做到对代孕妈妈的权益的保护？另外无论是代孕、开赌场还是嫖娼，不合法就会成为地下黑市。那么存在这样一种可能：虽然产业合法化会造成对弱势群体的剥削，但当其成为地下黑市后对弱势群体的剥削只会更加严重。如果提供性服务是非法的且黑市泛滥，那么性工作者遇到侵害时就不敢报警寻求帮助，因为一旦报警自己也会被抓、被罚，所以境况会更差。所以，谈论这个国家有没有能力管控黑市，就是一个影响我们判断的重要因素。如果这个国家没有能力管控黑市，我们就多了一个支持性交易合法化的理由；反之，我们就少了一个支持性交易合法化的理由。

再举一个非常简单的例子，应不应该调高遗产税？首先你要知道讨论针对的是哪个地区，其现状下的税率是多少。不明确时间和地点的政策性辩论不是在制定政策，更像是价值性辩论。所以，回想你所见过的对公共政策的网络争端，有多少是缺少限定条件的一团混战？

奥瑞冈赛制的第二个设计是推定利益。一般来说奥瑞冈赛制中的正方是政策改变的推动者，而反方要反对正方所提出的政策改变。大多数情况下，反方的立场是维持现状，享有推定利益。简单来说，正方认为我们应该推行这个新政策，正方要提出理由，反方会挑战正方的理由，如果到最后我们认为正方推动改变的理由还站得住脚，那结论就是应该推行新政策。但是如果最后正反方打平，那就是反方赢，这就叫推定利益。也就是说，如果不确定应不应该做出这个改变，那么就维持现状。

这也非常符合我们在现实生活中的决策过程，很多人维持现状不见得是因为觉得现状最好，而是在没有明确的更好的选择时，就会先维持现状。可能在个人决策中，有时我们会选择冒险，但对于公共政策，我们必须要明确"那样做了会更好"才去做。

注意，提出政策改变的正方也必须要说明政策核心的设计。举个例子，正方认为台湾应废除死刑，那么正方不能只呼吁废除死刑，还得提出配套措施，比如以前的死刑犯现在要怎么处理？不能光喊废除的口号，要想清楚整个政策如何运转才有讨论的意义。很多正方会提出用终身监禁、不可假释来替代死刑，那么反方就可以提出相应的弊害、攻击损益比。比如终身监禁的成本问题，一个连环杀人犯不但不会被执行死刑还会被纳税人的钱养一辈子，这不符合民众朴素的报应观。不仅如此，当法律不符合民众的报应观时，甚至有可能出现滥用私刑的情况：法律不帮我报仇，那我就自己去报！这样社会治安只会更差。

到了这一步，正方有可能会说：终身监禁的囚犯要在狱中劳动，他们或许是自给自足的？又或许，有很多资料显示，在台湾（注意，此地原则），宣判一个死刑犯的成本是非常高的，不见得比终身监禁"便宜"，因为死刑作为最高刑罚，其宣判通常都会经过反复上诉和严格的复检等程序，每一次都是巨大的开销。

对此，反方会继续提出质疑：你说宣判死刑需要经过反复上诉，这很"贵"，可那些被判终身监禁、不可假释的人就不会反复上诉吗？毕竟到时这就是最高刑罚了！还是说你不允许他们上诉？如果你也允许他们上诉，就不会省钱。如果你为了省钱不允许他们上诉，你就得承受最高刑罚更高的误判率！

说到这里，你是否感受到了政策辩论有多么具体和细致？

奥瑞冈赛制的第三个设计是可当场验证。

奥瑞冈比赛现场特别有意思，大家会抱着厚厚一叠资料去比赛，如果今天我方提出一个数据，对方辩友可以要求查看这个数据的出处，还可以在一对一的质询环节直接对数据或者证据提出质疑。

2010年，我曾经跟马来亚大学打过一场比赛，辩题是："台湾是否应该全面废除免洗餐具？"作为反方，我们采取了一个比较少见的策略，叫作相抗政策，意思是我们并不倡导维持现状，而是认为应该有一个与正方不一样的政策。也就是说，我方也认为台湾免洗餐具造成的环境污染问题很严重，但是我方不同意应该全面禁用免洗餐具。我方认为应该全面推广PLA材料的免洗餐具，因为PLA材料完全可降解，它既保留了免洗餐具的便利性，又解决了塑料对环境的伤害。说一句题外话，最近我发现几家饮料品牌的吸管都是PLA材料的，有一种辩论成真的成就感。

在这场比赛中，马来亚大学质疑PLA材料究竟有多环保。他们说，有一份资料显示，PLA在降解时会释放出甲烷，而甲烷的温室效应比二氧化碳强23倍。我方就要来他们的资料验证，资料上写着"若上方水分不足，底部缺氧，无法完全分解，会产生甲烷，甲烷的温室效应比二氧化碳强 23 倍"，那这就不是根属于 PLA 的问题，而是根属于掩埋场没处理好的问题。那我方的政策可以设计为，全面推行 PLA 并培训所有的垃圾掩埋场。

最后一个设计就是奥瑞冈赛制中的一整个赛事只会使用一道或者两道题。这也就说明，可能在十几二十场比赛中，众多的队伍都反反复复打同一道题。大家还可以旁听彼此的比赛，听到一个好的论点、数据或者论文，自己就可以在下一场用上。

在第八节讲"稻草人谬误"时提到，"好的辩论"的原则是忠实原则和宽容原则。这背后的逻辑就是，如果我们驳倒的仅仅是对方辩友的口误、准备不足，甚至是能力不够等，那是相对低级的辩论；如果我们驳倒的是某一个立场或者观点最强大的版本，那才往真理的方向稍微近了一步。

反驳假问题仅仅是虚荣，反驳真问题才是求知。

思考与应用

- "应该将安乐死合法化",你认为这一论点的需求性和根属性是什么?你可以选取你熟悉的任意一个地区来讨论。
- "应该征收肥胖税",如何用需根解损的框架分析这一论证?选取你熟悉的任意一个地区来讨论。
- 你能尝试用需根解损的框架来分析一个你在生活或工作中遇到的决策吗?

第 18 讲

没有绝对共识，但可比较利弊

"婴儿安全岛"是港湾还是法律空地？

2014年左右，社会上引起了对"婴儿安全岛"的热议。什么是婴儿安全岛？它是对弃婴的一种保护设施。

因为遗弃属于犯罪行为，家长通常会把婴儿扔在比较偏僻的地方，比如野外、僻静的公园，甚至是垃圾站和公厕，有时等孩子被发现后已经奄奄一息了。而且弃婴中有很大的比例是身患严重疾病的，所以如果长时间不被人发现就更加危险。建立婴儿安全岛就是为了增加这些弃婴生存的几率。

婴儿安全岛被设在儿童福利机构门口，岛内设有婴儿保温箱、延时报警装置、空调和儿童床等。接收到婴儿后，延时报警装置会在5至10分钟后提醒福利院工作人员到岛内察看，尽快将婴儿转入医院救治或转入福利院内安置。为什么要有这个5至10分钟的延迟？就是为了给家长足够的时间离开，不被抓到。所以设立这个婴儿安全岛的初衷就是，如果家长已经决定了要将孩子遗弃，与其让他们把孩子扔到荒郊野岭，不如设立婴儿安全岛来接收。

为什么当时有这种需要？2015年全国"两会"时，国家卫计委科学技术所所长说：据2010年不完全统计，我国每年弃婴10万名，是重大社会问题。（新华网，2015）弃婴这种社会现象存在的原因深刻而复杂。解决弃婴的问题需要多管齐下，不但要预防，还要补救和应对。弃婴安全岛是社会保障制度的最后一环，在其他手段都失效后，仍不漏下任何一个小生命，为他们提供一个避风的港湾。

为生命提供避风 VS 助长遗弃之风

中国第一个婴儿安全岛于2011年6月1日在河北省石家庄市社会福利院设立。2013年7月，民政部开展了婴儿安全岛的全国试点。截至2014年6月，全国共开设了32个婴儿安全岛，接收1400多名弃婴。不仅仅是在中国，在美国、德国、日本等国家也都有类似的设置，但也都充满了争议。

一方面,设立婴儿安全岛的确增加了弃婴存活的概率。石家庄社会福利院2012年的数据显示，婴儿安全岛中弃婴的存活率是70%，而以往这个数字不到50%。（中国青年报，2012）。甚至还有些数据称，以前存活率只有三分之一（BBC中文，2014）。

但坏处是，有可能会助长遗弃之风，增加弃婴的基数。2014年广州市的婴儿安全岛开放47天，总共接受了262名弃婴，且这些弃婴中100%都是中重度的病残，比如唐氏综合征、先天性心脏病、脑瘫等。广州市社会福利院院长说：因为孩子太多，密度太高，没办法保证隔离，容易引起疾病传播，市福利院护理儿童养育的总体质量受到影响，已经无法继续开展试点工作。南京儿童福利院婴儿安全岛设立近百天时间，已接收150多名弃婴，这相当于以往每年南京正常接收的弃婴数量（人民网，2014）。

当然，弃婴数量激增的原因是多方面的，可能并不是总数增加了而仅仅是更集中了。或者广州周边地区没有配置婴儿安全岛，而广州的经济发展水平较高，其他城市的家长为了让孩子有更高的生存概率，专门选择到广州来遗弃孩子。但是会不会因为有了婴儿安全岛，让一些原本选择咬着牙留下孩子的家长少了一些心理负担而选择把孩子扔进这里？那么一些本能享有家庭温暖的小孩就变成了孤儿。没有人能够排除这种可能性。

还有一个坏处是，从法律角度来讲，我们不对在婴儿安全岛遗弃孩子的父母追究法律责任，这让刑法中的遗弃罪形同虚设，给了那些不负责任的父母一个钻法律空子的机会。我国刑法第二百六十一条规定："对于年老、年幼、患病或者其他没有独立生活能力的人，负有扶养义务而拒绝扶养，情节恶劣的，处五年以下有期徒刑、拘役或者管制。"因为扔在了婴儿安全岛就不算"情节恶劣"，但这些家长的确没有履行抚养义务，想养就养，不想养就不养。甚至有报道称，开豪车弃婴屡见不鲜（新浪山东，2014），不对这些人追究责任吗？这很难令大家信服吧！

设立婴儿安全岛利大于弊还是弊大于利，是一个非常复杂的问题，此处不会也无法给出答案，因为缺少完整的数据。

令人欣慰的是，随着2015年全面两孩政策的实施、先天疾病筛查的普及、经济发展、大病保障制度和社会捐赠体系的进步等，我国孤儿的整体数量显著下降。根据民政部的统计公报，2014年底，全国有孤儿52.5万人，到2019年底，已经下降了一半还多，是23.3万人。也就是说，在2015年到2019年间，很多孤儿成年了，不再被记入数据，但新增的被遗弃的婴幼儿大幅减少，所以整体数量大幅减少。

曾一度被热议的婴儿安全岛话题如今几乎消失了，是不是代表这个政策几乎没有需求性了呢？但愿如此。

利弊比较：让思考完整清晰，但没有绝对真理

通过这个话题我想要引出的概念是"利弊比较"：一个东西有好处，也有坏处，怎么比较？还记得在政策辩论的需根解损框架中的"损"，也就是损益比吗？有时，它们甚至是不同层面的好处和坏处，又该怎么比较？

我得先说明，利弊比较没有统一的答案，也没有什么绝对真理，有时我们甚至没有足够的信息。我们首先来厘清这样一点，即许多问题的分析都可以被归纳为利弊比较的思路，然后再来总结一些常见的、可供选择的利弊比较的方法。

先来列一些题目，比如：

王者荣耀究竟是"荣耀"还是"毒药"？

如果利大于弊就是荣耀，弊大于利就是毒药。

传统孝道是财富还是包袱？

同理，利大于弊就是财富，弊大于利就是包袱。

网络转发是否有利于社会改革？

虽然题目问的是"是否有利于"，但不能只看有没有好处，也得看有没有坏处。它一定是有好处的，也是一定有坏处的。比较了好处和坏处才知道最终是利大于弊，还是得不偿失。

不可重来的人生是可喜的还是可悲的？

这种题目当然可以按照抒情散文的思路来，抒发一些虚无缥缈的人生感悟。但还有一种相对严谨的思路：假设人生可以重来，它会带来什么好处和坏处？比较到底是利大于弊还是弊大于利。

应不应该废除死刑？

这是政策性辩论的代表。上节讲过，分析政策和决策一个很好的框架就是需根解损，通常更加有争议性的题目是有需求性和根属性的，不然可能都不会成为热议的问题。在需求性和根属性存在的基础上，我们最终比较的是损益比，再通过讨论解决力，看看究竟能落实多少好处、会产生什么坏处，最后通过利弊比较来看这个政策是否应该被执行。

总之，许多的争议和决策表面上不见得直接带有"利大于弊还是弊大于利"的说法，但把它们转化为利弊比较是一个常见的、比较有条理地分析问题的方式。简单来说，就是列出所有的好处和坏处，进行比较，然后做决定。

这里要澄清一点，所谓好处和坏处不仅仅指利益、功效、可被量化的东西，也可以包含要捍卫的价值、所追求的无法被量化的目标、所信奉的某一种原则，等等。

也就是说，这里的利弊比较并不直接等于只计算功效的功利主义，而仅仅是一种梳理和分析问题的框架，所以价值性的好处和坏处也可以被包含在比较的范围之内。

这个问题可以是社会议题，比如性交易是否应该被合法化？可以是工作决策，比如我们是否应该拒绝客户的某个要求？也可以是生活建议，比如我是否应该辞职读研？等等。如果这个问题很复杂，有两面性，那你可以尝试使用利弊比较的分析框架去着手。这样做的好处是，考虑问题会更加完整、有条理、清晰、不一边倒，思考更成熟和理性。

那么，当我知道了有这些好处和那些坏处，要怎么比？利弊比较往往涉及到价值排序，所以因人而异，难以有绝对的共识，所以没有统一的答案，但下面提供了一些可供参考的思路。

利可否被替代，弊可否被规避

第一个思路，利不可以被替代，弊可以被规避。

有个最直接的例子，"这是你的强力止痛片，这是你的胃药，一起吃。"这是我做了小手术后医生的原话。吃这个强力止痛片可以让我不痛苦，它的坏处是伤胃，但是伤胃的问题可以通过胃药来规避。所以，这是利大于弊。再比如，现在有个商业机会，我该不该辞职创业？如果机会是千载难逢的，工作大不了以后可以再找，这也属于利不可以被替代，弊可以被规避。

再看另一个例子，在新加坡，芳林公园中的"演说角落"是新加坡唯一一个允许公民无需事先获得警察许可就可以公开合法游行抗议和发表个人政见的场所。如果用利大于弊的思路去分析新加坡政府的这个设计，那代表他们认为，存在一个公民可以无需政府批准就可以集会和发表政见的途径的这个利益是必须的，而弊害可以被规避，或者说最小化。

比如，规定只有一个地点，必须只有新加坡公民和永久居民可以参与；比如，外国组织和机构若想参与，还是必须提前向政府申请准证，像谷歌、高盛这样的公司曾经都会赞助一年一度的"粉红点"活动，从2017年开始，新加坡政府就禁止外国公司的赞助行为了，为了避免外国势力干涉内政。

总的来说，本国公民自由发表政见的利益不可替代，但类似过度干扰社会秩序，以及被境外势力利用的这些弊害可以被规避,所以保留"演说角落"利大于弊。

当然,同样的逻辑我们也可以反过来用,利可以被替代,但是弊非常严重,或者不可以被规避。

比如,体罚可不可以被当成一种教育手段?一种思路就是体罚弊大于利,因为体罚带来的好处可以被其他的手段所替代。比如更有耐心地言传身教,可以奖惩分明、约法三章,但不能把暴力作为惩罚的手段。而体罚带来的坏处是深远且难以避免的。因为体罚产生作用的核心逻辑就是利用强迫和暴力,所以它不可避免地容易使孩子更具有攻击性和反社会性,影响自尊自爱和思维创造性的发展等,所以得不偿失。

换言之,这个思路就是,有没有弊害更小的选择能够带来同样的利益呢?如果有,就代表目前这个做法得不偿失。

寻找同一标尺,平行比较利弊

第二个思路就是能否把不同的利弊转化到同一个标尺上进行比较?

英文里面有个短语叫"Apples to Apples(苹果比苹果)",就是说,我们比较的东西要有可比性,不能用苹果比鸭梨。如果是苹果比苹果，那关键只在于计算得到几个苹果，失去几个苹果。但如果是苹果比鸭梨，那就可以尝试第二种思路。

先看苹果比苹果的情况，有两个例子。

第一个，美国民间禁枪的利弊。前面提过，平民持枪可以用来自我防卫，但也会因为过激杀人、擦枪走火等问题造成不必要的人身伤害；又因为枪支售卖变得更寻常，犯罪分子也会更容易得到枪支……这怎么比？

第二个，新加坡开设赌场是利大于弊还是弊大于利？这是我曾经打过的题目。开赌场的好处是刺激旅游业，增加税收。坏处是会产生病态赌徒，影响社会治安、家庭和睦等。这怎么比？

我们当时查了很多书籍、论文，还与研究赌博的教授做过访谈，结果我们发现有很多研究都在通过量化这些利弊来进行比较。比如，《香港的问题赌徒及病态赌徒产生的社会成本》这个研究报告在2005—2006年间调查计算出，每个赌徒一年的社会成本是21.8523万港币，社会成本的计算包括：赌徒自己的成本，包含因失业失去的收入、生理和心理治疗的费用、离婚手续费、赡养费、保释费、罚款、欠债的利息、修补人身伤害的开支；赌徒身边的人为赌徒承受的成本，包含家人的心理、生理医疗费用，父母、兄弟姐妹、朋友、银行、财务公司借钱给赌徒的开支；同时还有赌博给政府和社会带来的开支，包括生产力下降而失去的GDP、综合援助的开支、犯法行为涉及的金额、照顾犯人的开支、资助戒赌和预防赌博服务的费用。

根据病态赌徒和问题赌徒的总数计算出，每年香港特区政府要承担的社会总成本是807亿港币，而政府每年从博彩税取得的收益是119亿港币。所以说，政府每收取1港币的博彩税收，实际上要付出约6.7港币的社会成本。美国也有类似的研究，而且比例惊人的相似。也就是说，做出利弊比较是一种学术课题，我们是可以通过找资料解决相关问题的。

再来看苹果比鸭梨的情况，这里我们可以尝试的思路是：想象一下这件事的终极目的是什么。

用婴儿安全岛举例，它可以增加婴儿的存活率，但会让那些可恨的父母逍遥法外。这两件事怎么比？一个常见的观点是，我们为什么要惩罚父母？终极目的还是教育和威慑，教育就是让你主动对孩子好，威慑就是让你不敢对孩子不好，所以教育和威慑是为了让家长对孩子好，终极目的还是为了保障孩子的健康和权益。

如果现在对于某些家长而言，对其惩罚已无法最大化保护孩子的健康，反而是作为兜底的福利保障体系的最后一环能够更好地保护孩子的健康，那我们就不应该纠结于有没有惩罚家长而舍本逐末。

还有一个例子是要不要征收环境污染税？征收的好处是有利于生态保护，坏处是损害经济利益，怎么比较？我们当然可以说生态保护是对的事情（the right thing to do），但是在此之上我们也可以说，哪怕是长远的经济发展也需要生态保护和产业升级。

比如，破坏环境的行为可能会受到消费者和国际社会的抵制，环保的能源、设备、商业模式等本身就是很大的市场，所以哪怕是从经济发展的角度也应该推动环保。这就是把两个不同的东西拉到同一个标尺上去做利弊比较。

看清事件本质，用价值排序判断利弊

说到这里，我们已经涉及到了价值问题，那么就自然而然地过渡到第三种比较的思路，也就是通过价值排序来比较利弊。

价值是有位阶的。对有些人来说，忠高于孝；对有些人来说，孝高于忠，甚至有些人心中坚信一些不可撼动的原则或者底线，比如"人是目的，不是工具"，所以别说杀一救百，杀一救一万都不行。

还有许多生活中的例子，比如，有的人把照顾对方的感受放在第一位，如果有人让他伤害对方，即便有再大的利益，他也不会那么做；再比如有些人的价值观就是"爱惜羽毛"、就得站着把钱赚了，所以如果要他"跪舔"，无论有多少名利的好处，他也不干。

其实，有这样明确的原则和价值排序的人做选择是容易的，只需要看清一件事的利弊的本质，就能根据自己的价值排序做出判断。

比如我要不要继续从事"社工"这个工作？弊害不在于我不喜欢这个工作，也不在于我不擅长这个工作，核心的利弊冲突是从事我既喜欢又擅长的工作与养活自己和家人的权衡；要不要辞退一个犯错的员工？核心的利弊冲突是效率与人情；要不要辞职读研？如果我的原则是尽量让自己的选择面变宽而不是路越走越窄，那么我应该辞职读研。如果有一件事情我计算不出利弊，但是我的原则是敢于冒险，那么我就放手一搏。

在个人选择上，了解自己和建立自己的价值体系是关键。

当然，我们免不了会涉及到集体事务或者公共事务中对他人的说服。这里一个重要的思路就是去说服大家为什么某价值的排序应该是更高的。

常见的思路有三：

第一，依据事物发展的阶段来看，现阶段某价值最重要。比如在扩张期的公司，大胆开创比严控风险更重要；在还有很多贫困人口的国家，经济发展是第一要义，在先富带后富初期，发展经济就比优化分配更重要；人还年轻，所以学习锻炼的机会比现在就赚钱更重要。

第二，强调我们想成为什么样的集体、什么样的人。比如国家应不应该接受外来移民？公司应不应该注重多元化？当然，做到这些，在操作层面上一定会有困难需要克服，但是我们从来都想做开放、包容的人，我们公司或者国家的形象是现代的、文明的。找出吸引人的价值点是关键。

第三，强调我们为什么要坚守某些底线，否则就跟我们鄙视的人一样了。能不能以暴制暴？如果不择手段，那么我们跟我们抵抗的人又有什么差别呢？如果我们故步自封、不勇于尝试新鲜事物，那我们跟我们的某些长辈又有什么差别呢？

思考与应用

- 与其说一件事没有好处,所以不要做,不如从弊大于利的角度说服对方;与其专注于削弱对方提出的好处,不如主动提出一些坏处。套用这个思路,你会如何反驳"网络转发有利于社会改革"这一观点?
- 前面提到"是否应该征收肥胖税"这一辩题,你能再套用"利不可以被替代,弊可以被规避"的思路来进行损益比分析吗?
- 你能举一个在生活和工作中应用利弊比较的例子吗?

第 19 讲

不说废话，从"决胜点意识"开始

灾难中的自私行为应该遭到谴责吗？

我曾经点评过一场辩论赛，题目是"灾难中的自私行为应不应该遭到谴责"。什么是灾难中的自私行为？前面讲过定义的重要性，其实如何定义"自私"在这个语境里也很关键。

比如第一种情况就是损人利己，为了自己的利益去伤害他人的利益。如果现在船沉了，救生艇数量有限，我把一个人从救生艇上拽下来，自己上去，这确实属于灾难中的自私行为，应不应该谴责？

第二种情况是我没有主动伤害任何人，只是我也没有伸出援手。比如我在抢救生艇时看到一个人一瘸一拐，但我没有停下来拉他一把，怕会耽误自己的求生几率，那这算不算灾难中的自私行为？应不应该受到谴责？

以上两者的差别在于：一种是我为了自私的目的加害他人、损人利己；另一种是我为了自私的目的忽视他人、见死不救。这是否构成定性上的差别，以及构成是否应该受到谴责的差别呢？本节的重点不是讨论定义，所以姑且先跳过这个争议，把灾难中的自私行为理解为一切只考虑自己、不考虑他人利益和公共秩序的行为。也就同时包含了前面提到的两种情况。

下面来简单介绍一下这场比赛中双方的论点。

第一，反方（认为灾难中的自私行为不应该受到谴责）认为，趋利避害是人的一种本能反应，求生意志是不受理智控制的，所以不应该受到谴责。

其实，这跟2008年汶川地震中所谓的"范跑跑"（范美忠）的观点一致。范美忠是一个老师，地震发生时他在教室上课，地震一发生，他自己跑了，不但没有让学生先跑，没有组织学生逃生，甚至没有对着学生喊一句"快跑"就自己跑了。

范美忠说："我当时确实是出于本能反应。大地震猝然来临，当时头脑已经失控，失去了理智和履行责任的能力。因为我不是有意不喊，或有意不救，我当时确实已经

无法控制自己，从这个角度来讲，我不认为有什么后悔的。"(《一虎一席谈》，2008)

反方的第二个论点是，道德应该具有包容性和温度。灾难中有自私行为的人本质上也是灾难的受害者，他们当中的很多人在事后都感到非常愧疚，社会应该给予其理解和包容，比如要提供心理援助而不是道德谴责。唯有这样，这些幸存者才能感知到道德的召唤，道德才能真正地发挥作用。也就是说，我们应该注重道德教育，而不是谴责。

而正方认为，第一，灾难中的自私行为应该受到谴责，因为这种行为往往会加重灾难的伤害，它在最大化个人利益而不是最大化集体利益的选择。在空难中，如果每个人都可以遵守逃生秩序，就能有更多的甚至是全部的人获救，如果大家不顾公共秩序而是拥挤推搡，反而会造成更多的伤亡。例如2019年一架俄罗斯航空客机紧急迫降后起火，从现场的视频和对幸存者的采访中可以发现，有很多逃出来的乘客都手拿行李，这导致坐在后排的乘客没有足够的时间逃生，最终有41名乘客丧命。黄金撤离时间只有55秒，每拿一件行李可能都是在换别人的命。

第二，谴责是对不道德行为的必要回应。它为社会设立道德标杆，起到了强化、警示甚至是威慑作用。它让自私的人在遇到灾难时，出于道德压力而去做出符合道德标准和科学逃生流程的选择，也加强了所有人对于道德标准和正当程序的信任和遵守。

比如有个俄罗斯大哥拿着行李逃出来之后不但不愧疚，还叫嚣着为什么还没有人来给他退票。如果因为说"自私是人的本性"，人就可以在灾难中不择手段并且不承受任何道德谴责，那么，这些人就会占便宜，遵守道德和逃生秩序的人就会吃亏，那自然大家都不遵守秩序了，最后只能是"双输"的局面。遵守道德和程序不但可以在灾难事件中最大化所有人的生存概率，道德标准的一致性也能助益更长远的社会生活。

说到这里，不知你怎么认为，我认为双方都有道理。所以一场辩论赛的关键永远都不是"说出有道理的话"，而是"说出比对方更有道理的话"。都对，但是为什么更对？这是准备一场辩论赛是否到位了的关键，你是否知道今天你打算靠什么赢对方？你是否给了评审和观众一个应该判你胜出的理由呢？如果今天你是去竞标，你是否知道客户为什么选你而不是选你的竞争对手？是价格低？是质量好？如何证明给客户你的质量更好？

当然，人生不总是竞赛，不是在每个场景下都需要分个你输我赢。但是如何避免说的都是"正确的废话"？如何避免"听君一席话，如听一席话"？也就是说，如何确保自己的一段发言对于听众来说是有某种意义的、是值得听的？我说这句话的点在哪里？这也需要我们去思考，这其实也是一种决胜点意识，也是人们常会忽略的部分。

这一讲要谈的就是决胜点意识，即在建立一个立论或构思一段发言时，一定要反复思考我的目的是什么？如何达成我的目的？

辩论中的决胜点意识：对，但为什么更对

先举几个有关决胜点的例子。

如果我的目的是赢得一场辩论赛，那当我在准备论点和资料时，必须准备到什么程度才叫准备够了？我不能仅仅满足于我说出来的话是对的，还必须得有能盖得过对方的地方。

因为一个辩题之所以能成为一个辩题，正反两方一定都有一些道理，或者这个辩题中存在的争议甚至都已经成为了某种社会共识了。比如辩论赛开始时，主席常常会介绍一下辩题背景，《奇葩说》公布辩题时也会去街头做一

些采访，让路人发表一下观点。你会发现，常见的论点基本在这个环节就被提得差不多了。

那为什么还要辩论？不就是得把你一言我一语提出的散点用某种结构整合起来，组成完整的论证，通过正反方的冲突来服务于思辨这个目的吗？所谓真理越辩越明，就是通过不断地、尽全力地对论点进行质疑、交锋、比较，来帮助我们去伪存真、做决定、做出价值上的排序和取舍等。

所以，如果辩论是目的，我就需要想清楚针对对方最强的论点我该如何反驳，我方最弱的环节对方一定会攻击，那我要如何回应。我靠的是价值倡导取胜吗？如果是，那么最终我的价值倡导为什么是高于对方的价值倡导的？或者为什么我的价值倡导是当代社会更需要的？我是靠损益比取胜吗？如果是，在损益比上，我不能仅仅提出好处，我必须得想到一个方法比较我提出的好处和对方提出的弊害，以便让评审和观众相信是利大于弊的。前面讲过如何比较利弊，为什么要比较利弊？其实这就是决胜点的一种最常见的形式。

这种决胜点意识不但体现在备赛阶段，也体现在辩论的临场表现上。要知道，每个人在每个阶段的发言时间很短，最短的两三分钟，长的也不会超过五六分钟。我如何选择该说什么，不该说什么？其实做决定的标准就是，什么内容可以服务于我的决胜点我就应该说什么。如果某些内容不服务于我的决胜点，那它就是不相关的，它就是正确的废话。观众和评审可能会觉得这个人不在点上、没有大局观、说了半天没啥用，甚至是跑题了。

我们来举几个例子。

先说刚才那场有关灾难中的自私行为的辩论。经过几轮交锋，比赛就剩下了一个核心冲突，就是我们是应该更重视道德秩序还是更尊重人的本能反应？这是一个两难。哪方能够在这个问题上给出一个合理的比较，就是决胜点。

反方还是在重复观点，不断地说"这是人的本能，怎么能谴责呢，你我没经历过灾难，若你我真经历时也不见得能克服本能"。反方在反复呼吁我们作为一个普通人的共鸣，甚至有些法不责众的意思。

而正方却层层深入。首先，正方对于反方的核心观点都是有所回应的。比如反方说,因为趋利避害是人的本能，所以不应该谴责。正方说，有些人卖国求荣也是趋利避害的本能，有些人考试作弊也是趋利避害的本能，本能驱使我们做出了错的事情，难道就不应该受到谴责吗？我们都会谴责呀！因为人性中存在的贪婪永远都不是我们可以被贪婪主导的借口。也许灾难刚发生的一刹那我们会很慌，但也有研究表明那往往是短暂的，理智会很快恢复，一瞬间的慌乱或是冲动不是我们完全抛弃伦理和道德的借口。

再比如反方说，这些人本来也会内疚，所以不需要我们谴责。正方反驳说，为什么会内疚？恰恰是因为他的心中还有道德的准绳。为什么心中会有道德的准绳？恰恰是因为我们的道德标准是有一致性的。我们可以对个人进行安抚和关怀，但是对于他的自私行为，我们得谴责。只有一致的道德标准才能发挥道德对于社会的指导作用。

最后正方提供了一个观点，不但用一个价值体系把之前所有的论点串了起来，还提供了一个"为什么我方更对"的解释。他们说：用秩序去应对灾难才是人类智慧和发展的体现，而不是依赖于每个个体的求生本能。可能现代人奔跑的速度、肌肉的力量并不比过去的人要强，甚至会更弱，但是我们在灾难中的整体求生能力提高了，靠的是什么？靠的是演习、靠的是秩序、靠的是制订最有效的应对流程。正方还提出了数据证明为什么遵守秩序比依赖个体求生本能能够保护更多的人。

当然我并不认为正方的角度就是最对的、无懈可击的，但在这场比赛中，反方并没有反驳并破解对方的决胜点，当然我只能判正方取胜了。

但反方是不是完全找不到决胜点的角度？也不是。比如反方可以说，不谴责与教导人们遵守灾难中的秩序并不矛盾，我们还是可以推广秩序的。但是为什么不应该通过谴责的手段？因为非黑即白且不考虑人性的道德标准在如今的舆论场上已经具有主流地位了，我们断然不能再推波助澜。比如《泰坦尼克号》里的 Rose 应该先退婚再恋爱，凭什么收了彩礼还出轨；《小城之春》《廊桥遗梦》都是中年妇女想搞婚外恋，有啥好看的；教授讲课立场不坚定，学生举报老师很光荣，等等。无法理解人、世界、思想的复杂性，凡事把道德谴责当成最容易使用的武器，这种价值倡导不仅仅会影响灾难逃生的时刻，它对社会有更加宽广和深远的负面影响，它是思想和道德的蛀虫，本质上是匮乏、懒惰和暴力。

总之，你得想个办法去应对对方最强的点。再来看几个辩题，感受一下什么是决胜点。

比如，推特（Twitter）是否应该封禁特朗普账号？正方（支持封禁）比较普遍的论点是，特朗普用这个账号造成了很多社会危害，比如他组织了或促成了 2021 年 1 月 6 日他的支持者暴力闯入美国国会大厦的骚乱事件，平台禁掉账户是一种紧急反应，在这种公共事件中，平台自己也要承担责任。

而反方（不支持封禁）提出的最强的观点在于，平台是否拥有这种操控公共空间边界的权力？一个科技公司能不能为言论自由划定边界？这种行为逾越了法律的尺度、体现了执法的随意性、与法律精神的内核是相违背的。

公说公有理，婆说婆有理。这时我们必须思考的是我们支持的这一方为什么比对方更有道理？我不能不顾对方说什么，而应该对对方说："我听到了你说的，我承认有这样的顾虑，但是为什么在取舍中我觉得我的价值是更值得坚持的……"

比如，如果我是正方，我会强调法律监管的滞后性，当在法律未提出具体指导的新兴领域出现紧急公共危害时，我们必须允许紧急反应的出现，不能坐视不管。我们可以事后进行检讨，对下一次类似的事件做出规管和指导。这次事件本身的整个经过也会对检讨和制定新法律提供参考。在这个科技急速发展的时代，这种意识更加必要。我们并不是允许科技公司为所欲为，我们只是必须提供一个紧急反应的途径。

而如果我的这个价值想要成立，前提是"紧急公共危害"要能成立。因为紧急，所以等不了新法律的出现；因为公共危害，所以我必须做点什么才有正当性。所以，我必须要论证"特朗普使用推特确实造成了非常紧急的公共危害"。所以，我必须要准备这个层面的证据。比如特朗普在几月几日几时通过推特说了什么样的话，为什么这个话是在明示或暗示他的支持者暴力闯入国会大厦，并造成了人员伤亡。

再比如，如果我是反方，我会去强调为什么执法权及程序正义是不能够被牺牲的，为什么这挑战了法治的内核，为什么这是得不偿失的。就如同以暴制暴，哪怕在单一事件上，不守规矩的应对带来了一些蝇头小利，但破坏原则本身产生的弊害是更深远的，而这条底线是不能突破的。

说到这里，可见双方都意识明确地在攻占制胜点，那要怎么才能增加取胜的概率呢？

比如正方可以强调科技时代的特殊性和法律的滞后性，再举相关的案例。例如个性化算法、人工智能，元宇宙其实都是在法律对其还没有具体规管之前的创新，而此时创新与法律的关系更像是一种螺旋式前进。如果仅仅因为没有明确的法律规范，我们就什么都不做，这会造成多大的限制和弊害呢？正方还可以举出类比的例子，例如紧急避险，为什么我们可以在紧急状态下允许一个理性人尽最大的努力做出判断和处理？

当然，反方的突破口可以是法治的内核，可以是科技平台权力过大，等等。当使用价值突破口作为决胜点时，考验的是双方对事物的理解谁更深刻和更有渲染能力。

我们再来看另外的案例，之前在利弊比较那期提过的"美国全民禁枪""新加坡开放赌场"等，很明显这些辩题的取胜点大概率在于利弊比较，所以拼的是学术理论、数据和参考案例。

"美国全民禁枪"这一辩题的取胜关键就是，是有枪更安全还是没枪更安全呢？前面提过，有一个数据表明，每当有一个用枪正当防卫的案子，就会有更多误伤和谋杀的伤亡，所以是弊大于利的。但禁枪这个话题的复杂性在于，它没有特别有共识的数据和理论。如果双方找资料都足够尽力的话，很有可能这个辩题在理论、数据和参考案例方面也是"公说公有理，婆说婆有理"的。

那这种情况下要如何取胜？简单来说，推理打平我们就拼数据，数据打平我们就拼推理。这类似，有关婴儿安全岛的辩题：安全岛内的弃婴数量确实增加了，但是，是因为更多的孩子被抛弃了，还是仅仅因为聚集效应？比如以前被扔在野外的和其他城市的婴儿都聚集到了广州。针对这个数据各自都有解释，双方没有特别确切的共识，那这时我们可以提出一个逻辑上的、符合理性人推理的可能性，就是有些家长本来不敢扔孩子、不忍心扔孩子，但知道了有一个既不用负刑事责任、孩子又会得到良好照顾的方案，会不会放弃咬牙坚持而是选择把孩子扔了？我们不能否定有这种情况吧？

总之在辩论中，我们首先要想出最有可能的一两个决胜角度是什么，然后着重准备，提升在决胜点上的论证力度。比如，如果你需要靠价值取胜，那就要思考，有什么哲学家的理论或有感染力的事例可以用来增加说服力呢？对方最强的价值是什么？我该怎么反驳？有什么人可以去聊一聊、什么书可以读一读，以加深我对这件事的理解的层次呢？我是否可以找人来跟我练习价值层面的交锋，激发我想出更深层次的观点呢？

明确目的，达成目的

推而广之，看看在生活和工作中我们该如何应用这个决胜点思维。

假如我要作一段发言或呈现一个PPT（PowerPoint），我的决胜点是什么？也就是说我的目的是什么？如何衡量成功？我是为了说服他人做出某一个决定吗？还是为了分享我的某一个洞见为听众提供一些启发？还是要为客户创造价值？

要想言之有物，首先要想清楚目标是什么，然后再去设计要怎么做才能达成这个目标。如果我的目标是说服他人，那么，别人心中在乎的东西是什么？他们对我的质疑是什么？他们心中是否站着一个"我的对方辩友"，而这位对方辩友最大的疑虑是什么？

可以从两个角度解决这些疑虑：

第一，说这个疑虑不成立。

第二，说这个疑虑不重要。

比如我要说服大家选小张做经理。大家心里的疑虑可能是小张的销售能力不行。那我说服的第一个思路是，告诉大家小张的销售能力并没有不行，他的销售数据不好看是出于其他的原因，不代表他的销售能力差。第二个思路是说小张销售能力确实不行，但做经理需要的是其他的技巧，比如带领团队、激励人心的能力等。

如果我的目标是分享洞见、给予听众启发，那么我就需要想象我的听众是什么样的人，什么内容他们可能已经知道、什么内容对他们来说是新鲜的、有趣的。

如果我的目标是给客户带来价值，那么我必须先得想清楚客户需要什么、待解决的问题是什么，然后才能去想，我怎样才能帮他们解决问题、创造价值。我得遵循"以终为始"的原则，不能因为我有个锤子，我就看什么都是钉子，我得先看最终能够创造价值的是锤子还是改锥，如果是改锥，哪怕我没有改锥，我也得去找改锥。当我的发言围绕着客户真正需要解决的问题的时候，听众才会觉得言之有物。接下来，我要怎么说服客户相信我和我找来的改锥呢？因为我经验丰富？还是因为我的团队强大？还是因为我们灵活性高、学习能力强？决胜点是什么？我们必须得心里有数、着重准备、反复练习。

思考与应用

- "我们是否应该以暴制暴",作为正方或反方,你的决胜点是什么?
- "是否应该征收垃圾食品税",作为正方或反方,你的决胜点是什么?
- 如果按照决胜点的思路去构思你生活或工作中的一次发言或会议,你会怎么设计?

第 20 讲

论证观点,检视自己

短视频是当代人的精神毒药还是解药?

前面讲了定义、比较标准,以及一些框架性的思维,这一节来讲论点的论证。让我先用一个例子来展示论证的整体思路。

短视频是当代人的精神毒药还是解药?

先定义关键词:短视频、毒药、解药。

什么样的视频可以被归类为"短视频"?短视频具有什么特征?20分钟叫短吗?还是5分钟才叫短?1分钟甚至15秒是不是才是短视频的主流?如果短视频这么短,那它一定会附带一些不可避免的特征,比如信息的碎片化。

我们谈论短视频的特征是不是只看短视频本身？我认为不是。在当代，短视频之所以风靡并成为一种现象，它必不可少地绑定着短视频平台的盈利模式和推送机制。

比如平台如何评价一个视频的质量？完播率是一个很重要的指标；正因为完播率重要，所以短视频的制作者会倾向于制作更短的视频，因为越短大家越不容易丧失耐心；制作者还要每几秒钟就要戳一下观众的"high点"，怕观众离开。这些造成的影响就是复杂的，比如平淡的内容就不讨好，哪怕有智识上的价值。

定义短视频时，我们也可以考虑时代的背景和特征。比如当代人繁忙、精神压力大，生活在大城市的人通勤时间长，等等。也就是说，与其定义短视频本身，我们还可以把它按照一个社会现象去定义。把时代特征、平台的盈利模式、推送机制等因素考虑进去，我们才能真正地讨论短视频的本质和产生的影响是什么。

那什么叫精神解药或毒药？这些词第一眼看上去兴许很直接，感冒药是解药、敌敌畏是毒药。但经过了前面讨论的"比较标准""利大于弊"的内容，我们会知道事实其实更复杂一点。

有句古话叫"是药三分毒"，很多时候某一种药既有疗效又有毒性。所以按照前面介绍过的思路，我们也可以在这里引入比较标准：把解药定义为利大于弊的药，把毒药定义为弊大于利的药。我们必须要考虑当代人"有什么病"，才能判断短视频是解决了这些棘手的病症，还是造成了更严重的病症。

到这里，我们的立论已经讲完了定义和比较标准，铺垫都已做好，下面要进入正文了，也就是具体论点和论证。

假设我是反方，我要论证短视频是当代人的精神毒药，那么我会说，短视频既不能解决当代人的精神疾病，还会造成新的问题，弊大于利，所以它是毒药。论点有三：

第一，短视频诱使我们长时间观看，它会消磨人的意志和自律能力，让人失去对生活的掌控，变得更痛苦了；第二，短视频让我们习惯接受碎片化的信息，这会降低我们的认知能力；第三，当代人的精神问题的根源是社会结构性原因，短视频只能短暂地麻痹，并不能解决任何问题。

那么，具体该如何论证这三个论点，让这些论点支持我的辩论立场呢？

如何论证论点？

第一个论点：短视频诱使我们长时间观看，消磨了人的意志和自律能力，让人失去对生活的掌控，变得更痛苦了。

要论证这个论点有几要素：

首先，这个论点必须要能支持我想要论证的最终结论。所以这个论点的环节特别多。

我的论点最开始停在了"让人失去对生活的掌控"，但后来又加了一个环节"变得更痛苦了"，为什么？因为我担心并不是每个人都觉得失去对生活的掌控是个问题，毕竟我们要论证的最终结论是短视频是一种精神毒药。万一失去对生活的掌控其实是治病的关键呢？就像有人说，不要什么都抓得那么紧，万一放轻松才是幸福的关键呢？因此为了加强我的论证，我必须还要多论证一个环节，就是人并不会因为这种沉迷感到幸福，而是会感到痛苦。

所以，我的整条论证线大概是这样的：

第一步，我必须要论证短视频为什么消磨了人的意志和自律能力、让人失去对生活的掌控。

第二步，我必须要论证为什么人失去了对生活的掌控会感到痛苦而不是开心。

这里需要强调的是，新手常常会犯一个错误，就是整条逻辑链或论证链并不完整，没有办法论证自己最终的立场。

先看第一步，在此我需要提出数据、辅以事例来解释背后的机制。从数据上看，根据 CNNIC（中国互联网络信息中心）第 48 次中国互联网报告，截止到 2021 年 6 月，我国短视频用户规模为 8.88 亿，占网民整体的 87.8%。53.5% 的短视频用户每天都会看短视频节目，短视频应用的人均单日使用时长为 125 分钟。天啊，每个人每天平均两个小时还多！这还是平均值，也就是说，有一个像我这样每天看 1 个小时的，就会有一个每天都看 3 个小时的。

我能找到的数据就是这些，显示短视频的用户数量庞大，以及每天在短视频上面花费的时间非常长。我能停在这吗？不能。因为我不仅要论证短视频消耗时间，我还要论证它让人失去对生活的掌控，也就是说，你花费了你本来没打算花费那么多的时间。

这个部分有可能被数据论证吗？有可能。比如可能有一个大规模的民意调查问短视频用户：你实际在短视频上花费的时间远远高于你的计划吗？你是不是不知不觉就在上面消耗了几个小时呢？但我并没有找到这样的数据，也许是没人做过这个问卷调查，也许是我没找到，所以我得用其他方法论证。我可以用实例勾起大家的理解和共鸣，再解释平台推荐机制的邪恶。这三点像一个组合拳，组在一起可以增加论证的强度。

什么是实例？比如说我自己，本来是想利用上厕所的5分钟刷两个短视频，不想额外浪费时间，结果在厕所里待了30分钟还没出来；本来11点躺在床上，想要"轻松10分钟"就睡觉，结果再注意到时间已经凌晨1点了。这些经历听上去就挺符合我们的生命体验的。

有时我们看到记者或者调查人员在街头采访，或是进行小组访谈（focus group）都是与之类似的逻辑，虽然数量上不能穷尽甚至非常有限，但这有利于我们了解相关人士的想法、经验和观点。这是质性研究的一种方法。

为什么说这种论证方式是一种组合拳呢？如果只有几个个例，那论证强度是很弱的。所以我们还要试图通过现象分析背后的机理。机理是什么？就是平台的推送机制，就是靠让人不知不觉花费大量时间而去盈利的机制，平台有意愿、有能力诱使我们浪费时间。

这种能力体现在哪里？算法是很厉害的，它会根据用户行为和个人信息，比如点击率、观看类别、停留时长、所在地、购物历史等因素，经过模型计算，为用户打造一套个性化的推荐系统，让人欲罢不能。

意愿呢？如果你看过短视频公司的招商PPT，上面写的都是自己平台的日活跃用户数、月活跃用户数、平均停留时长、消费转化率等数据。这个时代，注意力就是钱，要想通过广告卖东西，就得先吸引用户的注意力看到广告，那平台就要加长你的观看时间，这样更多的广告才能被看到。2022年1月的报道显示字节跳动每日收入10.07亿元人民币，其中绝大多数都是广告收入，占77%。

我们想一下，对方辩友一定会说，适当地观看短视频是有益的，可以放松身心、增广见闻等。所以我们的组合拳该怎么发力呢？

其一，人均每天的观看时间已经超过了2个小时，听上去不是特别地"适当"；其二，配上一些事例，如某某接受采访说自己本来就是想利用一下碎片时间看看，结果不知不觉刷了两三个小时；其三，这是个例吗？不是个例。平台的巨额盈利靠的就是人长时间地观看，而算法甚至比我们更了解自己，从而诱使我们不断地刷下去。所以它消磨了人的自律能力和意志、让人失去对生活的掌控。此为第一步论证。

第二步论证，为什么这让人痛苦而不是开心？

我们还是可以从一些个例开始。《中国青年报》采访了一些年轻人，"刷短视频是夏晚缓解情绪的一种方式，有时一刷就是一整天，经常对着同一个短视频平台'刷到想吐'，到了第二天依旧忍不住打开继续刷。从最初的新奇、好玩，到现在感觉自己更寂寞，甚至厌恶每段十来秒的视频内容，夏晚觉得自己并不开心，但只能找到这种无聊的方式来缓解自己更无聊的生活。"再比如，"莎莎说，时间消耗了，但笑过、炫过之后并没什么收获，反而自己'拔不出来'。"

我们大概了解了这种心态的是什么样的，我们还必须论证这种心态的普遍性，也是通过背后的机理来论证。比如说，人只有在做自己打心底觉得有意义的事情之后才会感觉充实且快乐。短暂地放松没有问题，但如果是长期大量的时间浪费在自己都知道没有价值的事情上，我们不会感到快乐，这是很常见的人性。

为了增强我的论证，我最好还要去论证为什么短视频是没有意义的东西。因为对方肯定也会说，短视频中有很多教育性和增广见闻类的内容。我们不妨再引用数据：抖音排名前三的内容分类是美女帅哥、美食、音乐；快手排名前三的内容分类是美女帅哥、游戏、幽默搞笑。这听上去确实不是每天看2个小时，甚至有时刷上一整天还会让人感到有意义的东西。

再说了，我们焦虑的一大来源就是未完成的任务，比如截稿日期快到了但我还在拖延。短视频只会给我更多拖延的方式，最终我会因为剩下的时间更少、没有时间高质量地完成任务甚至错过"死线（deadline）"而感到更加痛苦。

英文里面有一句话叫"The best way to destress is to get work done"，最好的减压方式是完成要做的事。短视频消耗了大量的、超过预计的时间让我们更难完成要做的事情，所以它不利于减压，反而会让我们更痛苦。

以上，我使用了例子、数据、解释机制三种论证方式。这里的解释机制论证更多的是诉诸普通人的经验法则，还可以诉诸专家意见、科学研究等。

接下来，第二个论点是，短视频让我们习惯接受碎片化的信息，这会降低我们的认知能力。这里我们可以使用一些与前面类似的论证方法，比如用数据佐证。

刚才的一个数据是，短视频应用的人均单日使用时长为125分钟，这个时间不但比观看长视频的单日使用时长要长，而且它们之间的差距还呈增加趋势，所以这个数据可以佐证我的观点或假设：当人越来越习惯短平快、高刺激的短视频后，会越来越不适应更长、更平淡的内容，比如更有深度的长视频、更具系统性的大部头的书，因为我们的耐心降低了，注意力能够集中的时间变短了。

我们还可以解释背后的机制。比如认知能力需要深度、系统性，需要主动地进行复杂的思考，被动接受短平快的感官刺激并不服务于认知，还会让脑子越来越懒。

再比如，短视频的内容具有大众性，所以能够坚持下来的内容生产者大多数都是生产大众内容的，这也是为什么我们看到的大多数内容都是帅哥美女、幽默搞笑。我国网民本科及以上的学历不到10%（CINNC第46次《中国互联网络发展状况统计报告》统计），8.88亿短视频用户的最大公约数不利于我们进行深度、复杂的思考。

再者，推送机制会加强回声室效应，意见相近的声音以夸张的形式不断被重复，令处于回声室中的大多数人认为这些扭曲的故事就是事实的全部，这会让我们变得更加极端，也不利于提升我们的认知能力。

在这个论点中，我们还可以引用科学理论。比如我在知网上搜索"碎片化""认知"的相关文章，搜到一篇论文叫《大学生碎片化学习注意力影响因素的实证研究》。里面写道,"相关研究表明,注意力与学生的学习能力、学习表现、学习效果呈现正相关关系,《碎片化学习中的认知障碍问题研究》中的调查研究显示,有52.1%的大学生会出现注意力涣散现象,30.9%持中立态度,只有17%认为在碎片化学习中不存在这个问题"。

也就是说,这个研究能从两方面帮助我论证:第一,把注意力与学习能力(也就是认知能力的一个很重要的部分)建立了联系;第二,证明了碎片化学习大概率会影响注意力。

再来到第三个论点,当代人的精神问题的根源原因是社会结构性原因,短视频只能短暂地麻痹,并不能解决任何问题。

当代人为什么焦虑?因为生活成本太高、因为内卷、因为上升渠道更加封闭、因为优质教育和医疗资源的稀缺,等等。短视频能够帮助我们解决这些问题吗?不能。你看了帅哥美女的视频就不会被人外貌歧视了吗?你看了幽默搞笑的视频领导就对你笑脸相迎了吗?不能。它能让我们永远地忘记这些问题,处在快乐中吗?也不能。

短视频就像毒品,吸食时一时麻痹,药劲过了一阵空虚，下次我需要更大的剂量，可效果会越来越差，但是我又已经离不开它，我已经丧失了用其他方式寻找快乐的能力。

注意，这里我使用了类比论证，用毒品类比短视频。类比论证的逻辑是：短视频有 AB 特征，毒品也有 AB 特征；毒品有 C 特征，那大概率短视频也有 C 特征。短视频和毒品都不解决问题，又会让人短暂享受多巴胺带来的快感；毒品是坏的东西，让人上瘾和沉沦，所以短视频大概率也是坏的东西，让人上瘾和沉沦。

论证的三个部分：逻辑、事实、价值

以上大致已经用这个辩题展示了大多数常用的论证方式，下面来进行总结。

论证分三个部分，分别是逻辑、事实和价值。

当然，这是我稍作归纳后的版本，在逻辑学上，一个可靠的论证在逻辑上必须是有效的且前提要是真的。前提分成两种，一种叫非规范性判断，也就是事实判断；一种叫规范性判断，也就是价值判断，比如审美的、法律的、审慎的、道德的。

举个之前讲三段论时出现过的例子：

大前提：人活着是好事。

小前提：我的伴侣是人。

结论：我的伴侣活着是好事。

这个三段论是有效的，代表它的逻辑结构是对的，没有中项不周延，没有出现第四项等逻辑问题。下一步要做的，就是去论证大前提和小前提都是真实的。

小前提，我的伴侣是人，这可以被看作一个事实判断。首先，在这个语境下没人会去质疑这一点，如果真要研究论证方法的话，我们也可以讨论一下这个小前提要如何论证，比如可以引经据典，说科学家怎么定义人、哲学家怎么定义人，或者在经验法则中社会怎么定义人，以及为什么我的伴侣符合这些定义的特征。

大前提，人活着是好事，这可以被看作一个价值判断，也就是对利己事物的一个判断。

前面提到辩论中有一类叫价值辩论，为什么叫价值辩论？因为你会发现，逻辑是统一的，有绝对的对错。事实性判断有很多是由科学家、历史学家、地理学家等去研究的，哪怕有些事情对于人类来说还是未知，但是事实就是事实，它不以人的意志为转移。而剩下给我们辩论的是什么？是价值性判断，是我们如何看待这个世界，它没有绝对的、带有共识的答案，所以辩论常常发生在价值性判断里。

归纳论证与常见的论证方法

在逻辑学里，论证被分为演绎论证和归纳论证。

演绎论证是保真的，也就是100%正确的，结论中不包含超过前提中没有的信息。归纳论证是不保真的，是或然性推理，其结论中的信息超过了前提中的信息，它可能对，也可能不对，所以看的是论证强度如何。比如，因为我见过的、听说过的人都有偏见，所以每一个人都有偏见。由于前提并没有穷尽地考察全部的人，而结论中却涉及到了所有的人，所以结论所断定的超出了前提。

在逻辑学中，归纳论证有一些常见的方法，比如简单枚举法（包含科学归纳法）、排除归纳法、类比推理法、统计归纳法。

下面让我用同一个论证——"人活着是好事"——来展示这些方法。

1. 简单枚举法（包含科学归纳法）：

我妈说活着是好事；我老师说活着是好事；我朋友说

活着是好事；我崇拜的偶像也说活着是好事，所以人活着是好事。这是简单枚举法。

如果我接着说，研究表明有人求生的本能，趋利避害也是人的本能，所以对人来说，活着就是好事。这就是科学归纳法，它的核心在于观察加科学研究，来解释内在的机理。

比如人类观察了大量的向日葵，发现它们总朝着太阳，然后我们就去研究，这是为什么？它们有什么样的联系？最后发现向日葵的茎部有一种植物生长素，它既可以刺激生长又有背光的特性，这个就是原因。

当然科学也在不断修正和进步，有些事情人类目前也没有足够的信息，以及能达成共识，比如之前提到的，死刑有没有威慑力？婴儿安全岛会不会增加弃婴的数量？所以说我们不但要查资料，也要了解科学结论背后的逻辑和在当下的可信度。

2. 排除归纳法：

排除归纳法其实就是寻找因果关系的分析方法。有两个简化的版本，一个叫求同法，另一个叫求异法。

（1）求同法：我妈每天怡然自得，我家楼下的乞丐也乐乐呵呵，新闻上的大富豪也挺开心，他们之间的共性是什么？是他们都活着。活着就能有办法找到让自己愉悦的方式,所以人活着是好事。

（2）求异法:某个人在生命的不同阶段都遇到了各种各样的逆境,亲人重病、没钱给孩子付学费、在外受欺负,这些都没有打垮他,唯独后来他自己生病要离开这个世界时,他怕了,他觉得自己死了就什么都没了,所以这样看来,人活着是好事。

3. 类比推理法:

假设有一个游戏可以让你体验喜怒哀乐、让你拥有亲密无间的人和无限的可能性,我们一定会觉得这是个好游戏。生命其实就和这个游戏一样,所以人活着是好事。

4. 统计归纳法:

假设我们做一个调查研究,分别询问活着的人和濒死的人他们的幸福感指数,发现前者比后者的幸福感高30%,所以人活着是好事。

以上的举例稍有些生搬硬套,但能从对同一个例子的应用看出不同论证方法的区别。再次强调,归纳论证不保真,但这样的论证和辩论是有意义的。世界上本来就有许多事实上的未知和价值上的空间,它们可以被证实也可以被证伪,可以用来增强论证也可以削弱论证,这本来就是人类求真向善的过程。

论证观点，检视自己

最后总结一下。首先，一个结论如果没有辅以论证或是证据，只能被称为一个断言。比如，"我觉得正常人都无法接受这件事"，这就没有论证，也没有给出理由。另外，事实和观点是有区别的。比如，我们班的同学曾经问教性别心理学这门课的教授"性取向是先天的还是后天的"，教授说："这个事情科学界没有共识，我的'观点（opinion）'是这样的……"她会这么强调"观点"这一概念，也令我耳目一新。

然而没有数据或者科学结论支持的观点有价值吗？肯定是有的。只是我们要意识到，观点不等于真理，前者是时时要被检验的。所以说，为什么要论证我们的观点？因为在论证的过程中，我们可以检视自己是否有充足的理由相信这个观点，在呈现出理由后，也更方便别人来理解和检视这些支持观点的理由是否充足。

思考与应用

- 如果你要论证"短视频能让人放松心情",你会用哪些方法?
- 如果你要论证"每一个人都有偏见",你会用哪些方法?
- 如果现在有一个假设是"《奇葩说》节目在上午录制会影响詹青云的表现",你会如何用求同法和求异法来检验这个假设呢?

第 21 讲

论证强度与论证责任

有人说你吃了两碗粉，你就要拉开肚子证明吗？

先来总结和梳理一下上一讲关于论证的内容，再过渡到本讲的重点——论证强度和论证责任。

演绎论证：前提真实，逻辑有效，结果必然

前面提到，从逻辑学上来讲，论证分演绎论证和归纳论证。关于演绎论证的严格定义，其实是有一点争议的。但没有争议的部分是，演绎论证是一种逻辑推演，只要前提是真的，逻辑是有效的，结论就是 100% 正确的。也就是说，结论中的信息并没有包含超过前提中的信息，只是把人类的已知变换了一种形式。

比如，已知三班的班主任是潘老师，已知阿庞是三班的，所以可以通过演绎论证推出，阿庞的班主任是潘老师。再比如，我们做的很多数学题就是把不证自明的公理作为前提，通过有效的数学逻辑，推演出100%正确的结论。

还有科学里面"大胆假设，小心求证"的"假设—演绎"模型。比如我们想要推翻亚里士多德提出并存在了一千多年的"物体下落速度和重量成正比"这一理论，我们（其实是伽利略）认为物体下落速度和重量无关。在这件事情被证明之前，这是我们的假设；那要怎么证明，怎么设计实验呢？

如果正如我们所假设的物体下落速度和重量无关的话，那么演绎的推论是：两个重量不同的铁球从高处落下也会同时着地。所以，我们可以站在比萨斜塔上做一个实验，如果这两个铁球真的同时着地了，那就证明了我们的假设。

其中哪个部分是演绎论证？如果物体下落速度和重量真的无关，那么两个重量不同的铁球应该同时着地；也就是说，如果物体下落速度和重量真的无关，那么铁球和羽毛在真空中也应该同时着地。这两个逻辑运用的就是演绎论证。

简单来说，只要经过一定的逻辑训练，把逻辑捋顺并考虑周全，演绎论证几乎是没有争议的，演绎推理是一种必然性的推理。

归纳论证：结论超越前提，缺乏绝对有效性

归纳论证有所不同，其争议就很多了。

本质上来说，归纳论证是从人类的经验出发，推论出超越已知信息的结论。比如"人性本善""所有人都有认知上的盲点""寒门再难出贵子"这类的结论。因为我们无法观测到每一个人，也无法保证没有例外，所以它的结论是超越前提的、跨越的。

上节介绍了归纳论证的 4 种方法，我们摆事实、举数据、讲机理、举例子、引用权威理论，其实都是服务于这些方法的应用。其中，简单枚举法仅仅适用于范围较小的结论，较少会被用在复杂的问题上。类比推理法和统计归纳法都相对容易理解。科学归纳法的核心就是观察配以科学研究，用科学原理和知识弄清事物背后的联系。而排除归纳法其实也就是"简化版"的找因果关系。本书第一节中"相关不等于因果"的内容则是更复杂版本的找因果关

系，涉及到统计学、回归分析等，相比之下，排除归纳法是相对简单的和生活化的。

另外，完整来讲，排除归纳法一共有"穆勒五法"：除了上节介绍的"求同法"和"求异法"之外，还有"求同求异并用法""共变法"和"剩余法"。

前面讲过一个辩题叫"艺人一半的钱是因为挨骂挣来的，对不对"。正方（认为对）说："艺人提供的是情绪劳动，让观众和粉丝可以自由地发表负面评论获得情绪自由，艺人提供服务然后挣钱，这不是挺合情合理的吗？"反方（认为不对）说："照您方这个提供情绪劳动的假设可以推论出，挨骂越多的艺人挣钱越多，因为劳动越多劳动所得越多。可是现实中并不是这样啊，现实中挨骂的不挣钱，不挨骂的挣钱，所以您方的假设不对。"正方又说："您方说得不对，我方的观察就是挨骂越多的艺人挣钱越多！"

双方到底要怎么争这个点？到底挨骂越多的艺人是挣钱越多还是越少？下面，归纳论证要登场了。

假设有一个研究可以用数据分析抓取网络上对艺人的负面评价的数量，加上艺人收入的相关数据，我们对两者就可以进行一个回归分析。由此不但能看出负面评价和艺人收入是正相关、负相关还是没有显著关系，甚至还有可能发现每单位时间内多被骂一万条就能给艺人带来多少的额外收入。

首先，没有这样的研究，不知谁会提供经费做这个研究。而且有些参数无法被直接衡量，可能需要很多替代。总之，即便能做，这个研究也会有很多有限性，结论也不具有绝对的说服力和可参考性。所以,回到这场辩论现场，双方都试图用一些比较简化的逻辑方法来争论"挨骂和挣钱"背后的因果关系，这也是"穆勒五法"在日常生活中的应用。

反方质疑说："您方可以没有具体的数据，但您方哪怕举几个例子也得给我们论证一个大致的方向吧？比如在其他条件差不多的情况下，被骂得越多的艺人赚钱越多，被骂得越少的艺人赚钱越少。"这里用到的就是"共变法"，如果两件事有因果关系，那么前因越强，后果就也越强。

反方还做了一个新的因果论证：艺人靠专业性赚钱。他们说："被骂得多的艺人，商演并不会请他们。反而那些没有那么红、没有人骂，却具有专业能力的艺人会被邀请去参加商演和综艺节目，因为就算场下的观众不认识他们，他们也可以靠自己专业的娱乐能力把场子炒热。"这就是"求同求异并用法"。"同"在哪里？被邀请的艺人的共性是专业能力强。"异"在哪里？没有专业能力的，就不会被邀请。

论证强度：标准不统一，视损益比而定

说到这里，可以进行一个小结。我们反复强调，这些论证都不保真，只是会对论证的强度产生影响。如果论证一个因果关系时能套用所有的穆勒五法，它的论证强度就比只套用求同法要强。如果是用统计归纳法，那么样本越大，论证强度就越高。

但这可能会产生一个疑惑，到底论证到什么强度才是足够的？上节在讨论"短视频是精神解药还是毒药"时讲了论证的组合拳，那这个组合拳的强度是足够的吗？

这个问题的答案是，第一，论证强度的标准不是统一的，因领域、因情况而异。当然，有一些统一的原则是不能违背的，比如不能自相矛盾、不能犯逻辑演绎的错误等。简单来讲，就是不能犯在本书第一章"破"中讲到的谬误和那些更基本的逻辑错误、常识错误、事实错误等。在这个前提下，再来看论证强度是否达标。而这个标准会因领域、因情况而异。

举几个例子。

首先,辩论赛的评审常常会说:"今天两方打得都不好,都没什么说服力。最后,在纠结之下,由于某种原因,我投正方赢。"因此辩论赛中判赢的标准就是其论证强度要比对方强。

比如在辩论"死刑有没有威慑力"这一题中,两方都举出了数据,一边说有,一边说没有。我们就可以看哪一方数据的样本更有代表性。比如,时间上越近的越有代表性;如果是其他地区的数据,那么文化上、其他政策上、社会情况等方面,哪一方的数据更接近我们要讨论的地区呢?

再看样本方面,谁是数据中被研究的对象?仅仅是监狱中的重刑犯还是所有的犯人?还是包括了监狱外没有犯罪的平民?如果死刑仅对重刑犯适用,带入其他的样本会不会稀释了死刑的威慑力的数据?总之,辩论赛中论证强度的决定性标准是:比对方更强就可以赢辩论赛。

如果是当下政府要制定一个重大的政策,那么所需的论证强度是要更高的。如果不存在高质量的数据,我们甚至应该去做一个新的研究或者从一个试点开始。

这就带出了第二个结论:论证强度的标准不是统一的,

因具体情况下的损益比而定。

如果是重大政策的制定，例如死刑的存废、计划生育政策、性交易能被合法化，它对论证强度的要求是非常高的，因为一旦做错，后果严重，甚至带来不可逆的伤害，所以更应该谨慎。如果考虑的是"要不要领导亲自去慰问低保户？""慰问会不会给低保户带来足够显著的心理受益？"这类问题，这个论证强度相比之下不需要那么高，我们也不需要做一个重大的研究，因为其产生严重后果的风险相对比较小。

与重大政策的制定相对的是创业公司所讲究的快速试错。"这个商机够不够好？"这一问题的论证强度的标准是更低的，只有试试才知道，并且风险与回报并存。如果因为根据当下掌握的信息还无法做出强有力的论证和预测，我们就什么都不做的话，那就几乎什么也做不了了。更何况试错本身能带来更多的数据和证据，为未来的决定提供更多、更好的参考。

下面再举一个法律的例子，这也是一个标准因损益比而异的证明。

在刑事诉讼中，对于论证一个人有罪的论证强度的要求是非常高的，因为其后果是剥夺一个人的自由、财产甚至是生命权利。刑事定罪的标准是排除一切合理的怀疑。比如今天有个人被谋杀了，他身边放着一把沾着血的刀，上面有阿庞的指纹；且根据伤口的力道分析，大概是一个1米55到1米65的人行的凶；且在推算的死亡时间段阿庞没有不在场证据，她说她下午在家里睡觉，但是没人能证明；且死者刚刚在辩论赛上赢了阿庞，还嘲讽阿庞，获得了满堂彩。坦白讲，这一切都挺巧合的。

但是，只要存在哪怕一种合理的解释说明阿庞不是凶手，并且这种解释不能被证伪，就不能判阿庞杀了人，疑点利益归于被告。

但民事诉讼对于论证强度的要求就低很多。有点像辩论赛，原告、被告各执一词，标准是谁更可信谁就赢。哪怕双方的故事都不完全可信，都存在合理的疑点，但是这没有那么重要，谁更可信谁赢。因为民诉的本质仅仅是解决私人之间就生活关系或金钱关系的争议或纠纷，判罚的后果比刑诉轻很多。所以刑诉和民诉对论证强度要求的不同也可以用"标准定在这的损益比"来解释。

还可以讲一个科学研究的例子。其实，科学研究的结论很多时候也都不是真理，科学是可被证伪的，而且这个研究结论的适用范围也会影响其论证强度的标准。

一个新药要想获药监局批准要经过非常多的实验和论证，比如以传统的小分子化学药物为例，新药研发从无到有要历经药物发现、临床前研究和临床试验这"三部曲"，最后才能进入医药市场，这整个过程大概需要26亿美元的投入和12到18年的时间。（中国科学院上海药物研究所，2020）。

但新冠疫苗因为需求的紧急性和严重性，世卫组织批准人们"紧急使用"，所以我们在未深入全面地了解疫苗有可能带来的副作用之前就打了疫苗，这也是损益比决定对论证强度的要求的例子。

在土木工程造房子中也能找到类似的例子，其中展现了科学或者统计学中的一个思路，叫作"信心值"。如果要在某个地方造一个新房子，这个房子应该按照几级的抗震级别去设计？这是一个统计学问题，根据我们所有的此地过往的地震数据，包括地震频率和强度，通过统计学方法推测出，在这个房子的设计年龄（比如70年）当中，不会有超过某级（比如8级）的地震发生，所以，这个地区建房子的标准就是8级抗震。

然而这其实是一个归纳法，通过对过去的归纳预测未来，其结论是不能保真的。所以论证强度要到什么程度才能指导这个生命攸关的事情？这是一个概率问题，我们永远不可能拥有100%准确和完善的信息，概率分布图两端的长尾是无限接近0但不为0的。

但是，根据事情的后果，或者说成本与收益的损益比，我们可以调整论证强度的标准，也就是信心值的区间。95%的信心值就代表，我有95%的信心认为这个地方在未来70年之内不会发生8级以上的地震。在有些事情上我们可以把标准定低一些，在有些事情上可以调高一些，比如，我有99%的信心这个地方在未来100年之内不会发生8级以上的地震。

小概率事件还是有可能会发生，但我们不能把所有房子都建成防空洞，各个领域有各自的标准来规定对于论证强度的要求。

说到这里，你应该已经能接受这个思路了。关于论证强度，下面最后一个例子是网络舆论。

我关注到近期网络上有两个事件，一个是寻亲男孩刘学州找到亲生父母后，他的亲生父母说刘学州多次要求他们为其购房，还威胁他们分别离婚。事情被曝出后，刘学州遭到网暴，最终自杀身亡。另一个事件是河南郑州

"7·20"特大暴雨，中国国务院灾难调查组的调查报告中写道，郑州市因灾死亡失踪380人，其中在不同阶段瞒报139人，"地铁5号线亡人事件"中有14人死亡，京广快速路北隧道查实6人死亡。

事件刚发生时，有些网友发微博说，地铁5号线里面被困的人都救出来了；还有网友说在地铁外悼念亲人的是有组织的攻击行为，因为摆花不符合中国人的悼念习惯。在地铁口等孩子的受害者家属也被网友攻击，说他不是受害者家属，是别有用心的攻击行为等。

刘学州的父母说的话有没有可能是真的？有可能。有没有可能不是真的？也有可能。那些等待亲属、祭奠亲属的市民有没有可能是假扮的？有可能。他们有没有可能并没有别有用心？有可能。这些都有可能，只是要看可能性有多大，需要论证罢了。

难道今天但凡有个人跳出来说"你吃了两碗粉"，咱们就有这个责任横拉肚子让人看看肚子里到底是一碗粉还是两碗粉？难道"泼脏水的"说啥是啥，都不给人机会澄清和反驳了吗？

比例原则：论证强度与对应行为成比例

这里就要引出这一讲最后两个内容点：

第一，我们能因多大的可能性做什么样的事？

第二，举证责任在谁？

如果我们去警察局报案或者要对某人提起诉讼，都必须要有初步的举证才会被接受。不是说我喊一句"今天我室友怪怪的，她平时没有戴墨镜的习惯，但是她今天跟我说话时也戴着墨镜，我觉得她一定杀人放火了"就能立案的。

多大的论证强度能立案、什么程度能申请搜查令、什么程度能传唤、什么程度能拘留，这都是有严格规定的。比如，如果涉嫌治安违法和刑事犯罪，一次传唤和拘传的时间最多都不超过24小时，且都不得将人带出所在县、市。这些时间是用来搜集更强的证据和反驳现有的证据的。

可见，论证一个人做了坏事的论证强度和我们能够接受的处理和待遇是有比例原则的，不是一旦有人提出了捕风捉影的质疑，我们就可以和应该把那个人当成罪人对待。什么是网暴？这就相当于滥用私刑。再者，如果有疑点，下一步应该是调查取证，不能从有疑点直接跳到网暴他人；什么样的证据能足够定罪？其中有极高的专业性，不是可以被"微博判案"替代的。

推定利益与举证责任

再来看第二点，举证责任。首先我们来看看什么叫"无罪推定"：

1. 除非在诉讼程序中依法受到审讯，任何人不得被判定有罪或被正式宣告为有罪；
2. 除非依法证明一个人有罪，否则不得对其施加刑事处罚或其他相当的制裁；
3. 不得要求任何人证明其无罪；
4. 在存疑的情况下，最终判决应当对被告人有利。

简单来说，你不能假定我是有罪的，直到你证明我并非无辜。这里出现了一个词叫"推定（presumption）"，或称"推定利益""预先假定"。前面在讲奥瑞冈赛制时提过这个词，意思是：一般来说，正方是推动政策改变方，如果正方足够强，那么正方赢；如果正反方打到平手，反方赢，因为维持现状享有推定利益。

所以推定的意思是在有更新的观点被足够强地论证出来之前，我们相信默认的观点。或者说除非有推翻它的证据，不然我们就将其当作成立的假设。常见的推定有公理、常识、无罪推定，等等。比如我们现在的常识认为，地球围着太阳转，如果你不能成功论证是太阳围着地球转，常识就是我们的推定。

推定配套的词叫作举证责任。举证责任有四条原则：

第一，谁主张，谁举证。证据不足时，负有举证责任的一方要承担不利后果，法庭中一般也都是这个原则。

举个例子，我说阿詹打伤了我，谁主张，谁举证，现在举证责任在我，推定利益在她。如果双方都说尽了，但待证事实仍然处于真伪不明的状态，则负有举证责任的一方败诉，也就是说，我会败诉。

第二，如果一方的初步举证达到了民事诉讼证明标准，那么举证责任就转移给了对方。一般来说，这个民事诉讼证明标准是，一方说的这个故事至少有超过50%的概率是真的。那当举证责任转移给对方后，如果对方不能提交充分证据反证，他就要承担不利后果，也就是败诉。

第三，有些情况下有举证责任倒置，比如医疗侵权诉讼。假设发生了一起医疗事故，我将医院告上法庭，医院必须要举证这个医疗事故并不是由医院的失职造成的。如果医院不能成功举证，就是我胜诉。

举证责任倒置并不再遵循"谁主张，谁举证"原则，而是由医院承担举证责任。也就是说，不由原告承担，而是由被告承担。这么做的原因是，在一些特殊的侵权诉讼中，确定过错和侵权构成的重要证据往往由被告方掌握着，原告方获得这些证据有一定困难，因而由被告方对某些特定事实承担举证责任有利于查明真相，正确判案，也能更好地体现公平与公正。

第四，证有不证无。"无"指的是消极事实，也就是不存在的事实。它本身无法被直接证明，有时可以被间接证明，总之，其证明的难度要大大高于积极事实。所以通常论证责任应该分给主张积极事实的一方，否则就是强人所难。

比如，你说你还钱了，我说你没还钱。那么合理的举证是你作为还钱一方提供转账记录。否则，我提供我所有账户的流水也没看到你的钱进来；你也可以说你是给的现金，那就口说无凭了。再比如，你说我委托了你帮我开公司，我说我并没有委托，那么论证责任应该在你，不然我该如何穷举论证呢？

说到这里你应该意识到了，举证责任的分配在需要判输赢的场合很重要，比如辩论赛或者法庭。在不需要判胜负的场合，如果证据不足，我们可以说不知道。在不重要的交锋点上，哪怕是辩论赛和法庭，我们也可以说不知道，因为这个东西跟整体胜负无关。在影响整体胜负的关键点上，谁有举证责任、谁享受推定，就变得至关重要了。

这个东西在原则上很清楚，但在实践上是有出入的。比如我们说一方满足了自己的论证责任之后，论证责任就转移给对方。但是一方要论证到什么程度才叫满足了？这需要辩论赛的评审和法庭里的法官来判定。

辩论赛还有一种比较出奇的打法，就是争推定利益。也就是说，告诉大家为什么这件事论证责任在对方，而如果对方不能成功论证的话，就是我方赢。

举个例子，有一场奥瑞冈赛制辩论赛的辩题是"台湾是否应该废除通奸罪"，正方的观点是应该废除。之前讲过，正方从来都是改变现状的一方，所以正方要积极举证为什么我们要执行这个变化，如果正反方打平，我们就维持现状，也就是反方赢。

但在这场比赛中，正方的观点是，法律已经规定了自由权和财产权是人的基本权利，而刑罚的作用就是剥夺这些权力。根据法律的精神和原则，这种剥夺必须是在必要的、最小的范围内。如果对方想要论证保留通奸罪，就必须论证为什么通奸入罪是符合必要最小原则的。如果论证不出它存在的合理性，它就应该被废除，回归到法律对人基本权利的保护上。

也就是说，默认状态或推定状态是人的自由权和财产权应该受到保护，直到你论证剥夺它是必要的、符合比例的、合理的，所以论证责任在你，推定利益在我。

思考与应用

- 所谓"证有不证无"，为什么论证积极事实比论证消极事实更容易？你能再举出一个例子吗？
- 前面讲过一个原则：谁背离常识或现状下的认知越远，谁就承担更大的论证责任。有一个辩题叫"精神出轨应不应该遭到谴责"，现状下，多数时我们的第一反应是谴责，所以这场辩论的正方就稍占了些便宜。如果你是反方，你会如何处理这个问题？

- 我们在网络上有时难免会被触发朴素的正义感，比如认为这个人一定是好人，那个人一定是坏人；可能会为自以为的好人发声、可能会贬损甚至攻击自以为的坏人。现在我们思考过无罪推定、论证强度、举证责任的概念，再回到网络生活中，我们应该对自己的想法和行为有什么期待？你心中的好人一定就在被人"泼脏水"，你心中的坏人一定就在"逍遥法外"吗？

第 22 讲

让道理听得进去

用例子完善逻辑，用故事锦上添花

在第二章"立"的最后一讲，我想集中讨论一下"说服力"。

其实，说服不代表强制，不代表不择手段、靠所谓的技术去忽悠人，也不代表认为自己的观点是最对的、是值得被所有人接受的。说服力就是把自己的观点表达清楚，让别人听得懂、听得进。至于别人选择接受还是反驳，那是下一步的问题。

再说，把错的说成对的固然不可取，但如果没有说服力，对的被错的给"劣币驱逐良币"了怎么办？所以我认为，说服力是人与人之间沟通和交互必不可少的环节。辩论是说服人的技术和艺术；而说服人，"有道理"是底线，但有道理不等于能说服人。如何把有道理的东西说清楚并让人更能听得进去？这是本节要解决的问题。

用例子完善论证逻辑

第一个方法是举例子。好的例子对于论证和说服都有至关重要的作用。下面举几个有关"举例子"的例子。

有一个辩题叫"权利天赋还是权利人赋"，这个问题讨论的是，人拥有权利的正当性的来源是什么？

所谓权利天赋，指的是人拥有基本权利，比如生命、自由，以及追求幸福的权利。这是不证自明的，我不需要去论证为什么我拥有基本权利，我就是有。它的来源是天也好、神也好、自然也好、人与生俱来的理性也好，总之这些权利的正当性的来源是超越人的，国家和法律是为了保护和执行这些权利而存在的。也就是说，人是社会的根本和目的，社会为了人而组成，而不是人为了社会而存在。

所谓权利人赋，指的是人的这些权利是由人类社会赋予的。也就是说，权利的正当性的来源是人为制定的法律：法律里面写了你有什么权利，你就有什么权利。法没有绝对的善恶，只要追求立法程序和形式的一致，它就具有正当性。

这两种观点的差别是，比如当法律是恶法的时候，是"恶法亦法"还是"恶法非法"呢？恶法亦法的意思是，如果恶法规定了某个人群（比如奴隶）不拥有基本权利，那他们就没有这些权利。哪怕法是恶的，我们也应该遵从它。在著名的纽伦堡审判中，"权利人赋派"就认为参与屠杀犹太人的纳粹军官只是在执行德国的法律，所以不应被处罪。

而"权利天赋派"则认为，虽然德国当时并没有反人类罪等明文法条，但是生命权神圣不可侵犯，这与德国法律是否承认无关，因为这是超越法律存在的。甚至只有相信权利天赋，我们才能判断一个蓄奴的法律是恶法、一个搞屠杀的法律是恶法。

支持权利天赋的正方有一个被反方不断追问的问题：权利天赋，什么是天？你怎么知道天赋予了你什么权利？天告诉你的吗？天说话时是什么声音？其实这个问题问得很好，在观众心中激起疑问的效果也很好，也确实因过于抽象而很难回答。这也是正方立场要解决和解释的核心问题。

正方说：我们可以在哲学里找到答案，以霍布斯和洛克为代表。权利天赋的英文是"natural rights",意思是自然权利,也就是指权利是与生俱来的。由于人有区别于其他动物的理性,哪怕在自然状态下,哪怕在没有社会和法律的荒野中,因为人会利用一切可能的方法来保护自己,所以拥有生命权;因为理性有着自我完善的本能,所以每个人都有追求幸福的权利。

这套解释稍微有点玄,对于不相信它的人来说有些"自我诠释"的意味。为什么生来就有?因为生来就有。而且反方还会质疑,人与生俱来也有很多负面的东西,比如偏见、自利的欲望,为什么这些东西就不是基本权利呢?

正方最后举了两个例子来回应这个问题。

把程度具象化

第一个例子,无知之幕,这是罗尔斯《正义论》里面的一个思想实验。

如果我们要设计社会制度、设计我们对待人的方式,最好的办法就是我们进入到一个幕布之后,在这里,我们并不知道自己走出去之后会是什么种族、性别,以及不知道自己的能力、品位、财富、地位状况等,我可能是任何一个人。所以这个时候制定的社会制度就是最公平的，因为我们回到了人最本真的状态——原初状态（original position）。

也就是说，你在这个状态下还会想要保障的东西，就是抛开了人与人的不同而去找到人与人天性、理性中的共性，找那些先天而来、而不是后天赋予的，也就是人类的基本权利。

这个例子可以帮助正方论证，因为它让一些听上去虚和玄的概念更加具象，并找到了一个方法把人的原初状态剥离出来，让人容易理解哲学家高深的理论。由此看出，把抽象的东西具象化，就是例子的一大用处。

这个例子带来的额外好处就是引用原理，无论是引用科学还是哲学，无论是引用"巴普洛夫的狗"还是"损失厌恶"，这是一种提升你在观众心中的可信度和积极形象的方式。当然，也有些观众可能会觉得你在卖弄，我们需要注意判断受众的反应。

证明合理假设

正方的第二个例子是《悲惨世界》。《悲惨世界》里面的警察沙威一辈子都在遵守法律，当时法律对他的教化是，你是一个警察，你要遵守法律，你要去抓到并杀掉冉阿让。但是最后是冉阿让救了沙威一命，这时，沙威突然发现自己所受的那些教化崩溃了。

因为他发现了人性本身有一种超越了法律、社会和国家的良知，让他感受到了人与人之间的同理心及生命的可贵，所以那些之前的教化就会瞬间土崩瓦解。但这时，他的心中还坚持着权利人赋的观点，他一直想不通，最后跳河自尽。这代表什么？代表人身上的善并不是被后天教化出来的，而是超越"法律告诉你的"而存在的。

还有一个类似的例子，英剧《黑镜》(《Black Mirror》)里有一期叫"Men Against Fire"(《战火英雄》)，政府为了提高作战效率采用了一套利用VR、AR技术的高科技作战系统。接着，政府派士兵去射杀一种看上去张牙舞爪的变异人，但后来有个士兵的作战系统坏了，他才突然意识到他射杀的变异人跟普通人没什么区别，政府通过剥夺士兵的感官，让其眼中的射杀对象变成怪物，让他们的对话变成怪物的嘶喊，同时降低血腥的气味来提高战士战斗力和降低他们的心理负担。

为什么剧中的政府要采用这个技术？是不是代表人还

是有一套超越法律的良知的,不然,法律叫我们射杀该射杀的人,我们为什么会自然而然地抗拒?为什么射杀怪物比射杀平民在我们心中更具有合理性呢?

《悲惨世界》和《黑镜》这两个例子在论证中发挥的作用,类似前面讲过的"假设—演绎"模型。也就是说,我们是在用这个例子来证明假设的合理。我们的假设是:人有超越法律的良知,如果这个假设是对的,按照逻辑推演,当面对恶法时,即使没有人教育过我们,我们也有一种自然而然的对恶法的抗拒。如果能够找到这样的例子,就能够论证我们的假设。这也是证明论点时常用的方法。

虽然这两个例子都不是真实的事情,但是它们的故事发展非常符合我们的预期,我们觉得就是会这样的,甚至这些经典的存在就是为了记录和展现真实世界中的人性。所以这些也是观众很容易共情和相信的例子,可以起到"假设—演绎"模型中实验的作用。

相反,如果正方在这里举一个真实的例子,可能还被质疑它"只是个例",经典文学虚构的例子反而更容易被相信。

最后,这两个例子本身对论证逻辑的完整也很重要。比如,无知之幕是在回应这样一个质疑:你说基本权利是人与生俱来的，那自私和偏见也是与生俱来的，后者怎么就不是基本权利了？可见，权利天赋的理论是不自洽的。而无知之幕回应的方式是：说服观众我们是能分得出什么是基本权利而什么不是——在无知之幕中就能分辨。

《悲惨世界》的例子对论证逻辑的完善作用就更明显了，它是"假设—演绎"论证逻辑中必不可少的一环。

用讲故事锦上添花

如果以上这两种举例方式像是"雪中送炭"的话，还有一种更像"锦上添花"的举例方式——讲故事。

《奇葩说》有一期的辩题叫"键盘侠是不是侠"，一位辩手是反方，认为"键盘侠"不是侠。他有一个论点是这样的：键盘侠躲在键盘后面骂脏话、宣泄情绪，这是一种非常容易传染的情绪状态。如果你在网络上遇到一个键盘侠，你离成为键盘侠就只有一步之遥了。我们如何阻挡这种情绪宣泄的扩散？就是要意识到键盘侠不是侠及他们行为是错的，才能用道德和自律去抵抗它的扩散。

其实这个论点的逻辑很完整了，但这位辩手并没有直接讲这个论点，而是先讲了一个故事。有一年六一儿童节，他在网上发了他和他女儿的照片,有网友说"这个孩子真丑,湖北村货的基因"。他说他那一瞬间情绪就上来了,想要骂回去,然后他的妻子说,不要这样,你骂了他们那你跟他们有什么区别?随后他也意识到了背后这些道理。

这个故事确实提供了佐证:用他自己的反应佐证了为什么键盘侠是一种非常容易传染的情绪状态。但这个例子发挥的作用不仅于此:他原话引用了键盘侠的脏话,这可以让观众对于键盘侠的恶劣行径有一个明确的认知。我们都知道键盘侠有恶劣的一面,但是究竟恶劣到什么程度,每个人心中的想象是不一样的。这种举例更利于触发观众心中的红线,从而感受到这种恶劣是不可接受的,是不可轻易被一笔勾销的。

不仅仅是例子,数据也可以使程度具象化,质性程度就描述具体的例子,量性程度就举数据。比如,研发药物需要很长时间,可每个人心中对"长"的想象不见得一样,有人觉得疫苗紧急使用的批准流程都需要几个月,那估计正常的批准流程还要再长个三五倍吧。真的引用了数据后,发现是12年至18年。

除了把程度具象化之外,陈铭的这个例子还有很多软性的作用。比如让人印象深刻地竖起耳朵、让人共情,或者激起观众的情绪（如愤怒和同情），同时还有助于进行符合他的个人形象的建设。下面一点一点来说。

抓住观众

首先，为什么讲故事能让人印象深刻？

其实，即使是3分钟或是6分钟的发言时间，人也很难只靠讲干巴巴的道理来抓住观众。我上中学时在新加坡参加过命题即席演讲比赛，很快我就掌握了所谓的"冠军密码"，那就是根据主题想一个故事，把故事讲完，最后再稍微升华一下（也就是点出这个故事体现了什么道理）。这比讲3分钟的大道理更容易，效果也更好。

为什么我们的传统文化中留下那么多寓言故事、成语故事？因为它们易于接受、易于传播、易于记忆，这是相似的道理。

现在在工作中我也常常使用这个方法。如果我要作一个项目的介绍，我首先会想，有哪个部分是可以被讲成故事的？拿一个环保项目举例，有没有哪个用户可以讲一下他的故事或体验？比如一个非洲农民讲一讲他面对的困难是什么，这个项目又如何解决了他的困境，以及他的感受是什么。或者,有哪个项目组的成员可以用故事的形式讲讲在这个项目之前和之后人们做事的方式有什么不一样?比如以前电是怎么来的,现在的清洁能源是怎么来的。这些都可以用故事开头,之后再放量化的统计数据。比如在一年的时间内,有多少这样的农民的生活被改变了;清洁能源降低了多少碳排放;照着这样的速度,我们哪年可以做到碳中和,等等。

总之,这个思路就是,先用故事抓住观众,然后用数据告诉大家这样的故事并不是个例。

细节与共情

有时我跟詹青云见新朋友,詹青云参加过两季《奇葩说》,也讲过不少大道理,但是,见面后最常被提起的是"哦!波士顿的落叶!",老少通吃,非常出圈。因为这个故事里非常重要的一个元素就是共情。

当时她辩论的题目是"要不要放下一切跟着伴侣去大城市",她讲了一个故事:她要去哈佛大学读书的时候,她的伴侣不愿意跟着,然后他们分手了。

我什么时候感觉到非常的遗憾,我们为什么没有更努力互相妥协一点在一起呢?不是我在美国学习压力很大但是没有时间哭的时候;不是要一个人学着修马桶和装家具的时候;也不是在大街上被抢劫,心里害怕得要命,但是跟警察做笔录却拼命想着要怎么跟老板请假的时候。

生活会教会我们很多事,一些我们以为做不到的事,可是有一天我就从超市买了东西,提着塑料袋在波士顿的街上走,看到满天的落叶飘下。就那一瞬间我就在想,为什么,我要在最好的年纪离开你。

这世界上到底有什么东西是我们放不下的,这世界上到底有哪条路那么难走,要让我们把所有的青春、秋天都错过呢?我知道放下一切很难,可是我相信这世界上没有什么不可以通过个人的努力和奋斗去得到,除了人,除了那个人,除了你。

首先这个故事非常有画面感,"波士顿的落叶",有画面感的东西容易带着我们走进去,仿佛我走在那条街上,感受着那个感受,我仿佛可以理解、可以共情,仿佛那就是我。这就是为什么故事要有一些细节和画面感,细节让故事成为可信的故事。

在开头的例子中,那位辩手从来没有在这个舞台上说过脏话,但他为什么要如实重复键盘侠说的话?詹青云为什么要描述提着塑料袋在街上走,说这么多前情提要?并不是每个前情提要都需要被记住,但这种铺垫让大家相信她说的是自己真实体验、真情实感,因为造假造不出这么多细节。顺便说一句,詹青云还特别喜欢用排比,这也是一个提高发言优美程度和受人喜爱度的方法。

总之,我们在讲故事的时候要放进去一些描述和细节,最理想的状态是创造画面感和情绪上的共鸣。

掌握情绪

说到情绪,前面讲过一个逻辑谬误叫诉诸情感谬误,是不相干谬误的一种。比如,"他自强不息、学习还这么努力,要是因为偷窥留下案底就太可惜了,所以我们要放过他"。因为情绪而忽视道理,就是诉诸情感谬误。为什么这种谬误有广大的受众?因为它借力于人的认知特征。

其实,人在接受信息时不完全是理性的。就像《思考,快与慢》(*Thinking, Fast and Slow*)这本书里面说的:第一系统是直觉,第二系统是理性。我们并不会经常调动起第二系统,这就是为什么《奇葩说》里笑话和感人的故事可以打败道理;这就是为什么"开杠"(1V1)时我问了一个问题,对面的谐星一卖萌、一搞笑,没人记得尖锐的、有效的问题是什么了;这也是为什么辩论里有一个黑魔法叫"5秒钟成立原则",在电光石火之间,你说的话不需要值得推敲,只要5秒钟之内大家反应不过来,票就已经投给你了,然后这个事就过去了。

行为经济学研究的是人的非理性行为或者说人的认知偏差。为什么要学行为经济学?是为了利用人性的弱点去骗人吗?或许有人这么干。我的教授当时举过一个例子,如果你要设计一个在河边的指示牌,提醒人们在这里游泳有很大的溺水风险,你要如何利用人的认知特征来设计它?同理,充分理解情绪和直觉对人的巨大影响,可以让遵循逻辑的说理锦上添花。

我们可以选择把道理以更加符合直觉的方式表达出来,也可以利用情绪,或者,当我们的讨论有些反直觉的时候,我们也可以提前充分提醒观众"我下面要说的东西有些反直觉,需要大家仔细跟着我听,并且先放下成见"。因为直觉和偏见是在潜意识里运作的,提前提醒观众要调动起理性才能放下偏见,从而降低一些直觉的阻力。

个人形象

我们刚才还提过,陈铭讲他女儿和妻子的故事有助于他个人形象的建设。不要误会,这是一件很正面的事情。"人设"这个词之所以被认为是负面的,是因为有些公众人物试图说服大家他们是那种"他们并不是的人"。

《奇葩说》里面有很多亲情题、家庭伦理题等,而陈铭又是队伍中为数不多的有妻儿的男性,这就给了他独特的视角和说服力,以及独特的存在意义。节目里很多人愿意讲自己的故事,这能让观众更了解你这个人:你不仅仅是一个观点的叙述者,还是一个有血有肉的人,你的存在给周围的环境营造了一种氛围、产生了积极的情绪。而一旦大家喜欢你,你说的任何观点接受度都会变高。哪怕最终观众没有认同,但他们一定已经给了你更多的耐心去聆听和理解。

的确,《奇葩说》的收视数据统计显示,不同情绪受欢迎的指数表现是:轻松搞笑 > 积极理性 > 说教鸡汤 > 悲情。

这件事在生活中、职场上也非常重要。人要有自己的特点才能被人记住,这是有存在感的前提。不是说一定要走被人喜欢的路线,可以是有威严,可以是专业性极强,但总之,你不再是千人一面中的一面,而是一个会被人记住的人。从一个"职场小透明"到一个有存在感的人,其中一个核心的分水岭,是会议开完别人会不会记住你?是他们是否记住了你这个具体的人?是当客户有问题要找你的部门的时,会不会把你当成那个可以联络的人?

所以,公司的合伙人曾经跟我分享过一些建议:适当的 small talks(闲聊),透露一些个人信息,留下一些个人特征;自我介绍时讲讲自己独特的故事,也有利于被人记住;开会时稍微活跃一下气氛,给大家创造轻松积极的情绪氛围,也会让这个团队更离不开你。

这一点也可以被理解为个人风格、个人魅力,对于有些人来说是天生的,但如果需要后天培养,它是由标签、故事和带给人的情绪建设起来的。

用条理增强记忆

最后再讲一个小点,叫作条理。

这个点我们在"分析问题的'起手式'"那一节也讲过，做辩论教练和咨询师这么多年，我依旧认为这是最简单直接却有效的方法。

人的工作记忆只有四个格子左右，所以有个概念叫作"chunking（组块）"。也就是说，如果我们可以帮助听众把众多零散的信息通过某种联系组成大块的信息，他们的工作记忆就有更大的容量，而这个工作记忆就是人用来做判断和决定的。前面讲 MECE 时提到了一个方法，就是把内容分成"第一，第二，第三"，其中给每一个点一个论点句或者标签，就能够帮助人们关注或记住你的观点，并将其加入到他们的决策当中去。

组合拳：例子、故事和条理

这一讲讨论的是例子、故事和条理对于说服力的作用。

首先，恰当的例子可以帮助我们回应核心质疑，把抽象理论具象化，增加可理解性，比如有关无知之幕的例子。当我们使用假设——演绎的论证方法时，找到恰当的例子就是论证逻辑的关键，比如有关《悲惨世界》的例子。

讲故事可以吸引观众的注意力、增加记忆点、创造理解和共情、从情感和直觉上增加观众的接受度，也可以打造我们的个人形象和个人魅力，让我们成为被人记住和信任的人。人在寻求合作的时候，会倾向于找自己了解和信任的人，找可以给自己带来积极情绪的人。

其次，由于人的工作记忆容量有限，无论是通过讲故事还是摆逻辑，把大量的信息组成模块，可以帮助观众记住你的观点并纳入到他们的判断和思考中去。

在其中，我们也穿插提出了引经据典（摆干货）、使用排比，以及恰到好处地给出一些细节和画面，这些都有助于表达和论证。除此之外，临场的回应和反驳也会起到事半功倍的效果，让大家觉得你不是提前准备好的，而是即兴说出来的。这里有个小方法：准备十分但只说九分，留一分等着别人来问，这一分就变成了"临场发挥"。

以上这些都是原则，具体应用时还要加入个人的判断。比如，什么才是合适我的风格呢？是准备翔实的资料，用事实说话？还是旁征博引，靠思想深度决定成败？还是浅显生动，用真诚的生活感悟打动观众？这都需要我们判断题目、判断观众、判断我们自己的喜好和特征。

思考与应用

- "广告是否有利于大众消费",对于这一辩题,你能否选择一个立场构思一个合适的例子或故事?
- "996应不应该改为886",对于这一辩题你能否选择一个立场构思一个合适的例子或故事?
- "工作中的好点子被人冒用,应该据理力争还是忍气吞声",对于这一辩题,你有什么方法可以提升论证的说服力?

第三章
回到现场：
经典辩题，经典分歧

第 23 讲

应不应该谴责灾难中的自私行为?

第三章"辩论"环节,我请来了对方辩友詹青云。我们将轮流发言,尽量不受赛制的限制,把陈词和对彼此观点的质询也发挥出来。

第一场的辩题是"应不应该谴责灾难中的自私行为"。

我是正方,认为应该谴责;詹青云是反方,认为不应该谴责。

自私、灾难与道德

庞:下面由我先来做正方的立论。我们先来定义题目中的一些关键词。

第一，什么是自私行为？"自私"这个词可以有很多不同层面的解读，比如人的底层逻辑中的趋利避害也可以被称为一种自私。但这里讲的是灾难中的自私行为，我们就要从狭义而非宽泛的角度来理解。题目是"自私行为"，即切实做出了行为，而不仅仅是"自私本能"。

因此我认为，为了自己的利益而不顾他人和公共的利益，甚至可能已经造成了伤害他人和公共利益的后果，这就叫作灾难中的自私的行为。

第二，什么是灾难？我先要对灾难的不同形态进行澄清：有些是紧急的情况，地震来了，你要不要跑？飞机失事了，大家救援的时间非常短暂。此外，它也包含一些更长期、没有那么紧急的灾难，比如疫情。如果那时人们囤积居奇，在超市里哄抢大米和卫生纸，这也算是灾难中的自私行为。

第三，什么是谴责？谴责也有不同的程度、不同的来源、不同的方式。首先，对有道德追求的人来说，道德发挥作用的一种途径就是通过自律；其次也可以通过他律，比如相关部门对其进行批评教育，这属于他人的谴责。所以关键在于必须要给他做一个道德上的定性。我们认为这种在灾难中的自私行为，它在道德上是负面的、不可取的。

不能因为说这是本能，就不能算作错，就一笔勾销。

维持道德一致性，实现公共利益最大化

庞：我有两个论点。

第一，我认为应该谴责，这是为了保护道德的一致性。

道德虽然在有些地带是模糊的、不是完全客观的，但如果我们已经可以把一个行为界定为一个自私的行为，那么道德在清晰的地带就应该有一致性，这样才能让其发挥所谓指北针的作用。当你做出了灾难中的自私行为，为了最大化自己的求生希望而牺牲他人的求生希望时，这就是把他人当成拯救自己的一个工具。比如在空难中我发现我的氧气面罩坏了，这时我把我旁边人的氧气面罩抢过来。在道德上，我们一定要给这种行为定性，这个是错的，是损人利己的，这几乎相当于谋杀。我们的判断不能因为它处在灾难之下就失去道德的一致性。

第二，我认为应该谴责，这是为了维护道德的功利主义意义。

我们已经有了法律，为什么还要有道德？因为法律惩罚的是一些明确错误的，带来很大伤害的行为，但在面对

一些性质相对模糊,又很难被写成法律,同时其损伤也没有那么大的行为时,我们就用道德来规范,从而实现公共利益最大化。比如"老吾老以及人之老",如果我因为自私而不照顾其他人家里的老人,其他人也不照顾我家的老人,这其实是"双输"的局面。而道德督促我们互相照顾,过一种双赢的生活。

为什么需要这样一种规范?这就像"囚徒困境",如果大家都遵守道德,就能实现公共利益最大化,也就实现了个人利益最大化;可一旦有人出于自私而不遵守道德规范,其他人也就没有遵从的必要了。所以道德的功利主义意义非常重要。为了免于陷入囚徒困境,为了免于回到那种"狗咬狗"的原始社会秩序——谁的力气大谁就能抢到氧气面罩——我们要坚持这种道德的实践。

对方肯定会说,你可以夸赞高尚,但不必谴责自私。但谴责其实是一个发挥作用的重要机制。行为经济学里有一个理论叫"损失厌恶",比如你跟一个小孩说"如果你做作业,我就给你一个玩具";第二种方式是"如果你不做作业,我就把玩具拿走"。相比之下,第二种说法会对这个小孩的行为有更大、更有效的影响,所以谴责是必不可少的,只靠夸不足以产生足够大的力量。另外,谴责一个自私的行为，其实是让人自私起来多了一些成本，对其未来的行为也会有所警示。

现在已经不是原始社会了，灾难发生时我们也都有一定的应对方法。我们大概知道，如果飞机要失事了，坐在靠前位置的我如果不拿自己的行李，遵守逃生秩序，是有可能让所有人或者尽量多的人逃生的。可如果我的行为完全相反，这该不该受到谴责？应该，因为只有谴责了这样的行为，才能最大化维护当下文明社会设计出的秩序——这是用人类智慧和文明对抗灾难的最好方式。

长期来看，今天你可能是在飞机失事时离逃生通道最近的人，明天你有可能就是灾难中身体最脆弱的，最需要被保护的人。所以如果你能意识到遵守秩序的意义，你就自我谴责；如果不能，那就通过他人的指责来维护人类的文明和秩序，这才是对抗灾难的最好方式。

自私不该是谴责的靶子，它是理性人的特质

詹：我的立场是不应该谴责灾难中的自私行为。

正方说的 3 个关键词都很重要，我们应该对其逐一进行讨论。先来聊自私，正方的立场有种理所当然的狂妄，

它预设了自私是一件坏事,是一件跟道德相违背的事,它应该被谴责。接着正方说,为了保持道德上的一致性,即便是在灾难之中自私仍应该被谴责,对吧?你预设自私就该被谴责,然后再论证说灾难这种特殊情况并不构成对其的豁免。

但自私是什么?你也说自私有一个宽泛的定义。其实按照经济学家的说法,所有的理性人都是自私的,我们每天做的事情都有自私的动机。这个世界不会黑白分明地说,阿庞是个利他的人,阿詹是个自私的人;也不会说,我今早做了一件自私的事,下午又做了件利他的事。我们做任何事情其实都有这两种动机的驱使,比如我中午给你做饭了,这是一个利他的行为,但也有自私的动机——我希望得到你对我厨艺的夸赞,然后换取你拖地的意愿。

而正方在刚才的例子里故意不讨论那些宽泛的、一般意义上的自私行为,专门挑那种对他人造成了损害的、有问题的行为加以批判,然后跳出来说这件事情背后有自私的驱使。这是先挑了应该谴责的事情,再去阐述它的自私动机,而不是直接论证说所有的自私行为都应该受到谴责。

事实上,我们判定一件事是不是该被谴责,根本不是依据"其是否被自私的动机驱动"。一个坐在离逃生通道近的人为了带着自己的笔记本电脑逃生（这是一个真实发生的案例）而耽误了其他人的逃生时间，一些人也因此丧生，我们说，这个人的自私行为应该被谴责。

可假设他拿的不是自己的行李，而是帮旁边的老奶奶拿呢？助人为乐，这可是一个利他的行为。那这种情况我们应不应该谴责？我们仍然要谴责他，对不对？因为这种行为不合理，而不是因为它被自私的动机驱动。所以判断一件事是否该被谴责，根本不是看它出于自私还是利他，而是看它是否合理。这个世界上有很多好事可能是被自私的动机驱动的，也有很多人从利他的动机出发而做了糟糕的事。更何况"论迹不论心"，我们无法区分一件事的动机到底是什么。

再来，正方天然认为自私跟道德是相连的，仿佛因为道德是公共生活的准则，我们为了能够更好地生活在一起，一定就要让渡出一部分自己的偏好；而自私好像就一定是以自我为中心的。其实自私这个词更加复杂，就像费孝通说，中国人的人际关系网络，是你把一颗石头投到水里，它荡出了一圈又一圈的波纹，最中间的是你、你的核心家庭，外面是你的家族，再外面是你生活的村庄、县城，然后再到国家。

很多时候，评判一个人是否自私要看你站在哪一个层面上。他做一件事可能不是为了个人，而是为了这个家族甚至为了这个国家。你判断这是否自私，完全取决于你站在哪两个圈之间去看他。所以自私这个概念首先是中性的，然后是复杂的。我觉得把一个社会如此地泛道德化，并仅从一般意义上去批判人性当中极为正常和理性的自私，是不合理的，我的第一个论点先讲到这里。

谴责的标准是什么？

庞：我们的确应该把自私这个核心定义先说清楚，不然后面的讨论没什么意义。首先，我刚才在立论里说了为什么我不选最广义的有关自私的定义。而且辩题是"灾难中的自私行为"，所以反方说其根本无法判断这个人的动机，这没什么意义。

比如，说到灾难中的自私行为，可能很多人会想到"范跑跑"。前面提到，地震来临时，作为老师的他第一个跑出教室，连对着孩子们喊一声"快跑"的时间都没有。后来他写了一篇文章讲述他的整个动机，认为自己没有错，但是我们依旧认为这是灾难中的自私行为。

再比如，欧美国家中的许多年轻人在新冠肺炎疫情期间不戴口罩，甚至专门去一些有疫情发生的聚会，让自己被感染。他们可能认为当时的公共卫生措施完全没有必要，或是有其他的原因。的确，对于年轻力壮、打过疫苗的年轻人来说，这个病确实没有太大威胁。但问题是，如果年轻人带着病毒出门，他们就可能传染给老人或有基础疾病的人，后者感染甚至死亡的风险就大多了。如果我为了图自己方便就带着病毒到处跑，然后传染给那些脆弱的人，导致他们死亡，这是不是灾难中的自私行为？我认为也是。

所以，在灾难中的自私行为是有相对狭义的定义的，我们也有对这类行为的想象。而这个辩论也是有意义的，因为一些人会因为你刚才说的某些原因，比如"无可厚非""人不利己，天诛地灭"；又或"情况紧急，只剩本能"；又或"我对另一个人并没有在灾难中的保护义务"等，这些人也有争论的必要。所以，我认为我们没有必要把这里的自私泛化成广义意义上的定义。

飞机失事后拿行李而耽误其他人逃生的行为，你觉得应不应该被谴责？我抢了旁边人的氧气面罩，应不应该被谴责？以上这些具体例子，我认为我们双方都能承认这属于灾难中的自私行为。那你认为它们应不应该被谴责？如果我们在定义上能达成共识，但在观点上相反的话，或许我们也可以这样辩论下去。

詹：你说的例子我已经讨论过了，我认为愚蠢的行为应该被谴责，而所有愚蠢的行为无论是自私的还是利他的，都应该被谴责。它被谴责是因为它不合理，理性是这个社会能够正常运转最重要的因素。这就是我的立场。

庞：我非常好奇你怎么判断一个行为是不是合理？比如一个打过疫苗的年轻人得了新冠还到处走动，如果从他的利益出发，他觉得这超级合理，超级聪明。但如果从社会的公共利益出发，那这就非常不合理、非常愚蠢。所以最终是要最大化个人利益还是集体利益，这个是不同的。你告诉我你怎么判断什么行为是合理的，什么行为是愚蠢的？

詹：判断其是否合理不关乎我的动机，或者说，对于合理的自私这个社会是普遍接受的。假设逃生的时机只有那么一刻，我为了自己逃生，而我后面的人没有能够逃生，这是合理的自私,这种行为我们不会谴责他。而我为了拿一个包导致我后面那个人死了,这是不合理的行为,从整体的社会利益或从人的常识判断来说,它就是不合理的。这时,无论我拿的是自己的还是别人的包,无论我是为了自己还是为了帮助别人,都是不合理的,我们谴责这种行为。

庞:我觉得反方已经认同了我的观点,她只不过给这个东西起了一个不同的名字。她说那个人拿了一个包导致后面的人无法逃生,这是个不合理的,愚蠢的行为。但她说为什么?因为它伤害了公共利益。既然你拿公共利益作为判断标准,也就代表你不认可自私在这个地方的意义,你还是认为我们应该依据公共利益去行事。这恰恰说明,你说的不合理,就是因为他背后是自私的动机,他考虑的不是这个飞机上所有人的性命。

詹:我已经说了,第一,合理或不合理的行为,都可能有自私或利他的动机。因此,我们衡量一个行为该不该被谴责,是看它合不合理,不是看它的动机是否自私。第二,从自私的动机出发而做出来的事可以是合理的,也可以是不合理的，而我们谴责的是那些不合理的事，这就是为什么我说你不能够仅仅以自私作为靶子去谴责某个行为。

应该的前提是可以，道德不应对抗本能

我们往下说，接下来的关键词是道德。

就算用正方的定义，这个人没有以公共利益最大化而是以个人利益最大化为出发点去做事，他就该被谴责（这是正方的定义，我已经说了不一定是这种情况）。

生活中谁做一件事是为了最大化公共利益？你今天做的所有选择都是为了最大化公共利益吗？一定不是，你一定是为了最大化自己的利益。而在正常社会里，这样做就够了。这不就是亚当·斯密的《国富论》里说的吗？面包师傅不关心你肚子饿不饿，他只是关心能不能挣到你的钱。可是在正常社会里，这种自私行为就能够被接受。

今天的辩题的限定条件是"在灾难中"，为什么特别讨论在这种情况下自私行为该如何被衡量？我们回头来想想道德这个概念。道德是什么？道德是应该做的事。可是这有一个前提，就是你可以做的事。首先当一件事是能做的，而又是应该做的，道德才鼓励它。可当这件事情对抗了人

的本能，人做不到，我们就没有办法用道德来要求他。这就是为什么法律里有"紧急避险"的概念：紧急避险有可能让他人、让无辜的人受到伤害，但我们允许甚至鼓励人这样做，就是因为法律知道我们没有办法对抗人的本能来制定出一些人做不到的规则。

第二，道德是什么？它是公共生活的准则，它本来就是为了一群人生活在一起，能和谐共处而制定出的规则。但它的前提是：和谐共处是有可能的。这就是为什么"洞穴奇案"中有一个法官说我们应该退回自然状态，用自然法来裁决这些人的行为，因为文明社会的道德的前提是共存。可在洞穴里，在灾难中，在你死我活的情境下，共存甚至已经不可能了。这时你就没有办法再用一套正常社会下的秩序和道德去要求，甚至谴责这些人的行为。

在正常社会里，道德，所谓最大化公共利益的道德，其实也有极大的可能同时是利己的。这就是为什么我们在生活中做了各种合乎道德的事，但是并不常常感到被道德约束，因为道德本来就是顺应人性的合理规则，它在最大化公共利益的同时，大概率是利己的。可是在紧急状态之下，道德成为不可能的事，因为人需要对抗人的本能。在这种情况下再去要求人遵循不可能的道德，是不合理的。

比如，一个窗口只卖10个馒头，有10个人排队，这时我们的道德鼓励大家排队，它是能最大化公共利益的，这样所有人都能买到馒头。但这个鼓励其实是利己的，它避免了争抢的状况，也保证人能拿到自己该拿到的东西。可如果这个窗口只有1个馒头，你还让我们排队，只让第一个人买到，你就是在要求人放弃其求生的可能，这是不合理的。因为一旦一个社会制定出扭曲、违背人的本性的道德规则，它最后会造成这样一种局面，就像中国古代儒家士大夫封建传统发展到一定时候，整个社会是泛道德化的，是普遍虚伪的。

如果一个道德标准要让人对抗人性，那我们每个人每天都可以正义凛然、高高在上地谈论道德，但是在实践当中却违背道德，这样道德也就失去了意义。总之，做任何道德上的评价时，我觉得首先想的不是这件事人该不该做，而要先问这件事人能不能做到，如果做不到的话，就没有理由去以此谴责和要求一个人。

道德具有灵活性，用谴责守护秩序

庞：我其实非常喜欢你最后讨论反对泛道德化的内容。

我一点一点来说，首先还是关于刚才"是否合理"的解释。可能是我的语言不够准确让你产生了一个误解：我说的以个人利益还是以集体利益最大化为目的，主要讲的并不是这个人的动机，而是客观结果上的判断。

我之所以把逃生时拿行李称为是自私的行为，是因为这件事从客观结果上最大化了他个人的利益，不是最大化了飞机上所有生命的利益。我不是从动机，而是从客观结果上来判断的，这是第一个澄清。

第二，你刚才说，对必须能做到的事，我们才能够制定法律或道德标准。我当然也认为标准也不能随便被制定，但你不能用法律应该怎么定，来论证道德应该怎么定，因为道德本来就是为了填补法律管不到的模糊地带的。比如道德告诉你应该做一个正直的人，但究竟在什么情况下叫正直的人？要以动机还是以行为来判断？它都有一定的解读空间。但这就是道德发挥意义的一种方式，它不能完全等同于法律，这是第二个澄清。

第三，你说很多事在特殊情况下人是做不到的，我并不这样认为。比如在疫情开始时抢卫生纸、抢大米、抢免洗消毒液的时候，你不要买自己不需要的量，把它留给后面的人，我觉得这也是做得到的。如果只按人类最本能、最野性的标准去判断，它或许比较难做到。但人类的文明和智慧就体现在我们设计了一些秩序，让人们知道守秩序就是最可能保护到每个人的方式。

最后是你说的利己问题。我在立论时就说了，我认为对人在灾难中不要有自私行为的要求，在广义上也是利己的。因为一个东西如果可以最大化地保障公共利益，长期来讲，它也是保护一个个体最好的方式。比如，假设"范跑跑"有一个儿子在别的地方上学，如果每个老师、每个成年人可以对未成年人多尽到一点保护的义务或责任，他的儿子也有更大的可能性获救。所以，道德呼吁的照顾弱者、尊老爱幼、守秩序，这些在广义上其实也都是利己的。但并不是每个人都能意识到这一点，所以我们要通过道德谴责这种工具，来让每个人尽量遵守公共生活的秩序，这样才是利己的，也是利他的。

站在灾难之外，道德的形式不应是谴责

詹：我先回到第一个点，刚才正方说，她要重新定义自私。她一开始说的自私是以自我为中心，以自己的利益为重而罔顾他人的利益的行为，这明显是一个动机的判

断。现在又变成了我们以它是不是能最大化公共利益来判断。如果说一件事情（从客观结果上看）没有最大化公共利益而只是服务个人利益，就叫作自私、就应该被谴责，这种例子俯拾皆是。对于你每天做的所有事情，我都可以谴责你，你知道吗？

灾难有很多种，正方刚才说了，不是只有特别紧急的才叫灾难。我们生活在瘟疫中，这也是灾难，我们生活在气候变化中，这也是一场可能横跨数百年的大灾难。那你今天中午为什么开车出去吃饭？为什么还吃得不少？你吃完饭后睡觉为什么开着暖气？你没有以公共利益最大化为出发点，你都是为了满足你个人的口腹之欲，这就是灾难中的自私行为，我因此谴责你——这就是我们双方都认同的一个泛道德化的社会会出现的谴责行为。这个道德已经不是用来保障你我的最大利益的了，它变成了武器来伤害人。

接下来讲第二个点，正方说道德是一个更灵活和模糊的概念。没错，我们现在来看一下这道题讨论的大背景是什么，是灾难。灾难是什么？无非就是天灾和人祸。

如果一个灾难是天灾，我们从这个灾难里首先应该感受到的是人在大自然面前的渺小和脆弱，是有太多"人力所不可为也"。而看到其他人也受到这样的伤害，人心当中所产生的应该是一种悲悯之情。灾难是可以让人和人变得更加包容，理解、同情彼此的。

如果是人祸，我们应该去质问，是谁导致了这一切发生？而现在往往变成了，一场灾难之后所有的热点、大家的怒火，都倾泻在那个灾难之中。被正方认为是自私的人，我们把怒火集中朝向他。一场灾难点燃的是我们的愤怒，于是那个人成为众矢之的，被批判。仔细想想我刚才举的那个很普通的例子，一个窗口只有1个馒头，却有10个人去抢。这时我们不应该去问为什么只有1个馒头吗？我们反而去指责说这10个人怎么能做出这么没有人性的事情？他们是我们应该批评的人吗？他们是解决问题的重点吗？

为什么会这样？因为谴责是很容易的。燃烧自己的愤怒、向看上去是坏人的自私的人倾泻愤怒是很容易的。你说我们应该维护道德的一致性，永远不要忘记道德。这很难吗？不难。一场灾难中出现了一个"范跑跑"，但这场灾难过后，所有老师就会忘记自己的责任吗？没有。

我们站在灾难之外，没有在灾难之中，我们没有经历那些灾难里的痛苦、恐惧、生死在一线之间的感觉。置身事外去谴责很容易，不就是正方刚才说的那句话吗？"有什么做不到的？"我觉得这句话很危险，因为你站在灾难之外说：这些人怎么能这样？这真的做不到吗？有什么做不到的？我看有人就做到了，你也能做到。你不一定做得到。你置身事外而站在道德的制高点上去批判他们，这倒是容易做得到。

再说，道德是什么？是不是只有维护那些道德的条条框框，做到是非对错特别分明才叫维护了道德？不是。就像你说的，道德有灵活性，在面对灾难时，人要学会有一点同理心去理解他人的痛苦，去感同身受别人的恐惧，这也是一种道德。

道德不是一套形式主义的东西，我们为了服务这些形式而牺牲人的同理心，向弱者倾泻愤怒，那不是为了让我们更好地生活在一起，那是把我们彼此推得更远，而没有服务于真正道德想要实现的目的。灾难有机会让我们变得更近、让我们实现道德的目的，而这恰恰跟你的谴责所要实现的东西截然相反。

谴责也有比例原则，它与同理心不矛盾

庞：反方刚才把谴责描述得非常可怕，她具象化了谴责——似乎是一群人对着某个可怜的刚经历过灾难的人发

泄怒气，甚或对其实施精神暴力。这当然也有可能，但这是谴责的唯一形式吗？是不是因为有些人会选择这样极端的方式，我们就完全不能谴责了？

第一，我认为谴责也有比例原则；第二，即使谴责会带来像反方所说如此可怕的情况，那也不代表我们就不能谴责任何事。反方说，我们刚才应该谴责飞机上拿了行李而耽误他人逃生的人，但不能因为这属于自私行为而谴责他，而要因为这是不合理的、愚蠢的行为而去谴责他。可是在这种情况下，谴责依然有可能是偏激的形式。所以问题是我们要怎么避免这种极端的情形发生？

谴责还有其他的形式，比如反方刚才说我睡觉时开暖气，在全球变暖的大背景下，这种行为其实不太有利于地球。她说："因为这些行为你就应该被谴责吗？别人就应该来骂你吗？"当然，可能别人不应该来骂我，这有点过分，但我心里有没有愧疚？有的，有没有自我谴责？也有的。所以我平时也尽可能少用一次性餐具，选择乘坐已经包含个人碳排放费用的飞机，等等。正因为我心中没有觉得这种事无关紧要，就不能有种种借口来说服自己：只要符合人的本性的行为，在道德上都是没问题的、不需要被谴责的。并非如此，只是谴责的方式不同而已。

另外，我承认人与人之间有同理心，但同理心和谴责这两件事本身也不矛盾，为什么有种判定是"你是罪不可恕还是情有可原"？如果是情有可原，首先你得认定这件事是错的。而那些缺乏同理心的网络暴力本身就是一个巨大的问题，它不应该被跟谴责捆绑，也不能因为有它的存在，我们就不敢再谴责任何事了。

詹：正方刚才使用了一个语言的艺术，她说我们的谴责可以是自我谴责，这样就没有网络暴力之类的问题了。你要是做了一件自私的事，你可以自我反思，没有人拦着你，这是美德，可这根本不是我们今天讨论的重点。

"应不应该谴责灾难中的自私行为"是在问我们有没有立场去谴责那些在灾难中被认为是自私的人，它本来就是对他者的谴责。现实情况是，有一个姓范的老师在地震发生时跑了，所有的人都把矛头和怒火对准他，以至于这么多年过去，人们谈起他时还如此理所当然地把他叫作"范跑跑"——这个轻蔑的、带有侮辱性的名字，不是吗？我们就是在这么做的，我们今天讨论的谴责就是这样的谴责，你告诉我谴责还有其他形式，这能改变这个问题本身吗？

再来，你说的其他形式的谴责也可能会滑向这种深渊。为什么我说不合理的行为是可以被谴责的？因为我觉得理性是可能的，这是我们对人的一个基本预判，是一个共识，在此之上我们才构建现代社会的文明、规则、道德、法律。一个不合理的行为是可以被修正的，因为人是可以成为理性人的。但是道德呢？你这种谴责所有因自私的动机而做出的行为的道德呢？它在违背人的本性，这就是为什么我说，在灾难中不要把矛头对准这些只是凭本能做事而没有能够最大化公共利益的人。

一个社会在这时应该是去问责，以及要设计出更合理的机制来预防这些事情发生。这个合理的机制必须有一个前提，就是要意识到人有一些本性是无法改变的，而不是一味要求人必须违逆本性，这样的要求是不公平的，也是不可能成功的。

理性、自私与道德

庞：我现在就问你：你认为你所谓的拿理性来要求人跟拿道德要求人的差别在哪？理性和道德有没有重合的地方？那不重合的地方呢？为什么你觉得以理性为出发点去

谴责人可以，但是以道德不行？

詹：你误解了，我的意思是说我们可以要求一个人做一个理性人，但不能要求一个人不能自私，因为自私是人的本能。

庞：所以你的意思是，我们可以要求人成为一个理性人，理性包含自私；但不能要求一个人成为一个道德高尚的人，因为道德高尚的人是不自私的，而人的本性里有自私，所以我们不能这么要求。

詹：不对，我从一开始就说了，是你方预设了自私一定违背道德。而我认为，第一，自私是人的本性，它是中性的，它非道德也非不道德；第二，一个社会如果要制定合理的、有助于长远发展的道德规则，它就应该理解人有自私的本能。

庞：它是理解人有自私的本能，但你怎么规范这件事？比如说前一段时间我跟你聊在北京开车有人走应急车道的问题。这就是一个自私的行为。然后你说，因为北京对此处罚得非常严重，所以现在再没有人敢随意占用应急车道，但在贵州，这可能就成了另一条堵着的车道。

针对自私的本性，我们应对的方式就是惩罚，针对有些行为靠的是罚钱，针对有些情节更轻的行为，我们就通过在道德上给它定性，增加自私的成本，告诉人们这是不可取的。这不是同一个道理吗？为什么我们可以惩罚，却不可以谴责？

詹：我当然觉得有些行为就是错的，应该被惩罚或谴责，我只是说你不能泛泛地只针对自私这个词去谈。还有那么多额外的因素：道德到底是为了什么？是为了道德的形式，还是为了道德的目的？灾难里面有那么多的不可抗力，以及人对抗本能的艰难……所有这些条件综合起来，你不能只针对自私来加以谴责。自私没有问题，我们应该想的是如何在肯认人的自私的前提下，这个社会还能找到解决问题的办法。

作为人而不是道德，选择悲悯而非谴责

我当然认同一个社会当中有为了让我们更好地生活

在一起的道德原则；我也认同在有些情况下，一个人从自私的动机出发而做事，他就是没有达到道德的要求。在有些例子中，一件错事也的确是由自私的动机驱使的。另外，我也觉得我们应该保持愤怒，这很重要，但不能被愤怒裹挟。很多时候，我们的问题不是忘记了愤怒，而是太容易愤怒。

再来说谴责和道德。我有时在想，你读历史书时，比如读到在某些饥荒战乱的年代人要易子而食，这时你心中被点燃的应该是一种什么情绪？是愤怒吗？你会大声地指责说："这些人还算人吗？！虎毒不食子！"真的会这样吗？不是，你会觉得非常沉重，然后生出悲悯。你感到难过的是，一个什么样的时代要把人逼迫到这个份上？你是站在他们的对立面去指责他们，还是跟他们站到一边追问我们作为人为什么会被逼迫到这种份上？

我就想强调一件事，谴责是一个很重的词，有时我们之所以理所当然地谴责别人，就是你以为自己和他们不一样，但很有可能当你面临同样的绝境时，你和他们没有什么不同。我们都是人，人就有弱点，人就有自私的本能。真正应该反思的是，既然人那么脆弱还有这么多弱点，就不要把人抛到这样的绝境中去，要想有什么方法能帮助、救助他们。

至于为什么我能谴责那个占应急车道的人？因为我自己绝不会这样。我现在每一次义愤填膺地骂一个人时，我都先问问自己：如果我是他，我能做得比他更好吗？如果我能，那我觉得我有资格评价；很多时候我不能。

最后一句话：真的，把自己当个人。我们之所以很多时候理所当然地去谴责，是因为我们把自己当成了道德。我代表道德去审判你，我代表道德去谴责你。道德的要求是高的，是黑白分明的，是有对错的，可是人不一定能做到。说到底，道德很重要，可道德是一种工具，这个工具的意义是让人更好地生活在一起，人才是它的目的。不能到最后让道德绑架了我们，为了道德去献祭人、牺牲人、要求一个人放弃求生的本能，为了服务那个形式至上的道德，而忘记了道德本身只是一个工具而已。

合理化自私容易走上歧路，用谴责维持利己与利他的平衡

庞：首先想一想，我自己在地震中好像也做不到留下来照顾学生，所以不用谴责"范跑跑"，"范跑跑"没有错，

我也没有错,这是一种选择。另外一种处理方式是,今天"范跑跑"这么做了,我扪心自问自己能不能做到?我好像也不保证我能做到,所以我认为我们都有在道德上进步的空间,这是另一种选择。可现在很多人的想法是"我不保证我能做到,所以'范跑跑'的行为没什么问题,我的想法也没什么问题"——我觉得这是对人的本能的过分宽恕。

再比如拐卖,我们都认为这在道德上绝对是错误的,但很多当事人觉得"他们说我没有老婆,我就一定要这么干,大家都这么干"。这就是人的本能,可人有这个需求,就得用各种手段去满足吗?所以究竟能不能用"大家都这么做"或"大家都做不到"这样的理由来调整道德标准?"你好,我好,大家好"这个态度是不可取的。

当然,你担心的泛道德化问题,我也担心。但我不觉得这可以成为用人的本性来合理化一切伤害他人的行为的理由,这是一个底线。比如在全球气候变暖的当下,有些国家就是为了发展、有些企业就是为了赚钱而完全不在乎对环境产生的弊害。他们也觉得,一个企业要赚钱、一个国家要发展,这不是人之常情吗?这也是用人之常情在合理化一切自私的行为。但现在有很多企业已经把社会责任作为除了成本、收入和利润之外的另一条衡量标准。这种观念也在改变，所以我觉得不能要求那么低。

其次，道德就是社会的一个工具，无论是用它来赞美或谴责，它就是有功利主义的作用。反方也说，我们想做的是减少灾难的发生和伤害，这是我们应该关注的。但很多时候灾难的伤害不但来自外部，也来自内部。灾难中人的应对方式也会影响灾难的损伤级别。所以你不能只在意外部设计，人的行为是怎样的，也很关键。这就是为什么没有按照现有秩序和原则行事的人，我们必须谴责他，只有这样才可能把灾难的伤害降到最小。

最后，我们最开始争论了很多定义的问题，我再重新澄清一下我的观点。因为灾难是一个很特殊的场景，所以这里有一个核心矛盾，即个人利益往往看起来在当下与公共利益有所冲突，这也是为什么灾难中的自私行为如此常见。而我们还是必须要谴责，不能因为它常见就去违背公共秩序。因为只有公共秩序才是最大的利他，也是在长期看来最大的利己。

第 24 讲

受困洞穴,"抽签吃人者"是否有罪?

这场辩论的题目是"受困洞穴,'抽签吃人者'是否有罪"。

我是正方,认为有罪;詹青云是反方,认为无罪。

寻求最小伤害,底线不可逾越

庞:这一辩题起源于"洞穴奇案"。先简单介绍一下"洞穴奇案"这一案件本身:有 6 位探险队员,他们在探险时发生了山崩,被困在洞穴之中。在被困的第 20 天,营救人员与他们取得了无线电联络,被困者知道大概还有 10 天才能获救。专家告诉他们,在没有食物的情况下,他们想要再活 10 天是不可能的。过了一阵子，他们又问专家，如果他们吃掉其中 1 个人，那其他 5 个人是不是能得救？专家沉默了，后来说是有可能的。于是有个人就提议说，我们 6 个人一起来抽签，抽到谁，其他 5 个人就把他吃了。

但在抽签之前，提议者又反悔了，又说再等一个星期再决定也不迟。但其他 5 个人心意已决，他们还帮这个反悔的提议者也抽了签。他们问他，你觉得这个抽签公平吗？他没说话。好巧不巧，他被抽中，其他 5 个人把他杀了吃掉，从而获救。但等他们从洞穴被救出后，就经历了一场审判——这 5 个人是否犯了杀人罪？以上就是案件的简单情况。

我先来立论，我认为他们有罪，有以下三个原因。

第一点，法律规定，判"杀人有罪"只有两种例外情况：正当防卫和紧急避险。而我认为他们这种杀人行为并不符合这两种例外情况。

首先，被杀者并没有主动伤害别人的生命安全，所以不构成正当防卫；其次，达到紧急避险的标准需要满足几个非常严格的条件，比如它要求存在正在发生的危险，且没有其他合理的方法（也就是说，杀人是有必要性的），并要把伤害限制在最小范围之内。而这5个人显然并没有做到符合紧急避险要求的程序正义。首先,他们还有时间,根本没有到最后一刻,他们有义务尝试其他手段。但为什么不再等等?即使要吃,为什么不尝试从吃那些不太重要的身体末梢开始?总之,他们并没有进行这样的尝试。

而且还有一个重大的问题,就是这6个人中有1个人并不同意加入这个契约,在这种情况下,他们完全可以等到所有人都做出深思熟虑的决定后再来定夺;或者他们可以排除那一个后悔者再去抽签,不参与抽签的人也不能享用那个被杀的人,这都是更公平的选择。这些更公平、伤害更小的选择,总比强迫一个人加入这样一个会危及生命的契约里要公平得多。

所以,在时间并不紧急的情况下,第一,他们没有尝试其他对身体伤害更小的选择。第二,他们也选择了一个不合理的、不正义的,逼迫被杀者参与契约的手段,所以没有理由豁免于杀人罪。以上是我的第一个论点。

第二点,从道德上来讲,杀人是不可逾越的底线。

我们强调"生命是人的最高权利""人是目的,不是手段",这不是说只有生命能与生命等价交换,而是说没有任何东西可以与生命等价交换,哪怕是生命。有人或许会说，如果不这么做，6个人都得死，现在是杀一救五，很划算。哪怕这一个人是无辜的、不情愿的，那也很划算。

如果这样的逻辑可以被接受，这个世界可能就乱套了。比如，现在同一个病房里有几个等待不同器官移植手术的病人，但是没有器官来源。是不是只要其中大部分人愿意，他们就可以自行抽签甚至代替其他人抽签，然后杀掉那个被抽中的人，把他大卸八块，去救其他的人呢？对绝境的判断是因人而异的。有些人对道德的坚持甚至高于生命，会饿死并不是绝境，双手沾满无辜者的鲜血才是绝境。所以，不是说你面临死亡的威胁，你就可以做任何事情。

我的第三个论点是，有人认为这些人已经进入了自然状态——文明社会的法律对他们已经无效了——因此他们可以自己制定契约。我反对这种为他们脱罪的观点，理由有三。

首先，用什么标准来判断他们已经不在我们这个文明社会了？是他们关掉了无线电通话设备？是极度饥饿的状态？这都说不通。在器官移植的例子里，如果跑到荒郊野岭去杀掉其中一个病人，就能被允许吗？其次，这些人是打算回到文明社会的，那就要接受文明社会的惩罚。除非你永远活在无人之境，在那里建立新的秩序。不能一边等着文明社会冒着牺牲救援人员的性命的危险来救你,一边又自己制定文明社会以外的新契约:你享受了文明社会的服务,却不遵守文明社会的规定,这说不过去。最后,即使是自己重新立法,你也得遵守一个好的法律的制定原则,比如权利天赋,即生命不受侵犯的合理性的来源就是哪怕在自然状态中人也想活着。所以就算是重新立法,也不能像现在这么立。

综上所述,这些受困洞穴的"抽签吃人者"是有罪的。

法律的意义不在其形式

詹: "洞穴奇案"是法学历史上的一个经典的思想实验。但我答应了正方,这场辩论双方不用法律的语言来争辩——不然显得我有点占便宜。下面我就来逐一反驳正方的论点,从最后一个开始。

首先,正方竖了一个很大的靶子——自然状态,再来对其反驳。在我看来,其中最重要的一个釜底抽薪式的反驳就是"这些人退回了自然状态,所以现代文明社会的法律对他们不适用"。但我不打算采用这个论点,原因有二:第一,我觉得这个没什么好辩论的。如果你认为这些被困在山洞中的人的真实处境与野蛮人无异，现代社会的一切救助机制对他们都没有帮助，他们有权利选择该怎么继续相处。这一点我不打算争辩。

但我想反驳的是这个"靶子"：认为这些人"退回了自然状态"反而是对他们的一种污蔑。因为他们的所作所为超越了自然状态的要求，他们恰恰是在一个接近于自然状态的生存环境中，尽可能地用文明社会的规则行事。

什么叫自然状态？按霍布斯的定义，它遵循的是弱肉强食的丛林法则，而自然状态唯一的"法律"就是人有权利用一切手段自保。但洞穴里的这些人并没有疯狂地陷入弱肉强食、互相搏杀的状态，而是选择了一个最公平的办法——抽签，这是文明人的选择，而不是自然状态下人的选择。

而且我认为这个思想实验写的不是一群野蛮人的故事，而是一个乌托邦的故事。在人类历史上接近"洞穴奇案"的真实法律案件中，人的所作所为都比这些人糟糕得多，他们通常会选择直接杀掉那个最弱的人，而不是公平地抽签。的确，在人类的关于反乌托邦的文艺作品中，比如《蝇王》《鱿鱼游戏》，人在真正陷入你死我活的绝境时是可以退回自然状态的，但这个洞穴里的人没有。我们今天为他们辩护,是要肯认一个人在绝境之中努力靠近文明的选择。

其次,正方的第二个论点仿佛在说人命有绝对的或无限的价值,所以杀人是一件绝对错的事情。这是先认定了杀人一定有罪,然后再说有两种例外情况(正当防卫和紧急避险)。对于这种逻辑本身,我不想说幼稚,但这其实是被很多夸大的话语所构建出的一种幻想。

比如,假设被派去的救援队因此而牺牲,而这个派出救援队的人应该从一开始就知道这件事有极大的风险,可是他还是让这些人去了。那么你还觉得人命有绝对的价值吗?还有一个例子:当高速公路规定最高车速不能高于120km/h时,它就一定有个无法完全被规避的风险——会有人因车祸而丧生。但把最高车速降到60km/h,可能就没有人会因车祸而丧生了。

所以,现代社会也许宣称人命的价值是至高无上的,但在现实中,它一定把生命当作一个可以和其他利益衡量的东西。如果你觉得生命的价值至高无上,那你就应该允许这些人用一切手段自保,因为他们保护的就是至高无上的价值。如果你也觉得生命的价值不一定是无限的,而是可以被衡量的,你就应该允许"牺牲一个人来成全更多人"

这种生存的可能。

另外，正方的观点预设了"只要杀人，就一定有罪"，这是一种对法律非常机械的理解。无论是英美法律当中的murder（谋杀），还是中国的刑法中的故意杀人罪，其法律条文非常简单，就是故意导致他人死亡者犯有故意杀人罪。可是，如果生命有绝对的价值，为什么有一种刑罚是让杀人者死？并不因为这是法律所规定的，所以就要机械地服从，而是因为这一规定服务于一些目的和价值，其中最重要的就是：

第一，我们认为做了错事的人应该受到惩罚。

第二，我们应该在一个人受惩罚的过程中实现对他的改造。

第三，我们能够阻止更多的人像他一样犯罪。

不要忘了，这些人是在接近野蛮人的自然状态的绝境之下仍然努力靠近文明的人，这就是为什么惩罚这些人并不能实现刑罚的目的。他们是像恶意杀人者一样坏的人吗？他们根本就没有杀人的恶意。惩罚这样的人也不能阻止这种罪行再次发生，因为很难想象这个世界上还会有人遇到此类极端状况。也就是说，再付出5条人命的代价并不能达到这条刑罚本身的目的。若是这样做，就是为了法律的形式而惩罚了一些在绝境之中已经很努力去靠近文明的人，我认为这不是法律的意义。

生命不能交换，哪怕是用生命

庞：我有三点要反驳。

反方说杀人不一定有罪，他举的两个例子是"救援的人有可能会牺牲"和"高速公路上一定会死人的"，那么，这意味着派出救援队的人和建高速公路的人是在杀人吗？当然不是！一个东西在客观上会带来一定致死的可能性和一个人主动进行杀人的动作，有非常大的差别。即便两者在形式上的差别很细微，但在道义和法律上的差别却非常大。因为后者是预谋性的，而前者，无论是救援还是建高速公路，不但没有预谋性，还是在尽最大努力降低致死的概率。

无论是派出救援队的人还是修高速公路的人，都会为了尽可能降低致死率而绞尽脑汁，我们牺牲效率或投入更多的成本都是为了让生命事故无限接近于零。他们与那些为了功利去主动牺牲他人生命的人，有着两种截然不同的对待生命的态度。所以反方不能用这两个例子来论证杀人是可接受的。

第二，反方指出我对人命的价值的看法有矛盾，她说如果我觉得生命的价值如此至高无上，那"杀一救五"在我的价值观里应该是一个好行为。我刚才说过，"生命的价值至高无上"的意思不代表只有生命能跟生命等价交换，而是没有任何东西可以跟生命等价交换，所以"杀一救五"是不对的。否则我们完全可以从功利主义的角度来计算生命的数量：比如我可以在医院杀1个病人救5个病人。如果我们一旦接受"生命是可以按数量计算的"这个观点，那么只要能说出某种计算的结果，就能合理地、无限地伤害生命，那这个世界会人人自危。因此为了保证每个人的安全，我们需要维护"生命不能被等价交换""不能杀无辜之人"的原则。为了维护这样的原则，我们甚至可以接受宁愿在洞穴里被饿死也不杀人。所以，并不是说只要你快死了，任何事都要为这件事让步，纵然生命神圣不可侵犯，但"不杀无辜之人"是我们必须要维护的原则。

第三，反方说刑罚的目的之一是威慑力，即防止其他人再犯同样的罪。她的逻辑是：因为这件事极其少见，很难有人再次经历，所以这一判罚结果并不会影响未来相似事情的判罚，所以起不到威慑作用，所以判其有罪也没有意义。

但我认为不是这样，它可以有类比的作用。比如有个人非常饥饿而去偷了面包，法官还是判了他有罪，所以"饥饿"能不能构成紧急避险的情况？能不能为了保护自己的生命而伤害他人的生命权、财产权等权利？这一"面包案件"也常常被类比来判"洞穴奇案"，既然在饥饿的情况下你都不能偷面包，又凭什么能杀人呢？显然，"饥饿"不构成紧急避险的充分条件。所以，不能因为相同情况出现的概率小，就以为起不到威慑力，就放弃了惩戒。而且惩戒本身也能起到警示和教育的作用，如果法律明确"杀人来吃"这种反文明的行为也会构成谋杀罪，那也会倒逼人们之后在类似情况下去寻求更合理、更正义、伤害更小的选择。

法律到底有没有正确答案？

詹：一个人做不到像烈士那样宁死不屈，是否就代表他是一个有罪的人？如果你在战场上被俘，而不投降的代价是死的话，大部分国家的法律规定你可以投降且不会被以有罪论处。另外，我也只是用救援队及高速公路的这两个例子来类比说明，在社会的实践中，生命并没有绝对的价值。

我也并没有否认他们的行为是符合故意杀人罪的法律条文的，但我要强调的是：不能为了法律而法律，法律是有目的的。如果只要法律的形式，那我们今天也不需要法官和陪审团，用AI判案就可以了。AI说这些人是故意杀人，他们就有罪。

但法律给人很多机会，它对行为的判断不是依据某一个瞬间，而是考量这个人整体的行为，他有没有尽最大努力靠近文明？这也是为什么很多在我们看来也是穷凶极恶的罪行并没有被直接处以极刑。对于某些具体的法律问题，我们可能还没达成共识，但至少有一点我们都认同：法律给人机会去尽可能地靠近文明，这一点必须要通过刑责相当、在量刑上有所考虑，才可能实现。

现在我来讲我最重要的论点。从几十年前法哲学家富勒（这一案例的提出者）所在的年代直到如今，法律的发展最关切的一个问题就是：法律到底有没有正确答案？

在富勒的年代有一个思想潮流叫"法现实主义"，即很多人开始质疑法律是一个随机或是人为的东西，一个法官是否判一个人有罪可能取决于他肚子饿所以心情不好，还是他刚刚吃了午饭所以心情不错。之所以法官被认为有这样自由裁量的权力，就是因为很多人认为法律是没有正确答案的，尤其是在复杂案例里，我们很难得出正确答案。

比如，刚才正方理所当然地认为这些人犯有故意杀人罪。可是什么叫"故意"？你如何在每一个具体的事实里去确认他到底是不是故意？现在假设我们是两个持相反立场的法官正在面对"洞穴奇案"的具体事实，我们来分别解释什么叫故意。

正方会说：这当然是故意，他们是有意识地要让这个人死，并且让这个人死之前他们经过了长时间的讨论、抽签，他们故意让这个人死，是为了吃他的肉。而作为反方的我可以说：你不觉得这个跟一般的故意杀人有显著区别吗？现实中的故意杀人——谋财害命、劫色害命、仇恨杀人、报复社会，等等——的"故意"是主动的。而这5个人是主动想要杀这个人的吗？不是，他们是被逼入绝境，不得不杀。

所以，故意这个词是可以被从不同角度解读的。一个法律条文无论用多么精确的语言都无法描摹出每一个将来会遇到的现实状况。但我要捍卫的一个观点是，我们认为法律是有正确答案的，这个正确答案需要法官自己去找。但并不是法官自由地用自己的道德或者意识形态去替换法律，而应当在法律中寻找正确答案。也就是说，法律本身给不了我们那个绝对确定的答案，但我们可以去通过探寻法律的意义和法律背后的原则与逻辑来找到正确答案。

就拿刚才正方提到的正当防卫举例。为什么法律要发明出正当防卫这个概念？它意味着什么？它意味着在有些情况下，就算你有意识地杀人，法律也不会判你有罪。因为法律并不是简单地处罚"有意识地杀人"这个动作，它还要问，你为什么有意识地杀人？

其中就隐含了两个非常重要的底层的原则。

第一，在法律中，"故意杀人"的隐藏含义是恶意杀人，就是你有恶意，我们才觉得你故意要杀人。这就是为什么在正当防卫时，我也是有意识地要让那个人死，但并不代表我有恶意而故意要杀他。第二，正当防卫和一般谋杀有一个重要的区别，就是当事人还有没有选择。后者有，而前者没有。

我认为而"洞穴奇案"符合这两个原则。

第一，这5个人的确有意识地要让这个人死，但他们没有恶意。就算有任何意图，那也是自保，甚至算不上自保——不要忘了，他们选择了抽签而不是直接杀人。第二，他们是被迫进入这种选择的，并且他们没有除杀人以外的选择。我知道这时对方会反驳说："可是正当防卫的情况跟这5个人的情况有一个显著差别啊，正当防卫通常是即刻发生的，你面临的是迫在眉睫的危险，如果不正当防卫，你可能下一刻就要被杀掉。可是这5个人是经过了一段时间的深思熟虑的。"

对此，我要引入一个新的概念，就是"受虐妇女综合征"。在之前的司法实践中有很多施暴者被受家暴的妇女反杀的案例，比如一个被丈夫长期家暴的妇女终于忍无可忍，有一天趁丈夫熟睡时把他杀掉。而这些妇女的杀人行为在很长时间里都被视作谋杀，并没有得到正当防卫这个理由，原因就是我们认为正当防卫需要是即刻的、迫在眉睫的危险情况，而当这些妇女选择反杀的那一刻，她们并没有面临威胁。

但随着法学的进步，逐渐地，我们开始认证这些反杀的妇女满足正当防卫的条件，原因是她们长期处在死亡的阴影之下，而她们没有办法等到丈夫挥拳或挥刀的那一刻才去防卫，因为那可能就来不及了。所以，这种认证代表法律要再一次告诉我们,人还会处于这样一种境况——他们生活在长时间的无法摆脱的死亡阴影之下,这时他们无法决定直到哪一刻危险才是即时的。所以,危险的即时性并不是构成正当防卫的必要条件。

正如这5个人没有办法意识到,直到哪一刻他们不吃人不行了;直到哪一刻他们就算吃人也活不下去了。他们长期处于这种死亡的威胁之下,所以他们选择了自保,而这不应该被认为是谋杀。

为什么"洞穴奇案"这个思想实验总是能给人新的启发?并不是这个故事本身能穿透时间,而是因为法律一直在发展,我们一直在认识人面对的不同的真实困境,而予以这些困境中的人同情。予以同情的方式不是机械地执行法律条文,而是意识到法律在条文背后真正想要保护的是什么,以及每个人真实的困境到底是什么。

绝境不应成为一切杀人行为的合理借口

庞:如果我支持机械地执行法律条文的话,我的立论就不会这么长了。之所以我说了这么多,正是因为我考虑了反方说的一切观点。

反方刚才用了正当防卫这个所谓的类比，她或许没有这样的意图，但我觉得它在客观结果上可能会造成一些混淆。因为仿佛在"洞穴奇案"中那个被杀的人有错（正如被杀的施行家暴的丈夫有错），是他引起了一切的发生，而杀了他能解决这个问题。但并不是。反之，我认为这个被杀的人是值得尊敬的，他在退出契约时说的是"让我们再等一等"。

另外，反方说这 5 个人没有恶意。什么叫恶意？一个人明确说了他不希望做这件事，你却帮他抽签，然后杀了他，这叫不叫恶意？他们面临的是一个杀人的决定，当然有道德和法律的义务去尝试其他伤害更小的选择。

你可以说这不一样，这是绝境，但很多人都可以用同样的方法来说他们所面对的是绝境。反方从来没有接我说的器官移植的例子，为什么？因为她知道这两个逻辑非常像，"我快要病死了"也是一种绝境啊！如果我们今天能够接受"因为这是一个绝境，所以杀人无罪"的说法，那这种绝境可以合理化很多杀人的行为，这是一个大问题。

而且反方一直说这 5 个人没有选择，可我一开始就列了那么多选择。而且实话说，你既然选择去探险，你难道不知道可能会有这样的危险吗？你真的没有选择了吗？

有，你可以选择像个人一样站着死，你也可以选择认栽。但不能选择靠杀无辜之人来解决自己的生命问题，这非常自私。并且这样的法律原则一旦被放在一个判例里，会影响未来很多类似案件的判罚。

詹：这一轮我来集中回答正方的几个挑战。

首先，正方说"洞穴奇案"与家暴案例的显著区别就是在后者中被杀死的人是问题的来源，而前者的情况并非如此。这一点我同意，但这不代表在洞穴里的人不面临同样的绝境，虽然这是天灾，却也不能代表他们不面临死亡，以及陷入要杀掉一个人才能活下去的这种困境。我并不是说这个人该死，他的确是无辜的，但在这种情况下每个人都是无辜的，每个人都选择承担同样的风险和被抽中的概率。

第二，正方举的"杀一救五"的器官移植的例子非常吓人。请注意，我从来没有认同过"杀一救五"这件事，因为那个"一"是绝对无辜的人。现代社会的基本文明准则就是我们不能为了自己的利益去伤害一个绝对无辜的人。可是在"洞穴奇案"里，这6个人并没有选择直接杀掉一个人，而是选择共同达成一项决议——把所有人的生命都放在死亡的轮盘上,他们没有让任何一个人做无辜的牺牲者,他们只是决定了必须得有人去牺牲,而每个人都有被牺牲的概率。

最后,正方说这些人没有做足够的尝试。这里我要补充一点,这个案例设计的目的就是为了在确定的情况下把我们的思维推到极致来分析其中的法律问题本身,而不是去幻想各种各样的可能。这正是因为在之前真实的司法判例里,你确实没有办法确定"我吃了这个人能不能活下去""我不吃这个人是不是也可能活下去"。所以这个案例才设置了洞穴里的人可以用无线电和医生交流,而医生也明确地说了,他们还有10天才能获救并且没有别的食物就不可能活下去,而如果吃掉一个人就能等到获救那一刻。这一切都是确定的给定条件,我们的探讨都在这些给定条件之下。

请注意,他们问医生"我们吃掉一个人能不能活下去"时,医生也沉默了很久,他一定也受到了良心的拷问,而最后他还是无奈地说"是"。如果真的靠只吃个手或脚就能活下去,医生一定会告诉他们。他为什么没有建议这种方式?我们可以想象,6个人靠吃一只手或吃一只脚能活10天?而你被砍断了一只手或一只脚还能活10天?不要忘了，他们在选择杀掉一个人时并没有先杀那个最胖的，而选择了抽签这个公平的方案。这些人都能够冷静到做这些，你觉得他们会想不到吃手或脚这种方式吗？

所以，无论是方案设置还是常识推断，他们已经穷尽了所有可能才想到杀掉一个人这个选项。所以，我觉得引入这些"他们还有其他选择"的讨论没有意义，不能推动我们对于法律问题本身的讨论。

消极肯定无法代表个人意志

庞：首先，反方已经开始诉诸场景设定，而不是靠真正的论点来辩论了。她说"你不能质疑他们是否有靠其他方法活下来的可能性"。但并不是这样，这个案例中的一个法官也提了各种其他的可能性，包括吃手、吃脚等，甚至等到有人自然死亡后，如果其他人可以靠吃这个人活下来，这也是一个不主动杀人的方法。所以从场景设定上来说，这个可能性是可以被质疑的。况且，如果杀掉一个100斤的人，那每个人献出20斤跟杀掉一个人的效果是一样的。当然这样做也可能会死人，但即使如此，这依旧是一个伤害更小的选择，并且也是一个不主动杀人的方法。

其次，反方一直说"洞穴奇案"与我举的器官移植的例子不一样，难道在病房里抽签杀人这种行为，你就能接受吗？你不能。这是把人当成工具，靠杀人去解决问题既不合理，也不合法。

更何况这根本不是一个公平的抽签，因为那个人明确表示过他愿意再等一等。但你却强行替他抽签并问他觉得是否公平，他没说话，你就认为这代表同意，就把人家杀了。

我们现代的法律精神是"yes means yes"，只有在别人正面承认和肯定后，这件事才算数。更何况在杀人这么严重的事情中，我们更不能接受一种消极的肯定，我们必须只能接受积极的肯定。

詹：不是我非要诉诸场景设定，如果我们这场辩论变成一个求生技能比赛或是想象力大比拼，那就非常无聊了。你怎么不说这些人还可以掘地三尺，说不定挖出来一袋土豆？我为什么要强调场景设定？就是因为这个案例之所以经典，就经典在这些设定，它就是拒绝所有干扰因素——"再想想还有没有别的可能""这也不一定""那也不一定""你们再想想""再等等"——直击灵魂。

我现在问你，庞老师，假设你非常清楚，我们抛开这些可能性，他们不杀这个人来吃就是得死，你的观点变不变？

庞：不变，就是得死。

詹：你就认为他们应该去死吗？

庞：对。

什么才是真正的野蛮与文明

詹：我接着说，正方刚才提出了几种可能性。第一，她说等有个人自然死亡后我们再去吃他。这种做法看上去好像很文明，因为我们没有主动拿起屠刀，可是其实这是一个最不文明的做法。假设这6个探险队员体格相当，那他们自然死亡的时间其实差不多，那种可能其实毫无意义，因为大家差不多是同时死的。而如果其中有一个人明显身体最虚弱，然后我说"我们都不要杀人，我们等他死了吃他就行了"，这跟我直接说"我们把他吃掉"有什么区别？这种策略才叫弱肉强食，这种策略才是在退回野蛮的自然状态。

假设其中真的有一个更虚弱的人，而其他人即使知道如此也仍然决定抽签，这才是勇气。文明社会中的选择讲究随机性，而不是针对人的某一种特征来选择。所以你指出的那种策略看上去更文明，其实是更野蛮的。

庞：我知道你会这么说，所以我刚才特意强调了：首先，对这一案例的这么多讨论中，没有任何人提过这6个人里有一个人明显更弱和会最早死，所以我假定至少所有人从表面上看不出来谁更弱。所以当自然死亡发生时，其他人如果还活着，他们可以靠吃腐尸续命；但是如果在有一个或多个人同时自然死亡后，其他人已无法靠吃腐尸续命时，我认为要接受这个结果。

这里的差别在于，你是以他们如何靠选出一个人杀掉而活下去为设定；而我的设定是他们接受一起死，只是万一有人死了，其他人还有机会活。所以你不能说我也支持选一个人杀，而且还选了更弱肉强食的办法。

詹：我们最大的差别在于，你站在道德的高地，总认为他们能想出一种绝对不违背法律的办法。而我要捍卫的是：生命的价值既然是至高无上的，而这些人又没有其他选择，你就应该允许他们用一种非常努力靠近文明的方式来实现自我保全。

如果法律不肯认人的文明行为，就会导致一些非常荒谬的结果。假设这6个人中有一个心怀叵测的阴谋家，他一听到医生告诉他们这一切的确定性之后，他就用石头赶紧砸死两个人，然后趁着其他人错愕时又砸死两个人，或是这些人完全失控，进入了一种疯狂的弱肉强食、自由搏击的丛林状态，一顿血肉横飞之后，最后活下来一个人。

当这个人有一天站到法庭上被审判时，他可以以精神状态为借口来辩护，他可以说，我当时疯了，因为巨大的恐慌，加上饿了、隔绝了二十多天，又看到大家打来打去，我的神志完全不清醒了，没有办法做理智的判断了。而法律很有可能因为这一点判他无罪。这不是很荒谬吗？法律若不肯认这5个人用靠近文明的、最公平的方式共同承担死亡的风险，只因为他们也在形式上杀了人，却肯认以上这些更荒谬的借口，那就是在逼迫人选择更疯狂的、更丛林的方式。

我还要反驳正方提出的两个设想。首先，她说这个人选择退出抽签，其他人应该尊重他退出的权利。有意思的是，你在做这个场景介绍时故意扭曲了事实的设定。事实是，当他被问起"你觉得别人代你抽签是不是公平"时，他不是没有说话，案件描述中英文原文是"He states he has no objection",意思是他并不认为这样做有失公平,也就是说,他主动肯认这样做是公平的。第二,如果放任这个人退出,那么剩下的人被选中吃掉的风险是不是就间接地增加了?为什么我们不允许这5个人增加他1个人死亡的概率,却允许他增加其他5个人死亡的概率呢?

还有一个很荒谬的可能,如果这个人退出了抽签,而当其他4个人杀了一个人开始吃时,他也饿得快要死了,他可不可以向别人索要食物,或者别人有没有义务给他食物?如果给他食物,但他没有承担死亡的风险,也没有参与杀人,却仍然从杀人中获益,他是不是同样有罪?如果不给他食物,这个人是不是可以指控其他人参与谋杀?因为这些人可以轻易地救他(给他食物),却没有这样做。

最后,如今的政治哲学认为,我们的社会,特别是在这个案例所设定的国家的社会,是由契约缔结而成的,所有人都有退出的权利。当这5个人达成共识要通过抽签来决定生死,就已经违反了所在社会现存法律的契约,也就标志着他们退出了原始契约而结成了一个新的社会。他们在新社会之下,用他们所有的人——请注意,是所有人——都明确认为是公平的原则来裁决生死,你有什么可以指责他们的？你的国家的法律凭什么可以审判他们在新社会里的行为？

庞：好，反方的论点是这几个人建立了新社会，有了新法律，所以这个人必须要遵守新法律和新契约。但这个新社会还没被认可，你就忙着行刑了，这是不是有点不太厚道？

另外，反方还说因为一个人的退出增加了其他人的死亡概率，你怎么不说这种抽签吃人的方法是把死亡概率从零增加到了五分之一？所以，反方之所以用这样的论点，因为她已经认为被杀是这个人的义务了。这就好像一个强奸犯说，"她那天晚上跟我吃饭之后明明主动跟我回酒店，后来脱了衣服她却不愿意了，她怎么能随时反悔呢？不能反悔，这时你就算没有说 yes，你也是自愿的"。

当被其余 5 个人问到这样是否公平时，也许这个人的意思只是客观地说我们被抽到的概率是一样的，但这代不代表他授权让别人代他去抽？不一定。反方说"这是在野蛮中如此努力地接近文明"，如果真这么在意文明，还有那么多时间，你都不能等到那个人说 yes 吗？

我不是说大家都要像圣人一样，而是说对于杀一个无辜的人——还是杀一个没有主动认可杀人规则的无辜的人，这么严重的事情，你有没有法律和道德的义务去尝试其他的选项？如果连这种尝试都没有，你就根本无法用这样的理由把你自己从杀人罪当中开脱出去。

我们永远无法与绝境中的人感同身受

詹：我相信富勒最初写这个案例时，他就给了正方刚才这番慷慨激昂的陈词的空间，因为这个人到底有没有说他同意是一个存疑的问题，它牵涉到底什么时候给出的同意才算同意，以及当契约达成之后，到底在多长的时间内或者在什么条件下还有反悔的可能？所以我只能绕开这个问题。

这里的同意没有那么重要。为什么？因为紧急避险的情况也不要求无辜者的同意，一个人也根本没有权利同意把自己的生命拿去做轮盘赌。正方刚才的那番论述是道德要求的论述，跟紧急避险所要求的绝境条件没有冲突。

正方还说，这些人是自愿选择去探险的，也就意味着自愿选择了被吃或死亡风险，一个人既然是自愿选择做某件事情，他就没有资格说"我是被迫陷入了绝境""我只是紧急避险"。这个说法很危险，因为人做所有事情都是主动选择的。假设我住的酒店房间起火了，我可以把窗户砸碎逃出去，并且事后不需要赔偿，因为这属于一种紧急避险。你却说，不对，你为什么非要住一个木制的酒店，这不容易起火吗？你明明知道有这种风险还主动去做，你没有紧急避险的资格。

这些人是主动选择了去探险，可是他们罪不至此，难道因为主动选择了探险，他们就必须接受山体滑坡、陷入不得不吃人的绝境吗？我主动选择了去滑雪，我就选择了接受有从山上滚下来把脸摔破的风险，可是我有选择突然雪崩了、我被埋在雪底下的绝境吗？生命中的有许多的意外会把人抛入原本不至于此的绝境中，而我们应该予以他们一些理解。

就算我们只以法律的形式来论，《中华人民共和国刑法》里对判罚至少要求两点：你既有犯罪的行为，也有犯罪的意图。

可前面一再解释了，你真的认为这些人和一般意义上的谋杀犯一样有鲜明的犯罪意图吗？他们也不愿意杀死同伴，他们也不想自己有可能被人吃掉。所以这一点他们不满足。其次，惩罚这些经历了这一系列可怕事件的人，真的有助于实现法律的目的吗？我一再强调，我们是作为人去衡量其他人在不同境况之下的选择的。

他们当然可以都像圣人一样安安静静地坐着等死,这是道德上更好的选择,看上去更加神圣的、光荣的选择。可是当他们做不到时,是不是代表他们是有罪之人?在同样的绝境之下,你我能比他们做得更好吗?如果做不到,你可以不用那么慷慨激昂。

在绝境中,依然应心怀人类世界的责任

庞:反方刚才提到"意图",这又是法律里一个需要咬文嚼字的概念。我认为对其的讨论不太重要,而重要的是,无论上一场还是这一场辩论,反方的绝招就是认为我站在道德的制高点上,她说只要无法保证自己一定比那个人做得更好,就不应该惩罚他,这个人就不应该有罪。

首先,反方按自己的行为标准去判断这件事,哪怕某个大法官以他自己的道德观去判断他在那个情况下会不会做得更好,我都认为这是一件傲慢的事,仿佛自己的道德标准就是这个世界上公认的甚至是最高的。你不能傲慢地以自己会怎么做来认为人类都应该这么做,一旦要求比这个高,就叫作不合理的要求。

其次,她说这些人并不野蛮,而是非常理性和冷静。但越是这种理性的情况,我们的看法越应该加入一个一致性的法律的维度。我们并不是要求每个人都像烈士一样选择站着死,但至少如果你选择了杀人,你就要敢承受结果。

反方给我扣了一个"站在道德制高点"的帽子,认为我要求每个人都是道德完人,但是反方对道德的要求是不是太低了?她认为在绝境之下,这一切主观的判断或极端的行为都合理合法。我认为合理合法的前提是,它必须是产生最小伤害的选项,而这就是为什么在这些人根本没有完成他们的法律和道德义务去积极尝试其他选项时,我们不能直接认为他们满足了紧急避险的要求。

总之,人活着这件事的确很重要,但"要死了"也不能作为一切不择手段的理由。

第25讲

给宠物或流浪猫狗绝育，人道吗？

这场辩论起源于一个"让街边的毛孩子温暖过冬"的公益活动，辩题是"给宠物或流浪猫狗绝育，人道吗"。宠物和流浪动物的身份在某种程度上非常容易互换，当宠物被弃养，就成了流浪动物；当流浪动物被收养，就成了宠物。比如猫如依以前就是一只流浪猫，后来它受到救助，被我们领养。

詹青云是正方，认为人道；我是反方，认为不人道。

詹：我认为无论是给宠物还是流浪动物绝育，都是人道的。首先，我不想把这个讨论限制在宠物上，不然对庞老师非常不公平，因为众所周知她给猫如来绝育了。如果只讨论宠物，她接下来的辩论就是对自己无情地批判。

其次，我觉得给宠物绝育是一个相对狭窄的讨论，它更接近科学问题。因为猫如来在没有绝育之前过着一种非常痛苦的生活，经常发情，但当它成为我们的宠物之后，失去了发情的渠道。那反过来，对人道的讨论可以延展到更广的范围，它不仅停留在一个人之于一只宠物的选择，更重要的是，对于猫狗这种伴侣动物和常见的流浪动物，绝育其实还可以被作为一种控制种群数量的方法。

以良善的目的出发，以实现良善的结果

为流浪猫狗绝育，即TNR计划：捕捉（Trap）、绝育（Neuter）和放归（Return）。这是20世纪八九十年代由世界诸多动物保护团体共同发起的、一项旨在以人道的方式管理和减少流浪猫狗群体的方法。所以从一开始，它就以一种良善的目的被发起，就像庞老师会选择给猫如来绝育一样。这项计划也逐渐被推广到世界各地，同时不断被注入新的内容。比如TNR计划后来还加入了V（Vaccine，注射疫苗）的步骤，救助人员在捕捉到流浪猫狗之后，除了对它进行绝育，还会为它注射疫苗和做疾病

检测,以及科学喂养、甚至带患病的猫狗去做治疗。

而在发明以绝育的方式来控制和管理流浪猫狗的数量之前,很多城市早已存在这个群体的泛滥、被弃养或投喂的问题,但此前人们都以直接扑杀的方式来处理。以旧金山为例,它在推广TNR这套体系的十年内,需要被安乐死的猫的数量下降了73%。所以我认为这就是人道的本意,以良善的目的出发,以实现良善的结果。

绝育除了能控制这个群体的数量,还可以帮助它们减少生殖系统的疾病,或降低其生殖系统的患病率。控制它们的荷尔蒙水平,也能减少特别是雄性动物间因争夺地盘或争夺雌性而出现的打斗行为,由此又进一步地缓解了在一定区域内由于资源不足带来的内卷和内耗。所以,为流浪猫狗绝育,其实是由世界各地的动物保护团体普遍发起的、为绝大多数爱动物人士所认同的、一个最能解决问题并平衡各方面资源的方法。

我重申一遍,以良善的目的出发,以实现良善的结果,这就是人道的本意。我知道对方一定会说,"你的做法看上去比扑杀人道,但仍然是不人道的,因为它依然在一定意义上牺牲了宠物的天性。这是以人的良善目的出发,但未必是以宠物的良善目的出发"。

这就需要进一步探讨人道这个词的含义。首先，人道在中国的语境下是一个多义词，传统儒家社会也讲人道，比如《礼记》中的"亲亲""尊尊""长长""男女之有别"。再者，我们不能僵化地理解这个词，人道主义这一概念自启蒙运动后被传播到世界各地，我之前也读了一些书，其中对人本主义、人道主义、人文主义这几个词的区别有很多辨析，但通常来说，我们都认同人道这个词存有一种博爱的含义，它指的是人对他人之苦难的同理心、同情心、不忍见，并想要积极减少他人苦难的愿望。比如工业革命之后人道主义的兴起，就是因为人们对童工、奴隶的悲惨境遇有种深切的同情，觉得人的尊严和福祉应该得到最低限度的保护。

而我们今天提起人道主义这个词，通常是当危机发生的时候。比如红十字国际委员会就是从人道主义的立场出发去应对危机、并尽量减少人在危机中的苦难；又或者战时法也被叫作国际人道法，它并非从人道的角度出发而要求战争停止，而是要求战争双方必须考量军事必要性和人的福祉之间的平衡，也就是说，即便在战争的状态下，双方仍要保障战斗人员或非战斗人员的基本的人的尊严和福祉，尽可能减少人的苦难。所以我认为，人道主义这个词从一开始就是一种应对危机的反应，它在本意上不是一种高调的道德，而是一种切合实际、贴近真实生活的道德。这种道德的义务就是在无法避免的两难选择中，尽可能地减少苦难、增加福祉、保持尊严。而这就是我们今天面对流浪猫狗群体或者人和宠物相处时，也该做到的人道。

当人已经彻底地改变了这个世界的面貌，改变了自然的形态，改变了猫和狗的生活方式，同时有大量的人选择弃养，也有人选择投喂，而猫的繁殖能力又非常强，当这个群体不断扩张后，它们可能会侵入其他的生态区域、散布疾病，甚至给当地的野生植物或鸟类带来巨大的威胁。以至于如果我们选择对流浪猫狗或被弃养的宠物放任不管，家里的猫如来很痛苦，家外面曾经流浪的猫如依也很痛苦。而我们应对这一切的方法就是对它们进行绝育，由此更好地调节自然界中各个种群的关系、人和动物的关系，以寻求一种平衡。

绝育所隐藏的人类中心主义

庞：对方在人道的定义上玩了一个技巧，非说人道和道德不同。她说人道就是在不可避免的两难中选择一个，两害相权取其轻。可人道已经后退到这种地步了吗？如果今天一个连环杀人犯在杀人时思考，是把对方的头敲烂还是直接一刀捅死，最后他选择了一个让对方所受的痛苦相对少一点，尸体相对体面一点的做法，他就算是一个人道的人了吗？这显然是违反常理的，对方把人道的这个概念的门槛降得太低了。

其实在日常语境下，人道和道德几乎是同一种概念。有时我们会说"某种方式人不人道"，比如养鸡的方式人不人道，杀牛的方式人不人道，等等。我们带着一些对动物感受的考量。比如国外超市里有些鸡蛋包装盒上会标明这些鸡是以人道的方式被养大的，比如没有被笼子关着，或者不会被喂自己同类的肉制成的饲料等。所以人道还应该包含从人类的视角看动物，考量和关切它们的痛苦、幸福感等感受。

绝育是目前在国际上已经被接受的一种所谓的人道的手段，所以对方的论证其实是顺应大众直觉的，而我方的观点是反大众直觉的。为什么我认为给宠物或流浪猫狗绝育是不人道的？因为它虽然非常普遍，但背后依旧隐藏了一种深层的人类中心主义。首先，绝育不仅侵犯了动物的自然权利，而且可能会对动物的身体健康和心理健康都产生负面的影响。其中的人类中心主义就体现在，我们认为人类的利益高于所有其他生物的利益，所以在考量是否要对其进行绝育时，更多是从自身利益出发的。举个例子，猫如来曾经是我的邻居的猫，它发情的时候会叫得很大声而且很凄惨。而每次这个邻居的男朋友来了，再加上猫如来正在发情，他们就会把它赶出家门，让它在楼道叫。

其次，给猫绝育也可能是为了让它能适应人的生活方式，比如怕它半夜的叫声影响人的睡眠，那长时间下去我忍不了了，怎么办？那我没法养了，要遗弃它，怎么办？我把它送人，谁会要它？那只能让动物改变它的自然状态，从而适应人的居住环境和生活方式。这是人类中心的视角。

不是猫离不开我，而是我离不开猫

开头提到猫如来在家中没有可供发情的渠道，但反过来说，它为什么不能出门自由活动？其实有很多猫，特别是在乡村里的猫，就能独自出门遛弯、玩耍，想回家就回，想去别人家就去。但为什么我没有让猫如来拥有这种生活方式？实话说，并不是因为它离不开我，而是因为我离不开它，我接受不了它离开我而去别人家，即使它天天站在门口想出去玩，但我接受不了它走，所以我把它关着。也就是说，这件事并不由它的想法决定，而由我的需要决定。

从这个角度看，我们对动物有一种绝对的控制，我们决定了它们能否出去玩、决定了它们能否有自己的孩子，甚至决定了它们的生死。还有更夸张的情况——为了人的视角下的好看或可爱而人工繁育出一些基因有缺陷的品种。如果它是一个名贵的品种，哪怕它在繁育时基因会出现很多问题，别说不会被绝育了，它还是会被许多猫舍、犬舍当成繁殖的工具。所以，绝育与否等这些需求都是依照人类的利益被提出的，而动物的感受和权利并没有被平等地考量。所以，如果这样做都能被称为道德，如果面对这种情况我们都还不能反思人类中心主义的问题的话，我感到遗憾。

人是否能站在动物的立场上想问题

詹：庞老师竟然敢指责我玩弄概念，我已经非常友善了。如果我真要玩弄，上下五千年，自古希腊哲学家开始，道德这个概念的主体就是被限缩在人这一讨论范围内的。至于动物，在动物伦理学出现前是没有道德义务的。其次，我要求对方向我论证，为什么动物的伦理观是可以成立的？对方需要花很长的时间去论证这个问题，而我方只需要说，在我们的理论世界里，人道即推己及人的博爱，它的道德主体只是人，因为只有人才有理性。更不用说在基督教的语境下，人才是上帝按照自己的形象所创造的。

其次，对方说一个行为，比如她举的杀人的例子，只要性质被确定了，具体的手段不需要被详细地区分。但不是这样的，人的行为恰恰应该被严格地、认真地区分。在法院量刑时，用什么手段杀人这件事是很重要的，它是出于一时的义愤，还是表现出残忍无情地对生命的漠视，这都会影响对杀人行为的性质的判断。对方认为我降低了道德的门槛，而我恰恰要反对的，就是她这种抬高道德的门槛，即把道德这个概念绝对化的做法。

当道德被过于绝对化时，道德与否的评价其实已经变得无所谓了，因为我们只能站在人的立场上想问题。就像你说猫如来叫得很惨，也是你站在人的立场上想问题，反过来你觉得猫被人做绝育很惨，也是你在揣测它的痛苦，你觉得于心不忍，这样做可能侵犯了它的自然权利。但是猫是不是也这样想？你没有去研究过这个问题。

事实是，很多科学研究证明，母猫怀孕未必是出于它自主的选择，而很可能是由它的荷尔蒙分泌加之其生活环境共同导致的。而一只猫在怀孕时会变得焦躁不安，它的抵抗力会下降，特别是流浪猫，它的食物原本就相对匮乏，加上怀孕后，它抵抗风险的能力就会变得更弱。又因为猫可以在短时间内反复怀孕，有些母猫甚至要赶走自己的刚出生不久的小猫，因为它没有办法应付一次又一次的能量消耗，那这些现象是不是也是违反自然规律的呢？归根结底的问题在于，对方站在她的立场上说一切反自然的东西就是错的，就是不人道的。

人的行为应该得到公正的评价

这就像早年西方国家开始推行最低工资制度的时候，有很多资本家站出来说，政府在扮演上帝，因为他们没有按照市场自然的运行规则做事。可这些资本家没有想到的是，这个世界早已不是自然的了，政府早已设定好了游戏规则。同样，人早已改变了世界的形态、大自然本身，以及猫和狗的生存方式。然后你跳出来说"因为绝育这件事不自然，所以它就一定不正确"。

但人之于动物的思考一定是以人类为中心的，如果说只要没有把人和动物置于平等的地位考量、只要是从人类出发的行为、只要做任何违背自然的事情就是不人道的话，你现在生活的每分每秒，从早上吃鸡蛋、喝牛奶、每顿吃肉，到你把猫如来留在房间里、不让它跑出去——即使你知道它有多想出去——都可以被评价为不人道。所以，如果这一切我们都以一个绝对的道德立场看待，很多行为就无法被区分了。

否则，我们有什么立场去指责那些把猫当作发泄变态欲望之工具的虐猫者？因为，同样的道理，你今天之所以吃到肉质鲜嫩的牛肉，是因为那些小牛从生下来开始就被关在一个小笼子里，不能到处走动；你今天之所以吃到美味又便宜的鸡蛋，是因为在蛋鸡养殖场里，刚孵出来的如果是小公鸡，它们就要被处理为饲料。而我们当下做的每一件事，其背后的真相可能都比虐猫更残忍，并且这些事是成规模地、持续地在进行。

而在我看来，首先我们不必对自己这么残忍，如果你真要用这个标准对待生活中的一切，那都是不人道的；其次，人的行为应该得到公正的评价。虐猫和给猫绝育都违背了它的本性，可能都会给它带来痛苦，可能都从人类中心的视角出发，但这两种行为是有鲜明的区别的。在真实的生活里，我们对这两种行为真实的情感评价是截然相反的，为什么？扪心自问，那些去给猫绝育的大多都是什么人？他们是爱动物的人，我觉得他们的行为应该得到一个公正的评价，而不是以一个绝对的道德标准来被指责为不人道。否则我们还能用什么样的道德观去指导、评价、探讨我们应该采取的行为？

可能我们无法完全避免人类中心的视角，但我认为在给流浪猫狗或宠物绝育这件事上，我们已经相对"去人类中心化"了，很多人是发自内心地在为动物的福祉着想，比如前面说的，绝育能帮助它们减少疾病的发生、争斗的行为，以及发情带来的痛苦，更不用说降低流浪猫狗的无序繁殖给当地生态带来的危害，为什么不想想当地的鸟、鱼，以及那些更脆弱的动物呢？这些人在做这些事时，已经尽可能地遵循良善的指引，也真的实现了良善的结果，他们不该被这种粗暴的绝对道德观评价为不人道。

反思"人类掌握着动物的生杀大权"的大背景

庞：那鸟还吃虫子，大鱼还吃小鱼呢！第一，这就是自然的生态链，比如我们去玻利维亚时，看到一个自然保护的水塘中的火烈鸟的数量是相对固定的，没有人为的干预。当水塘中的食物不够、火烈鸟数量过多时，这个族群的数量也会得到一种自然的调控。所以你没有必要扮演上帝，觉得被猫吃的鸟很可怜，所以要干预猫的自然繁殖。

第二，对方给我扣了一个很大的帽子，她说我只要认为给宠物或流浪猫狗绝育是不人道的，就代表我认为世界上所有不人道的行为都没有区别。并非如此，"不人道"也有程度上的区别，所以不要给我扣这个帽子。

第三，前面说了，对方犯了一个很大的视角错误。比如现在有个恐怖分子已经劫机了，他面前有两栋楼，一栋楼里人更多，另一栋人更少。假设他最后撞了人更少的那栋楼，然后对方就说"他已经在两难下做了伤害更低的选择"，可即便如此，他难道就不该被指责吗？又比如一辆火车失控了，往左开会撞死5个人，往右开只会撞死1个人，这当然是一种道德困境，但是我们怎么会走到这一步？它一定是个意外吗？其中有谁犯了什么样的错，或者到底是什么样的系统性问题让事情到了如今这样左右为难的境地？这是我们要反思的。

人类已经把自然环境改造得不适合有些动物自由自在

地生存了，它们为此改变了生活方式，有些甚至改变了功能，它们的存在就是为人类提供蛋、奶、肉、陪伴。人类已经驯化了它们，甚至已经可以决定它们的生死，这种大背景是否值得我们反思？曾经人和动物是在相对平等的关系中相处和竞争的，如今为什么要把地球改造得只适合人类生存，把其他生物都关在笼子里才是合适的？

有朝一日我可能也会变成一个素食主义者，我记得曾经参观过一个养牛的农场，天哪，那一幕是我不太愿意去回想的。一些牛被限制在非常小的范围之内，里面都是粪便的味道，还有一些牛一直被插着挤奶的管子。你如果能想象到那一幕，你确实会思考"我就一定要喝牛奶吗？我可不可以喝豆浆作为替代？"现在的确也有越来越多的人在反思这些问题，我一定要吃肉吗？有没有其他可以替代肉的食物？这也是道德不断在进步的体现。就像对方刚才所说，曾经只有理性的主体才配谈道德，所以动物被排除在外。但随着道德的进步，我们认为除了理性，还要考虑一个主体的感受。即使它没有理性，但它有痛感，那么它也会被纳入道德的考量范围。

更何况，给流浪猫狗或宠物绝育带来的并非都是好处。绝育会影响它们的性激素水平，而性激素不仅会影响生殖系统，还会影响身体其他部分的发育。比如有项研究就发现，绝育后的狗的性激素变化会影响其骨骼发育、免疫系统，甚至可能增加患癌的风险。很多时候人决定是否给它们绝育，还是以人的生活方式为最大的考量，比如它会不会叫唤，会不会到处跑，想出去找异性的动物，等等。

这个世界上有很多事情无法靠个人的改变去彻底扭转，但我认为，我们应该意识到自己对待宠物或流浪猫狗时，在道德上并不是完全高尚的，不仅有爱，这种爱其实还掺杂着很多自私。而无论在对待动物或其他事情上，我们能意识到这种自私的存在，都可以帮助自己成为一个更好的人。

在非自然的环境中，尽可能善待动物

詹：听上去，庞老师对朴素的大自然有一种无限的向往，其实她是一个特别依赖现代社会所提供的精致生活的人。

我要逐一反驳。首先，对方一上来说要尊重大自然的规律，猫要吃鸟和鱼，就让它吃吧。但我已经说了，尊重自然规律没问题，那我们都一起退回史前的原始社会，你追我，我追你，老虎也可以吃人，人也可以吃老虎。但是是这样吗？不是。我们今天并没有生活在一个真正自然的环境里，所以就别再说什么尊重自然规律。在人类生活的周边环境里，猫几乎是这个食物链的顶端，它们的确有捕猎的天性，但它们并没有生活在大自然中，因为有很多人繁育、投喂、弃养猫，所以它们的数量在不成比例地增大，以至于对当地的植物和鸟类造成了破坏性的影响。这个环境就不是自然的，所以不要用自然来说话。

其次，你真的向往满街都是流浪猫狗的世界吗？你把它当作一种自然状态，那是不是自然的就一定是好的？你知不知道在猫的繁育季节，如果不加节制，这段时间猫瘟的发病率是最高的？而世界上那些在绝育这件事上做得非常好的地区，比如中国台湾，他们不仅会干预，还会给流浪猫狗注射各种疾病的疫苗。不是自然的就是更好的，而是当人已经将自然改造之后，要想办法在这个非自然的环境里，尽可能地让这些不再适应自然的动物活得更好一些。而这时，你就不能再以原生态为标准来考量道德。

再次，对方竟然说我们要反思这样的大背景——因为动物追着我吃，所以我要打死它。下回你要是不小心掉到老虎笼子里，为了救你，动物园的员工该不该一枪把老虎打死？还是让你俩搏斗？所以这种反思是很不现实的，人类这么多年形成的道德体系的根基、人类进入农业社会的标志之一就是驯化动物并让其成为人的工具，这才是我们当下生活的大背景、大现实。难道说我们的道德观要退回到农业社会以前，把人和动物重新置于天平上衡量？那要如此，你的确可以和老虎搏斗，那凭什么你今天想吃肉，一头猪就得去死？猪的生命权和你吃肉的权利，这两项权利完全不平等。

按你这套逻辑推出来，今天所有使用动物的事情都是不该做的。凭什么你今天想要攻克一个疑难杂症，比如糖尿病，就让成千上万只小白鼠患上糖尿病，然后再观察它们的治疗状况？今天多少研发出来的药物是靠动物的牺牲换来的？今天你想做一个心理学的研究，就让小猴子离开它的妈妈，凭什么人有那么重要？如果人没有那么重要的话，如今文明社会所有的成果，包括有便宜的肉蛋奶、有可爱的猫猫狗狗围绕在身边，以及各种药物心理学、精神病学的研究，通通你都不该享受，因为这些文明成果都是建立在人类中心主义之上的。我没有说这个主义是对的，但你的道德讨论不能偏离这个前提。如果把道德拔到一个过高的位置，太过偏离人们的常识，你得到的不是所有人的道德进化,而是所有人对极端的动物保护主义的厌恶,结果成了一种反弹。

对方还举些研究的例子来说明绝育带来的坏处,但其实每个立场都可以找到对我方有利的数据,比如举一组最直接的数据,绝育能够让雄性犬的预期寿命增加13.8%,让雌性犬的预期寿命增加26.3%。可我并没有说绝育是一个完美的手段,能让所有人、动物从此都生活在一个幸福的世界里,我们今天是在现实社会里讨论这个问题,你思考不绝育的选择,你就要思考不绝育、放任这些猫猫狗狗在自然界中繁衍的世界是怎样的。我只是简单查几条社会新闻就看到,比如某小区流浪狗泛滥,为了争论是否扑杀流浪狗,结果小区里的人拿刀互砍;还有某小区流浪猫频繁出没,结果居民自发组织打猫队去杀猫;还有某市猫贩子说当地的猫取之不尽,用之不竭……

你想要的那种"自然的社会"不会出现,如果不是人为地、积极地去干预和帮助它们,只会出现一些更糟糕的结果。如果想要保护和帮助动物的人不行动,就会放任那些厌弃动物、被动物损伤了利益因此不在乎动物的福祉,并且根本不会思考动物伦理的人采取行动。我再说一次,这不是一个完美的世界,这就是为什么你不能用恐怖分子撞哪一栋楼的例子来类比，因为虐待动物和给动物绝育的人，他们的出发点可能是截然相反的，前者把动物的痛苦作为获得快感的来源，后者尽可能地想要改善人与动物之间、动物与动物之间的和谐的生活环境，平衡各方的利益，找到一个折中之道。

用现实的方式逐渐改变人

折中之道永远是不讨巧的，可折中之道才是现实的。否则你能提出一个在现实世界中更好的方法吗？动物伦理学最初也是靠着效益主义（通常被译为功利主义）的思想被提出和接受，并慢慢转变人的思想的。比如最初的动物伦理学家辛格就主张，并非一定要把猫、狗、猪和人的利益放在同等的位置上考量，而是应该尽可能地也考虑猫、狗、猪的利益，因为它们也能够感知痛苦。也就是说，我吃肉可以，但不要虐杀动物；我用动物做实验可以，但不要让它们承受不必要的痛苦。总之，用这种现实的、渐进的方式去慢慢改变人的观念和行为，让动物逐渐少承受过度的痛苦，同时仍然能够维持社会正常的运转，这就是人道主义的核心。

最后，孟子说"君子远庖厨"，很多辩论在讨论这句话到底是不是一种伪善，它出自这样一个典故：齐宣王问孟子，自己这样的人是否可以做到爱护百姓，孟子说他觉得齐宣王可以，因为他听过这样一个故事：有人牵着一头牛从齐宣王的大殿下经过，齐宣王问那人要把牛牵去何处，那人说要把牛杀了，拿去祭钟。齐宣王便说，放了它吧，我看它瑟瑟发抖，好可怜啊！那人问，那不祭钟了吗？齐宣王说，换一头羊吧。有百姓认为齐宣王以羊易牛是出于吝啬，因为羊比牛便宜。孟子说他知道并非如此，齐宣王说，是呀，自己哪在乎一头牛啊，是看着它瑟瑟发抖不忍心嘛！孟子评价说，这就是仁慈的表现，"是以君子远庖厨也"。

虽然孟子的评价可能带有夸张的成分，但我认为齐宣王也并不是伪善的。因为要实现完美的善是很难的，就像那个时代做不到不祭祀，我们的时代做不到一下子抛弃人类中心主义。但仁的本意是，我有向善之心，我见其生便不忍见其死。而从这一点不忍之心出发，做一点力所能及的、不过于颠覆时代的事，就像不至于在那个时代颠覆祭祀的传统，不至于在我们的时代提出绝对的道德要求，而是认可人心当中这一点向善的愿望，以及认可这些从善出发，实现善果的人，这就是我们在现实世界中能够追求、也应该追求的人道。

绝育是不是非做不可？

庞：我不知道你是否亲眼见过一只猫刚刚做完绝育手术的样子？雄性或许还好，因为它做的是一个外部手术。如果是雌性，那就需要拉开肚子，创伤更大，当麻药的药效消退后，猫同样是一种瑟瑟发抖的状态。当你看到了这样一个场景，你会不会思考，绝育是一定要做的吗？如果不做，是不是这日子就没法过了？会不会其实只要你多付出一些，不怕麻烦，比如多忍受它的叫声，或者你确保不会抛弃它，甚至你可以允许它生一窝自己的孩子，这件事也不是非做不可的？

对方刚才讲了很多例子，好像这个现代社会就是这样运行很久了，一切都是正常的，我们改变不了。很多哲学家在讨论道德时都会被一句话问住："那你要怎么办呢？"很多哲学家会说，我们不负责回答这个问题，况且这个问题也不一定能被回答。这就是在道德探讨中一个常见的困境：你有没有一个完美的解决方案？多数时候我们回答不了。

最后再讲一个小说中的故事，叫《逃离欧麦拉的人》。

欧麦拉是一个理想的小城市，里面的人都生活得非常快乐。但这个城市有一个地窖，里面关着一个可怜的小男孩，他每日衣冠不整、营养不良。而这个城市的规定是，这个小男孩必须被关在地窖里，只有这样，其他人才可以在这个城市幸福地度过一生。怎么办？故事的结局是，有一批人在晚上离开了这个城市，但并不知道他们去了哪里。

我们可以把这个被关在地窖里的小男孩类比为流浪动物、宠物，甚至可以类比为农民工、外国劳工，或是任何被我们以某种方式区别对待的人群。比如在新加坡的女佣，我前一段时间跟朋友探讨要不要雇一个女佣，一般在新加坡和人聊起这件事，大家讨论的问题都是要花多少钱、她们能不能照顾好孩子和老人、会不会说中文、会不会做华人的饭菜等。但那天一个朋友和我说，他反对雇女佣，他觉得这是一个系统性的压迫的制度。这对我来说是个很大的提醒，我忽然发现，好像很久没有人这样想过问题了。我们哪怕不谈极端的例子——有些女佣在新加坡甚至被雇主虐待致死，女佣带着自己的铺盖住在储藏间、阳台、书房，是很常见的。

的确，在这样一个寸土寸金的城市，大多数家庭都负担不起给女佣配一间单独的房间。那为什么还要请女佣？

因为如果不请女佣，在有孩子的家庭里，很难两个人都可以参加工作，或者否则一方就要选择一个更轻松的工作。总之每个人都有难处，但这个系统已经被设计成如此，一环接一环。最终你可能找到了一个外国劳工，他们愿意承担这份工作，因为他们回到自己的国家会过得更差，所以我们认为，我们不必对他们太好。而对待自己和对待这些少数群体的标准可以不一样，我觉得这种区别对待的做法本身就需要被反思。

道德感有什么用？道德感能改变这个世界吗？不见得，但道德感可能可以改变你自己。

詹：最后引入女佣的例子是一个非常有趣的讨论，但我们今天讨论不了那么多了。最后我想澄清一下：我不认为"从来如此"便是对的，我也不认为因为人类中心主义这套叙事很难从根基上被动摇，所以它就不值得被反思。反之，我完全同意这一整套叙事都值得被反思，我们可以在很多事情上做力所能及的改变，比如决定以后不再去海洋馆，不再去看那个被关在小小空间里的鲸鱼、不再去看它们表演，又比如我尽可能少吃一些肉。而这就是为什么我认为在一套大的框架之下，所有具体的行为都值得被认真地、客观地评估。

我不觉得"把鲸鱼关在动物园里"和"给流浪猫狗绝育"是同一性质的事情,这是我所有论述的出发点。因为"给流浪猫狗绝育"带着想要让它们活下去、想要平衡这个世界各种偏好的良善的目的。而这是否仍然是一种从人类中心主义出发的事?我觉得不完全是,但不可避免地带着人类中心主义的痕迹。可是这些努力应该被更客观地、细微地评估,而不该被一种带着强烈反思的愿望予以否认。

前三讲辩论都是围绕道德议题的,你看到了什么逻辑和思路的共同点吗?那些就是不同道德观之间的经典分歧。

猫如来（白）和猫如依（黑）的日常

对方辩友、猫如来和猫如依

第 26 讲

AI 性爱机器人，存在道德问题吗？

这场辩论的题目是"AI 性爱机器人，存在道德问题吗"。

詹青云是正方，有道德问题；我是反方，没有道德问题。

詹：我们的讨论首先要明确一个前提，就是对这一问题的立场很可能取决于人各自不同的道德观，或者是不同文化中对性爱的不同看法。比如传统的基督教道德观或儒家伦理之下，性爱的目的是维护和谐的家庭秩序；但在西方自由主义的道德观之下，成年人双方自愿的性爱无关道德。所以我认为我们需要先妥协的一点是，我们不把任何一种道德观之下的道德立场认作是理所当然的。

下面我就从在任何道德观之下都可以讨论的角度开始立论。

首先是个人的角度。当我看到这个题，我想到了一个《黑镜》中的故事：一个游戏公司的研发人员在现实生活中看起来是好好先生，但因为他社交生活非常失败，同事都对他极为冷淡，他其实内心充满了愤恨。于是他悄悄地收集这些人嚼剩的口香糖或者是喝过的咖啡杯，然后从中提取这些人的DNA，在他为自己搭建的游戏的虚拟世界里，他用这些DNA复刻出了这些人。作为唯一的玩家的他就让这些人做他的性奴，对其百般凌辱。

同样，很可能一个人在现实生活中有无法说出口的、不为现实道德所允许的奇怪癖好和欲望，ta就可以借AI性爱机器人来充分发泄。比如，ta觉得隔壁邻居家的小女孩非常可爱，于是每天和她聊天同时收集她的长相、身材数据，然后再将其复刻成一个性爱机器人来满足ta的癖好；有可能ta暗恋的对象是一个长辈，他们之间是不伦之恋，但是ta可以关起门来，在自我的世界里疯狂发泄这种欲望；有可能ta爱上的是已婚之妇、已婚之夫；还有可能你找了一个漂亮的性爱机器人对它进行性暴力、性虐待……

这里就有一个很有趣的问题：我们可不可以用道德去评价一个人在虚拟世界里的行为？对方很可能会说："机器人而已，它甚至都没有人和人的交互，它是人和机器人的交互，根本无关乎道德，因为道德是公共生活中的原则，一个人在他私密的空间里的行为是不涉及道德的。"

但真是如此吗？

我认为至少在哲学伦理学的论述中，道德有一种内部的视角，它唯一关切的对象就是作为第一人称的"我"。我真实的行为和欲望甚至被释放出的阴暗，都要为作为第一人称的"我"的道德视角所观照。而且，当一个人充分释放了内心的黑暗后，ta将如何和这个"我"相处？在这种情况下，人是会被拉扯的，因为当ta在自我的世界里突破了道德之后，道德对ta而言就变成了一个虚伪的包装。甚至在真实生活中，ta也会失去道德的束缚。

这是我留给反方的第一个问题，当用第一人称去观照道德时，你如何看待人在私密空间里因AI性爱机器人而释放出的恶？

庞：我先立论。

我想先讨论一下AI性爱机器人大概是一个什么样的

东西。首先,它肯定远远高于现在所谓的性爱玩具的水平,它能从一定程度上展示和复制人与人之间的性爱体验。比如,它会观察并配合对方身体的反应,还会在交互过程中不断学习对方的偏好;甚至在算法加持之下,它知道如何与你对话能够让你产生兴趣,等等。但是 AI 终究是一种智能,它没有情感功能,也没有知觉和感受,所以它终究只是一个工具,没有办法完全替代人。有些人有了 AI 性爱机器人后还是会继续选择人与人之间的伴侣关系;但有些人可能觉得找一个灵魂伴侣太辛苦,ta 可以接受用 AI 性爱机器人满足需求。

我的第一个论点是,性活动本身是有利于身心健康的,而且很大一部分人群没有办法得到高质量的性爱。世界卫生组织把"性健康"定义为人可以在不受胁迫、歧视和暴力的情况下,享受令人愉悦的、安全的性体验。所以,AI 性爱机器人可以保障在更广泛的人群中性权利的实现。

许多人有孤独、缺少陪伴、性欲望无法得到满足的问题。例如,由各种原因造成的单身人士、在外务工的人群、身体有缺陷或者在世俗意义上不够有吸引力的人、社交能力差的人、老年人……这些相对难找到相互吸引的性伴侣的人的性需求要怎么满足呢?而当大部分人群的这种需求没有被满足时，很多相应的社会问题就会出现：欺骗、强迫、人口买卖、对性工作者的剥削和压迫，等等。但如果有AI性爱机器人来满足这些需求，人们对性工作者的剥削就会大幅度减少，这是一个更安全且不违法的选项。

第二个论点，AI性爱机器人其实也可以促进人与人之间的伴侣关系。比如性爱方面的新手能在与AI性爱机器人不断的交互当中更了解自己和伴侣，从而有更好的表现或更好的感受。其实很多人在这方面的满意度并不高。曾经在美国有一个调查，总共1700个人（多数是女性），其中只有37%的人对自己与伴侣的性爱是满意的，也就是说，还有超过60%的人不满意。为什么？他们的理由中有16%认为伴侣不够关注自己的需求，或希望自己的伴侣更加关注自己的需求。21%是对伴侣的速度不满意，或者是希望时间再长一点。7%的人觉得自己对性还是有些放不下的羞耻感。10%的人不好意思说出口自己想要什么。

情侣中最常见的问题是之一就是desire discrepancy，也就是在性爱的频率和偏好上，你想要的和你得到的不一样。而这也是出轨的原因之一，出轨方一方面希望得到更多的性，另一方面想要新鲜感和不同的刺激。而性爱机器人不但可以填补这个空白,还可以帮助双方不断地学习和提升自己,提高满意度。让人与人之间的伴侣关系也更和谐。

最后我来回应正方的问题。正方的讨论完全集中在乱伦、性虐待、恋童等情况中。我也觉得这是一个很有趣的问题。比如,为什么乱伦是个道德问题?当这两个人真心相爱、彼此产生了性吸引并想要进行性活动时,为什么它有问题?一般有两个理由:第一个理由认为乱伦双方生出的孩子患遗传病的概率更高,显然AI性爱机器人不存在这个问题;第二,在传统儒家的家庭结构中,乱伦会打破家庭成员内部的权利和义务关系,显然AI性爱机器人也不存在这个问题。

如果一个人选择在一个私密且不会对社会产生危害的情况下释放自己的欲望,我并不觉得这是道德的问题。而且有很多数据显示,在更容易看到含有暴力情节的电影的地区,其现实中的暴力反而更少。也就是说,当欲望有了一个相对合理和真实的发泄渠道之后,我们认为它对现实的威胁其实更小。我希望正方给出一些更主动的理由证明,为什么这是一个道德问题?

詹：在正方的立论和反驳里，我听到的是满满的功利主义。

一个事情有现实上的好处，不代表它在伦理上没有问题。基因编辑在现实中没有好处吗？但我们仍然对它有一种伦理意义上的审慎，而这才是我们今天讨论的关键，对吧？你说 AI 性爱机器人这也好，那也好，这都不是伦理层面上的讨论。

我的第一个论点是道德的内部视角，而从一开始我就承认它不会对现实中的人带来任何伤害，我问你的问题恰恰是，是不是不会对现实中的人造成伤害，我们就不必讨论道德？举个例子，比如我们最近一直在努力地呼吁人们重视拐卖问题。我们之所以对那些拐卖者感到道德上的愤怒，不只是因为我们看到了具体的人受到了伤害，还因为他们的这样错误的道德立场：人是可以用金钱买来的；一个人是可以被牺牲其自我价值来为另一个人的自我价值服务的。所以，你不能说只要我们抛开功利意义上的受害者，就不必讨论道德问题了，这是两个层面。

再来谈亲密关系的问题。正方曾经教给我的一个道理，是从我家的猫中得到的启发。我家有两只猫，其中有只叫猫如来，它有一个问题就是不分轻重。比如猫如来和我闹着玩打架时，别的猫可能轻轻地咬，但它不一样，它真拼命咬你，所以我现在手上全是伤口。正方安慰我说，这是因为猫小的时候，如果它是跟兄弟姐妹或其他猫一起长大的，它咬其他猫咬疼了，其他猫就会打它，它会收到反馈，然后就知道原来我不能这么用力地咬。而猫如来就没有这个过程。

亲密关系也是一样的。我们没有人是天生的爱情圣手，亲密关系是需要两个人构建的，同时每一个人也都在亲密关系里成长。这种成长靠的是什么？靠的仅仅是足够多的经验吗？不是，它靠的是各种各样的反馈。在反馈过程中，你逐渐学会了你要感知、尊重、照顾对方的感受。

可是你从 AI 性爱机器人——一个服务于你的产品——中学到的是什么？你的伴侣也许想要把你变成一个更好的人，但 AI 不想，它只想要尽可能地满足你的欲望，所以它的反馈永远是服从你、鼓励你、刺激你更多地消费，让你更多地使用，然后人会越来越自我中心化。而你从 AI 那里学到的东西对亲密关系不是一种经验，而是一种非常有害的意识，那种意识就叫作你不必在乎对方的感受，你可以完全以自我满足为出发点。

更可怕的是：第一，你习惯了这种一切为你服务的亲密关系的相处模式，你可能很难再在现实中开拓真正的亲密关系，因为人不会一切都为你服务，人没有那么顺从，人和人之间需要磨合，需要妥协。

第二，不是像正方所说的，因为觉得人和人的亲密关系太难，我们就放弃。亲密关系之所以对一个人的身心健康及整个社会的和谐都非常重要，是因为它不仅仅是两个人的关系，有很多时候我们从伴侣那里学习了如何去理解另一个性别和另一群跟我不同的人。往往是从亲密关系中，我才发展出对于整体一般意义上的人际关系的认识。

而今天提倡的良好的两性关系应该是一种平等的、互相尊重的关系。可是在习惯于 AI 性爱机器人的世界里，我们真的能从它身上学会健康的亲密关系吗？我认为恰恰相反。

庞：好，我来逐一反驳正方的观点。

首先，为什么我认为跟 AI 性爱机器人从事一些替代现实中恋童、乱伦这样的性活动是没有道德问题的，是因为你自己也说了，道德观都有不同。

其次，你说我满篇都非常功利主义，因为其实只有功利主义的标准才是最统一的，最放之四海而皆准的道德观。这是为什么我说使用AI性爱机器人既不伤害其他人，又满足了自己无法改变的欲望。在这种情况下，它恰恰能够在道德、对他人的伤害和对自身的满足之间，提供一个理想的缓冲地带。

再次，请正方主动地论证，乱伦为什么是恶？你现在已经把它本身等同于恶，你在拿这个推定利益。另外，我不觉得你说的"释放内心的欲望后如何自处"是一个问题，就像电脑游戏一样，我们都玩过射击游戏，难道关掉游戏之后就没法自处了？我们能够分辨虚拟和现实。

至于你说人只有在真正的亲密关系中才可以得到真实的反馈然后成长，的确，但我觉得你稍微高估了人的能力，因为现实并非如此，不然为什么世界上人们对亲密关系中的性满意度整体都非常低呢？而那些不满意的理由，无论是对伴侣的速度、频率等的期望，其实并非很难交流，但在那一种环境下说出这种话，往往被认为是扫兴的，或者是人们感到羞耻而开不了口的。所以，如果由AI来告诉你，你这样做对方体验会不好，是不是有教育的功能？

当然，你可以说有些人可能不是冲着教育目的去的，但是既然你我都承认，人和人之间全面的性与爱结合、精神与肉体结合的关系是最为理想的状态，那么在这种追求的驱使下，我们可以利用这个工具来服务于这一追求。即使有一部分人已经放弃了这种追求，或者在有些人的价值排序中，ta觉得花那么多时间与另外一个人磨合然后建立一个终身或长久的亲密关系，对ta而言没有太多吸引力，那AI性爱机器人又为其提供了一个满足自己的生理需求的途径。

所以不要看AI去主导人变成什么样，而要看人自己的追求是什么。如果人追求的是至高的亲密关系，AI可以帮我们做得更好；如果人追求的不是这件事，那AI也可以帮ta解决生理问题。所以让工具为人所用，工具本身并没有道德问题。

詹：我认为反方把AI机器人想象得太简单了，她以为它只是一个工具、一个游戏的世界。可我们之所以讨论AI性爱机器人，不就是因为它们非常地接近人吗？

一个恋童癖在真实世界里明白什么是道德要求——不要提文化差异，我们都知道恋童癖是错的，要求就是要你克制这种欲望。可在有AI性爱机器人的世界里，他转头去复刻一个小女孩的性爱AI机器人来释放这种欲望。不要说这个世界可以截然地分为游戏的世界和真实的世界，人可以轻松地来回穿梭。不是这样，你可以发泄欲望，但这个小女孩在你心中就会被物化为一个发泄欲望的对象，你不再选择去克制自己的欲望了。

庞：我知道我即将说的内容可能会具有争议性，但如果我知道这样的欲望是完全不会在现实中伤害到那个小女孩的，而且甚至这个女孩都不知道我的存在、为什么产生这种欲望，并且我能安全地、私密地释放这种欲望是有问题的吗？我就是想挑战这个"我们都知道是错的"背后的理由是什么。

詹：没关系，因为只要你的论证逻辑不对现实中的人造成伤害，它在道德上就没有问题，因此我们就不必面对道德上的撕裂。

我可以换一个例子，比如，我在和AI性爱机器人进行性活动时，我不需要得到它的性同意，或者我享受那种不用得到对方性同意就强暴它的快感，但你明明知道这样做在现实中是错的。你是不是还是觉得，如果没有对真实的人造成伤害，强暴这件事情也就不存在了，所以它在道德上也就没有问题，所以人也就没有必要面对道德上的撕裂？

庞：我认为恰恰 AI 性爱机器人可以解决或者缓解这样的问题。

为什么我们会在异性恋的关系中有一种对"强暴—被强暴"的性爱或者"浪漫关系"的想象？因为这是传统父权社会对男性的一种要求：你要展现你的权力和男子性气概，让女性臣服于你。而这是在现实生活中被塑造出的结果。而且现在太多的小说和电视剧都是"霸道总裁爱上我"的逻辑，认为这才是一个值得追求的浪漫的男女关系。就是这样不断的叙述产生了一种男女在亲密关系中十分不平等的结果。

如果现在 AI 性爱机器人可以被自由使用了，那么更多女性可以不在乎世俗的眼光，在私密的空间中尝试很多不同的可能，说不定就能够打破外界对她作为女性的规范甚至自我规范，从而去尝试真正自由和平等的关系。

詹：每一个使用 AI 性爱机器人的人，最后都是单方面地从和 AI 的相处里学会了一种单方面要求他人去除自我价值、服务于我的性爱方式。我不觉得"以毒攻毒"能让这个世界幸福美好。

AI 性爱机器人还会给一种关系带来挑战，那就是用户和资本家之间的关系。

为了私人订制一个能最大程度满足你的各种癖好和需求的性爱机器人，你需要告诉生产厂商多少秘密？机器人还会不停地跟你互动，然后进一步地了解你，它反过来会把你当成一个数据点，然后才能更好地为你提供服务。我们已经在控诉当下世界里的人没有隐私了，那当你站在AI性爱机器人的面前，你失去的是什么隐私？是你内心阴暗角落的隐私。

厂商可以用这个隐私来干什么？可以不停地满足你最隐秘的、最阴暗的、刺激你快感的那些性癖好；然后让你沉迷于性爱游戏，去发掘出你自己甚至都不知道的，更加阴暗的性爱游戏；它还可以敲诈勒索你，因为它知道你所有内心深处的秘密；它甚至可以利用你的弱点和恐惧，反过来让这些AI操纵你……

另一方面，我们每一个人除了成为AI性爱机器人世界里的甲方，我们也可以成为这个世界里的商品。最先受到伤害的可能是那些知名的影视明星和模特，他们的肖像、身材数据有一天被摆上货架，变成一个真实的被消费的商品。甚至每一个普通人走在大街上被偷拍到的一切数据，以及购买了AI性爱机器人之后反馈给数据库的数据都可以被打包再卖给别人。你不觉得这样的世界有点可怕吗？

庞：首先，我不得不说，我话里话外觉得正方对性这件事情有一点耻感。比如当 AI 性爱机器人了解你的性想法和性偏好之后，她的形容是"你内心中最阴暗的想法被人知道了"。但或许换一种眼光来看，这就跟大众点评 App 知道了我喜欢吃什么菜，所以下次可以更精准地给我推荐餐厅，本质上是差不多的。

而且就算没有 AI 性爱机器人，我觉得目前互联网已经了解了这世界上大部分人的性需求。比如著名的性爱网站每年都会发布一个特别专业的数据，说哪个国家的人最喜欢什么类型的内容。所以隐私安全是一个整体上需要解决的问题。而最终的理想的状态应该是，你知道你给出了什么样的信息并得到什么样的服务，你再评估这样做是否划算。

其次，侵犯肖像权或盗版也是一个整体需要解决的问题。其实，要出现我们描述的这种 AI 性爱机器人至少还需要二三十年。而到了那时，世界上对知识产权、肖像权、个人隐私、数据安全的保障可能会更进一步。当这些问题有了基本保障之后，我认为就不再是问题了。

举个例子，你会发现精子库里面有一些非常优质的精子，这些捐精的可能是高学历、高智商、身体强壮、非常帅气的人等。为什么这些人愿意把他们的精子提供给其他人呢？有些人是因为可以卖钱，有些人是因为自己的举手之劳可以帮助到那些有需要的人。同样的，持有同样价值观的人，当知道自己的举手之劳也可以帮到某些AI性爱机器人的用户时，他们未必不会愿意出售或赠予自己的肖像权。这是符合文明世界的规则的。

再次，我要回应正方说到的有关家庭的论点。的确，在传统的基督教和儒家思想里，家庭是社会的最小单位，所以"传宗接代"让家族延续特别重要。但随着现代思想的解放和人们对多样化个性的追求，这个观念已经开始被瓦解了。世界许多地区，尤其是中国，其结婚率都在下降而离婚率都在升高。如果婚姻里欠缺的是和谐的性，那AI性爱机器人就能帮助提高婚姻的满意度；如果婚姻是由于其他原因无法继续，该散就散，还有AI性爱机器人补充了你生理需求的缺口。

詹：你是不是对法治社会太有信心了？是不是对大公

司请的律师又太没有信心了？

当你把数据分享给这些收集数据的企业，你会认真地阅读服务条例、做出一个理性人的判断吗？你下载游戏更新包的时候，哪一次读过服务条例？这个世界上绝大多数的人也没有读过，你根本不知道你的什么数据在被什么人采集。同样的道理，你知道对肖像权的保护有多难吗？你知道每年那些小公司跟多少明星有过肖像权的纠纷吗？现在连满大街贴的广告的肖像权都不被保护，更何况在一个私密空间里的机器人？如果有一天这个社会已经到了这种地步：为了钱，我可以出售我的长相和身材数据去做成一个性爱机器人，让人跟"我"发生性关系，那这种买卖自己肖像的行为是不是本身也有道德问题？

回到家庭的问题。反方的意思是，不要把这件事看得太重，因为如今整个社会本来就是朝着家庭分崩离析、性和爱分离、性和婚姻关系分离的方向在前进。但我从一开始就说了，为了公正地讨论这个话题，我们不能够把任何一种道德观视作是理所当然的，所以你不能把自由主义也视作是理所当然的。家庭的淡出、婚姻关系的不稳定、性和爱的分离，这其中本身有没有道德问题还有待讨论。而你也恰恰看到了，当AI性爱机器人的出现可以取代亲密关系甚至婚姻关系时,它又把我们朝着自由主义的方向推了一大步。你不能说因为这一切已经成为趋势,它就没有道德上的问题了。

以上我说了个人的维度、亲密关系的维度、用户和资本家之间的维度,最后讲一讲社会的维度。

一般来说,我们都认同道德是一套规则,其目标是维持社会的秩序,让人社会化。而人和人之间的互动以及人社会化的过程,并不只是为了满足各种欲望。

我们今天总是抱怨社会越来越原子化。为什么共情变得那么困难了?为什么不同的人、不同的性别,甚至不同的地域、不同的肤色、不同的意识形态、不同的观点之间充满了那么强烈的对立和仇视?我们都意识到了这样的问题,而亲密关系原本是黏合社会非常重要的一个途径。

因为在一个已经非常原子化的社会里,我们对于他人的认知往往是碎片化的,而唯一的例外可能就是在你和最亲密的朋友、最亲密的伴侣之间,你在相对立体地认知对方。当你有一个LGBTQ朋友,你就更有可能理解这个群体的困境;当你有一个黑人同学非常聪明时,你就更可能够淡化从前对肤色的刻板印象。人和人是需要在这些真实的交互和立体的认知中完成社会化的。而AI性爱机器人把这种交往打散成了许多欲望的碎片。

你今天是不是感到孤独？我给你一个陪你聊天的机器人，它会一直会鼓励你；你今天是不是觉得性生活不够和谐？我给你一个AI性爱机器人，它永远为你的需求服务；你今天是不是没有人喂你吃饭、给你穿衣服……你所有的欲望我都可以将其碎片化进而商品化。

单独拿出来看全都没有问题，可是结合起来看呢？

AI是什么？再说一次：AI没有自主意识，你不是在认识一个全新的人，你是在不停地听自己的回音。它永远支持你、附和你、学习你、了解你，只是为了让你更多地消费，这就是为什么人活在自己的信息茧房里非常快乐，但这对人的社会化，以及共情能力的增加是有阻碍的。你若是活在一个被AI、被一群乙方包围的世界里，你就等于活在一个越来越小的泡沫中。

最后送你一句歌词，你不是真正的快乐，你的AI只是你的保护色。

庞：刚才正方洋洋洒洒地讲了亲密关系的重要性，以及为什么她认为我是反亲密关系的。恰恰相反，我认为AI是可以促进人与人之间的亲密关系的。

当然，我不认为AI可以万能到解决每一个亲密关系当中的问题，我也不认为AI可以让每个人都找到属于自己的亲密关系，但是对于那些想要追求人与人之间的亲密关系的人来说，AI可以帮他们解决一个非常重要的问题。因为一个长久的亲密关系是多元的，性只是其中一部分。只不过人的本性或个体差异可能会使人产生性爱关系上的阻碍，而AI可以帮助移除这些阻碍，让亲密关系更长久。除此之外，有一些无论是因为心理或身体的原因无法找到伴侣的人，也可以通过AI性爱机器人实现他们的性权利。

所以，不要去急于把它在道德上归类，也许这样一种模糊的处理，一种开放性的心态，对个人和社会都能够产生更大的福祉。

第 27 讲

AI 的创作有艺术价值吗?[*]

这场辩论的题目是"AI 的创作有艺术价值吗"。

我是正方,认为有艺术价值;詹青云是反方,认为没有艺术价值。

庞:我先来立论,我有三个论点。

第一,艺术价值的一种体现就是对受众的触动,而 AI 的创作是可以做到这一点的。因为 AI 其实就是通过大量地学习来寻找艺术作品的规律和技法,然后再基于不同的参数或要求创造新作品。

---

[*] 此辩论发生在 ChatGPT 被推出市场,以及生成式 AI 和大语言模型被广为人知之前。

比如，AI可以学习最受听众欢迎的音乐曲库，找出规律创造出新的听众喜欢的音乐，而且现在已经有这样的AI产品了。再比如，2018年，微软与京都大学合作了一个"AI写诗"的项目，这个AI首先学习了成千上万的图片及与图片搭配的文字或诗句，然后再学习诗歌中的意象、韵律，以及颜色和图像、情感的联系，甚至还学习了隐喻等修辞手法，然后这个AI写出了一些诗。接着，人们从AI写的诗中挑出了比较好的几首做了诗歌界的图灵测试：他们找了一些懂诗歌的和不懂诗歌的人来判断这些诗是由人写的还是AI写的，结果更多的情况是观众无法分辨，也就代表AI写的诗可以说是以假乱真。这些也都还是现有的技术，甚至已经是几年前的例子了。还有一个让我震惊的例子：有一个网站叫"thispersondoesnotexist.com（此人并不存在）"，你每次进这个网站，刷新一次，它就会出现一张非常真实的人像照片，但其实是由AI通过"生成对抗网络"的机器学习方法而创造的。

也就是说，虽然在现阶段AI运行的核心逻辑还是数据，但是它在输出端能产出越来越贴近人类认知的与情感关联的图像和旋律等艺术形式。所以无论创作的方式是什么，它只要输出的艺术形式可以按照人类的方式去触动观众，这就是一种艺术价值。

第二，AI让艺术更有可及性，让更多的人可以通过艺术表达自己，从而提高艺术价值的广度。其实我们每个人都有创意，都有想要表达的东西，但在现有的手段之下，无论是绘画、音乐、电影，学习每一项技能都需要投入大量的时间和资源。试问，一个什么样的家庭才能培养出"琴棋书画，样样精通"的人才呢？

可是有了AI工具就不一样了。我可以用它创造属于自己的音乐，用它帮助我用音乐的形式表达情感，因为如果没有长期接受过文学和音乐的熏陶和教育，我的情感表达方式会非常受限；并且创作一首歌曲还需要很多步骤，比如编曲、配乐，每个步骤的成本都很高，而且人与人磨合的难度也非常大。另外，你是否有足够的财力请一个团队去帮你分析音乐的市场和流行趋势？总之，这些因素都使得音乐创作变得不那么平等。但AI可以让这些因素都自动化，并且大大降低了成本，从而让音乐创作变得更平等，惠及更多的人。

第三，艺术的意义就在于创新、多元、开放，而如何去理解、应对和利用AI创作这种新科技，这本身就体现了我们是否创新、多元和开放。

比如，许多历史上非常具有影响力的摇滚乐队的主唱去世之后，乐队就不得不解散。那些令我们惋惜的、英年早逝的，或者哪怕是寿终正寝的音乐人，如果他们还在世，他们的下一首歌会是什么样？这是目前的 AI 可以创作出的。还有一个例子，最近香港有个 AI 叫 Sophia，它的自画像被拍卖到了将近 70 万美金。这个自画像不但是数据形式的，而且还是由它的机械手画的。可见，即使当下AI 创作的能力有限，它还需要和人类合作完成，但在将来科技高速发展的趋势下，它的创作能力会达到什么样的高度也很难被估计，我们应该抱着一种开放、多元的心态。

到底如何定义艺术价值，如何定义创新和创造？如果我们固化地认为只有以前的那种形式才被称为创新、创造和艺术的话，这种裹足不前的理解有可能会限制人类的物质世界和精神世界的发展。

艺术的价值在于认知价值

詹：正方的三个论点我之后会逐一反驳。但我没有想到庞老师作为正方，一个特别喜欢在知网上读论文的理论派，竟然没有尝试去定义艺术价值，对它做一个理论分析。对艺术价值这个概念，我看到现在学界有几种不同的看法。

第一种是认为艺术可以带给人愉悦的感官体验。正方刚才借用了这个理论，可是这个理论是广受批评的，因为感官体验这一标准并没有凸显艺术的独特性。比如你让庞老师读10首唐诗宋词或者看10幅世界名画，肯定比不上让她吃一顿油焖大虾来得愉悦。另外一种是认为艺术能带来美学价值。这个说法也受到越来越多的挑战。因为很多现代艺术、后现代艺术显然不是为了迎合我们的美学体验，反而有些恰恰是通过在美学体验上让人感到不适来表达思想。

而我觉得更有趣的一种对艺术价值的理论描述是：用艺术形式表现的认知和思想价值。就是一个人用艺术的形式表现出来的对这个世界的情感体验、思考和探索。

首先我要问问正方，为什么我们要讨论艺术价值？为什么我们要讨论艺术？艺术跟我们有什么关系？艺术带给了我们什么？艺术能够让生活的担子变得更轻吗？为什么我们今天还要读诗？为什么我们今天还要看画？因为"今人不见古时月，今月曾经照古人"。有的东西是永恒不变、穿越时空的。

好多年前我看过一篇鸡汤文说，你为什么要学习古文？为什么要学诗歌？因为当你在秋天的傍晚看到晚霞的时候，你不至于只会说"好美"，你还会说……

庞：波士顿的落叶。

詹：不，你会说"落霞与孤鹜齐飞，秋水共长天一色"。

比如我们在苏格兰高地的山里开车转过很多弯弯绕绕的山路，最后又见到了白天一直见到的那座远处的大山，然后我说"青山朝别暮还见"，你是不是当时也觉得诗歌有一点意思，或者旅途有些别样的趣味？

我之前读李白的诗，"白波九道流雪山"，我一直不明白是什么意思，以为他是随便写写。直到后来我从丽江一直往北去香格里拉看梅里雪山，从春天到夏天，我看见雪山上的雪逐渐融化，但是在山涧的阴暗处还有一道一道的白色留下来，在那个瞬间，我觉得我和古人是可以交流的，这就是读诗的意义。

为什么这些诗能够带来安慰？并不是因为它把我心中的情绪用某种美好的语言和形式表达了出来，而是当我读到这些穿越时光的文艺作品，我想到他们也曾经见过这样的风景，他们也拥有过这样的情感，他们也经历过这样的痛苦、困惑、离别，他们也拥有人类所有共通的这些脆弱。这时给予我安慰的是人和人的交流，而不是人和艺术作品的交流。艺术作品是克服时空障碍的工具，它最终实现的是人和人的交流。

如果我在这个感动的瞬间想到它的背后只不过是一些算法、程序，以及数据库里各种组合和叠加的数据，我是无法感到安慰的。这是我第一个想探讨的问题。AI可以创造很多东西，其中一些也许具有艺术的价值并且在市场中可以卖出高价，可是这不代表AI的创作有凝结了人对世界的情感和认知的那种价值。

庞：反方列举了非常多优美的诗词歌赋，这没有问题，因为我并不是要否认这些人类创造的诗词歌赋，我只不过说，AI也可以写出同样触动你的诗词歌赋。

当然反方可能不同意，她说她一想到AI写的诗背后都是数据和算法就没有办法感到安慰。而我认为这是源于一种偏见，毕竟刚刚说了，现在AI写的诗已经到了以假乱真的程度。假设你提前知道这首诗是算法写的，你兴许对它已经有了偏见；但假设你只看诗歌本身，可能你根本无法分辨这是人写的还是 AI 写的。

你从古诗中感到与古人的交流的可能，但你也读现代诗，对不对？所以如果现代 AI 的创作和现代人的创作都能让你产生触动，甚至你区分不出彼此，为什么在价值上不能接受 AI 的创作也有艺术价值呢？我没有说它是唯一的价值，也没有说它高于人类创作的价值，但我们能不能接受它也能体现一种艺术价值？

况且每一个创作的主体感知世界和创作的方式和能力都不同。比如盲人的方式是用手摸；聋人的方式是用眼看，每一个创作主体有属于他自己看山、听风的方式。而 AI 也有它的方式，那就是靠收集数据、阅读数据去认知世界。接下来就是创作，有的人靠学习创作，通过不断临摹大师的画来体会某种技法和艺术表达方式，从而创造出自己的东西。而 AI 创作的方式是什么？现在机器的深度学习也有很多不同的模型，包括如何把画面或者其他元素与人类情感连接在一起。比如有些创作者通过用 AI 来读取近 5 年来网络上的所有信息，来感知当代人的样貌和精神需求，再基于此来创作满足这种精神需求的新作品。

总之，AI 有自己的发现世界、阅读世界和创作的方式，只是跟人类现有的方式不同，但为什么我们就不能接受这也是一种艺术价值？

詹：正方的意思是，我们分不出来一首诗是由人写的还是 AI 写的，反正这两首诗都能给你差不多的触动，你就都读就可以了。我认为这是一种非常自我的认知方式。你以为在一首诗里受到了某种触动、产生了某种联想，你就仿佛读懂了它，其实不是。我坚定地相信，如果你不理解这首诗背后的创作者是一个什么样的人，你就不可能真的理解他的诗。

再来，我刚才说艺术之所以能带来安慰，是因为它实现了人和人跨越时空的交流。但有时我们去理解诗背后的人，反而是为了一种没有共鸣的交流，从而拓宽自己认知的边界，理解一些你的小世界里无法体会的感情。

我们前两天聊到宝鸡这个地方，然后庞老师非常震惊于我还专门去宝鸡旅游过。我们这种艺术和历史爱好者去到宝鸡就会想到"楼船夜雪瓜洲渡，铁马秋风大散关"。当你去"大散关"这个景点时，据说爬到最高的山上就可以看见大散关。反正我爬上去后什么也没看见，但这不妨碍我站在那里体会当年"中原北望气如山"的感觉。但如果让AI来写这首诗，它大概就将很多名词堆叠在一起，它可以把"瓜洲渡"替换成"风铃渡"，把"大散关"改写成"终南山"，但这类堆叠毫无意义。

但如果你知道这是人创作出的，背后有他的故事，你就知道为什么"大散关"要被写进诗里，因为这是当年宋金交战的前线。陆游在他从戎的年纪曾亲临这个战场，那是他一生当中最意气风发、充满梦想的时候，他在逐渐老去的过程中无数次地回想起那片土地。你若不理解宋金之间的战争，不理解陆游这个人一生的抱负，你怎么可能理解这些名词堆叠出的诗句呢？而在理解这首诗的过程中，你也理解了这个人。借由这个人，你理解了一些超越自己的小世界的情感，这种有心杀贼，无力回天，心在天山，身老沧州的情感。

AI看起来很好，它能迎合我们的心声，不停地充当我们的回音去创作；它可以捕捉我们的想法，让我们上瘾甚至沉迷，可是它放弃的是一个更广阔的，由真实的情感经历和生命体验的创作者组成的艺术世界。

接受 AI 创作作为一种表达新形式

庞：反方话里话外都在说"AI 创作的艺术不是艺术"，因为这个创作者本身没有故事，这不是人与人的交流。如果按照这种定义，那我方无法辩论。因为 AI 本身是没有情感和自我意识的，如果你非要创作者有故事，那 AI 被发明这件事是不是故事？如果这也是故事的话，那也许那个叫 Sophia 的 AI 的自画像就也表达了它自己的故事。所以，我觉得"一定要创作者有故事"这个定义或者判断标准是不公平的。

但 AI 的创作能不能体现人的故事？这绝对是可能的。比如说我今天恋爱了或失恋了，我想用音乐来表达自己的情感，那 AI 帮我创作出的音乐讲述的就是我的故事。再比如战争中流离失所的人可以用 AI 创造音乐去表达情感，当我们听到那首音乐的时候，我们感受到的就是他的故事。

之前有个做机器学习的学弟和我说，现在机器学习有数以万计的变量，而这些都是人类无法用现有方式计算的。的确，我们仍然要保留人类创造艺术的方式，但多一种 AI 提供的人类无法做到的创作方式，这本身难道不是一种实现艺术多元化的道路吗？

詹：昨天我看着院子里的樱花开了，一场大雪把樱花盖住以后，我写了一句话：花瓣随着雪花纷纷落下，而明年春回时我已经不在此间了。你觉得这有艺术价值吗？

庞：我觉得有。

詹：你当然会说有，因为你的整个辩论策略就是把艺术价值的门槛设得很低。你有一个绝对政治正确的概念叫"多元"：你也有价值，我也有价值，我虽然替代不了你的价值，但你不能否认我也有价值。世界为什么要这个样子？我今天给你捧场，你明天给我鼓掌，大家其乐融融？我们对艺术价值能不能有点追求？之所以艺术价值这个词被发明出来，证明人对艺术是有评价和筛选的。是不是为了多元就无限地降低对艺术价值的要求？

艺术创作之所以是一种创作，它就一定不是对前人不停地模仿。赵孟頫写字好不好看？他一生中临摹了成百上千幅的《兰亭集序》，他说不定写得比王羲之更好看，但这个模仿有没有创造艺术价值？你今天拿 Word 文档里的行楷字体打印一篇《兰亭集序》，有没有创造艺术价值？你刚才也说，创造者一定是在不停地探索艺术表达的边界，不停地用新的方式讲述这个时代的故事。所以他想要讲述的东西就一定不在数据库里，就一定不能通过对于过往的堆叠来实现所谓新的创作。

新的创作一定是人去开拓的，你不能说"我这种不够有艺术才华的人，你凭什么剥夺我创作的权利？""我就不能请 AI 帮我从数据库里扒拉扒拉，找点东西缝合缝合然后写个诗吗？"艺术创作就是没有这么简单。这种用 AI 无限泛化艺术创造的过程，是对那些真正有艺术天赋，真正不停地精进自己艺术表达能力的人的一种贬损。

人得看到自己的局限。那些艺术创造者之所以伟大，就因为他们借用艺术的手段表达出了我们共通的，但自己却无法表达的心声。为了追求"每个人都可以创造艺术"这种多元的景象，我们就要放弃对艺术价值的要求吗？

李清照都说了，"我报路长嗟日暮，学诗谩有惊人句"，凭什么说我有了 AI 就可以搞艺术创作了呢？

庞：首先，AI 还在继续发展。前几年有个 AI 替一个低成本的恐怖片做预告片，它先把整个电影都给"看"完了，然后从中挑选一些场景来创作这个预告片。结果观众对这个预告片的评价特别高，因为它精准地捕捉到了恐怖情绪,以及营造出了氛围,但同时又没有透露剧情。

那这是不是一种艺术创作和一种才华的体现?不同的人做预告片一定有不同的形式,这是非常个性化的,但最后 AI 的作品得到的评价非常高,这是不是代表 AI 没有你说的那么差劲?所以并不是承认了 AI 的创作有艺术价值就是在无限降低艺术价值的标准。而且,我们只是在扩充目前的艺术形式。

似乎反方认为只有阳春白雪才有艺术价值,意思是如果你没有这个本事,就要承认自己这辈子跟艺术不沾边。你现在听到的很多古典音乐好像与商业无关,但实际上很多音乐家曾经是被雇去帮王宫贵族创作音乐或者为他们演奏的,这也算是让王宫贵族开心的技法,只是我们现在认为它有艺术价值。那为什么当下新的创作——这些同样能满足听众的精神需求的创作——就不能被认为有艺术价值呢?

我前两天听了我非常喜欢的导演许鞍华的采访,她的电影非常文艺,但听她聊天你会发现她非常接地气,她是用平常心来对待艺术的。我非常喜欢这种状态,我们不能过于神化艺术创作的过程,因为艺术最终为的是抚慰人心,这种人心难道只能由那些了解贵族的艺术家来抚慰吗？他们能了解我们普通人吗？这样是不是把艺术束之高阁了？有必要吗？

只有人才能理解人

詹：我刚才不是为了讲高雅艺术和大众艺术的区别，我始终强调的是：你不能说一个产品给了你良好的感官体验或者美学价值，它就是有艺术价值的；并且人对世界的感知和思索在艺术创造过程当中的体现，是AI的创作所没有的。AI的创作可能会打动你，但你不能说它真的在创造。

相比AI而言，人一定有弱点，比如人无法录入那么多的情感体验、人有时间的局限、人会脆弱、人有情感的波动，人不像AI那么缜密、稳定，以及永远理性。但唯其如此，人才是特别的；唯其如此，只有人才能写出人心底的脆弱和恐惧、欢喜和悲忧，也只有人才能理解人。这就是为什么只有人的创作才能真正抚慰到人的心灵。

站在今天这个时间点的我们无法幻想未来世界的样子，在那个美丽的新世界里，我们可能已经不需要艺术创作者了，因为没有哪一个艺术创作者扛得过AI。就像正方说的，你能像AI一样用那么庞大的数据库去感知这个时代吗？那时，恐怕我们已经不需要个体化的情感体验了，因为每个人都以自我为中心，只听到那些能唱出我心声的东西。那时我们甚至已经不需要艺术了，每个人都活得非常快乐，再也没有忧愁和恐惧，还要艺术做什么呢？还要抚慰什么人心呢？

可是如果那天真的到来，那个时代的人回望今天的时代，会觉得这个时代的艺术创作是多么稀薄，茫茫几千年的时空里竟然只有那几个闪烁的名字。但在正方向往的那个时代中，每一个人都可以是创作者，因为每个人都有AI帮他连接到世界上所有最伟大的文学创作，最丰富的音乐思想，然后我只要有情绪和表达的欲望就够了。

我对这样的时代没有向往，我不需要我的身边堆着大量从过往的数据库里拼凑出的作品。我一生中只需要能跨越几千年的时光和那些最美好的艺术有过交集，我就满足了。

庞：反方不断地在用一个词，叫"拼凑"，她不想与拼凑出的东西为伍。可什么叫拼凑，什么不叫拼凑？文学在某种程度上不就是文字和文字的拼凑吗？重要的是拼凑的方式，它决定了是否有艺术价值。

当然，也不是说任何 AI 的创作都有艺术价值，但在 AI 创作的 100 首甚至 1000 首歌曲中，当其中一两首和真人的创作放在一起时的确是真假难辨的。随着 AI 在未来的迅速发展，它学习和创作的能力也会提高。而只要它拼凑的方式是有创意和价值的，那拼凑就是 AI 的方法，这跟我靠直觉去感知一样，只是方式不同而已。

其次，反方一直强调只有人才能理解人，我也不同意。比如现在某些评分的 App 就比詹青云更了解我喜欢吃什么；网页搜索引擎的历史记录也可能比詹青云更了解我最近读些什么、看些什么、经历了什么，那是不是只有人才能理解人？机器也有很多理解人的方式，比如在 AI 帮我创作一首歌曲前可以读我所有的日记，那它创造出来的东西就能代表我。人可能是通过观察或直觉理解人，AI 则是通过数据分析，这是不同的方式，但是是平等的。

最后，反方说可能到了未来某个时代，AI 的创作非常厉害以至于超过人的创作，这是不是意味着，在那时我们就把理解人、表达人这件至高无上的、以人为中心的事拱手让"人"了呢？

实话说，如果真有那么一天，我认为那就是自然发展的规律。就像很多科幻小说里写到的，人类会遇到另一个与我们文化和交流方式都不同的新物种，如果双方势均力敌，也许我们可以比拼谁更应该主宰这个世界；如果是一种更高级的甚至脱离了生老病死的物种，我也不觉得人类就一定是至高无上的。

真正的艺术包含生命力

詹：我刚才本来已经收尾了，但我实在无法忍受正方最后这些论点。

首先她说艺术不过都是拼凑，这就像许多年前有人提出的思想实验：让一个猴子不停地在打字机上打字，以为久而久之它总能打出一部莎士比亚的作品出来。但这不是在创作。如果一切的创作都只是拼凑出的碰巧，大自然是不是也会艺术创作？这不也是各种色素和物质的叠加吗？它不是随机的吗？只是有的随机得比较好看，有的随机得比较丑。不能因为艺术最终呈现的形式看上去都是堆叠，就认为艺术创作也只不过是一种拼凑。真正的艺术创作包含了人对世界的感知跟探索，里面有人的生命力。

然后她说机器也可以理解人。这是一种什么理解？就是基于大数据的理解。即便这个机器捕捉了我在社交媒体上的所有发言，它就特别了解我了吗？不可能的。它最多拼贴出一个社交网站形象上的詹青云，但它不是我，它永远也触动不了我。就像我今天出现在社交网站上，但人们真的认识我吗？那不是真实的我、全部的我。

真正打动人的文学作品的语言未必是最冠冕堂皇的、最漂亮的，但它打动了你内心最隐秘的、柔软的角落。那些堆叠词藻的，只写空话、套话、假话的作品只会慢慢地被时代抛弃。

正方说，如果有一天AI的创作就是文学发展的趋势，那我们就顺其自然地接受。不对，因为这就是这个辩论的意义啊！人当然倾向于听那些能产生回声室效应的让人舒适的东西。我今天生活已经如此艰难了，我是读一个爽文穿越回去看宋朝大胜金朝，还是去读真实的战争文学，读《战争与和平》《静静的顿河》？艺术有时就是没有那么让人舒适，因为它呈现了那些最愿意去感知、挖掘时代的人是如何走到了我们还没有探索过的地方，这也就是海明威所说的，"伟大的作家一定是孤独的，他一定是不被时代理解的"。但我们就是需要有这样的人去探索、去用生命力创作。然后我们跨越时空回头看时，有一些永恒的共通的东西留存下来，我们才能永远地和他们交流。

（正方没话说可以不说。）

庞：我有话说。

首先，反方刚才说艺术不都是让我们愉悦和上瘾的，不都是爽文。谁说 AI 创作的就是了？我觉得你还是把 AI 的创作想得太低劣了。它是可以创作那些让人爱听的、上瘾的金曲；它也可以输出更高的艺术形式；它甚至可以达到艺术教育的目的：把一些艰涩的艺术和大众的内容相结合，逐渐地训练我们学会欣赏那些传统意义上艺术价值更高的作品，就看你向它输入什么样的参数。AI 的关键不是让你舒适，而是它可以模仿人。最终人能做什么，它能做得比人更好，这才是它的核心特征。

其次，你把拼凑当成了一种完全随机的方式，但这个是计算器式的算法，不是 AI 式的算法。为什么我们说 AlphaGo 下棋是一种技术突破？因为以前它通过计算各种各样的下法，然后选择赢面最大的那个，但这时它是下不过人的。后来它发展到可以自主判断哪些路径是根本不需要计算的。包括前面提到的生成对抗网络，就是一个 AI 负责创作，另一个 AI 负责分辨真假，两个 AI 在人类不干预的情况下对抗学习，最后创作的作品越来越真。

人的创作也要靠学习，没有人生下来就会写诗。AI也是，只是它学的方式不同，它学的速度更快，你不能把所有AI的创作都看作是没有价值的、低劣的产出。

最后，虽然因为技术的局限，现在的AI无法主动产生感情，也就无法完全不依赖于任何外部资料而凭空地创作，但AI的算法仍然非常强劲，我们还可以用它创造更多的艺术形式，帮更多的人实现艺术梦想，给更多的人带来内心的触动。

第 28 讲

在中国，应不应该支持安乐死合法化？

这场辩论的题目是"在中国，应不应该支持安乐死合法化"。

詹青云是正方，认为应该；我是反方，认为不应该。

詹：打这个辩题很有压力。仔细一想，我不是一线的医护工作者，我的人生也没有经历过大的病痛，甚至也没有陪护过大的病痛。我这两天查资料时读到了很多沉重的故事，而没有亲身经历过的人是永远无办法感知那份沉重的，所以请大家见谅。然后，我们显然应该在当下中国的大背景下讨论这一辩题，但在中国，地区之间有极大的差异性，即便推行这一政策，肯定也是以地方为试点来逐步推广。

不仅我和庞老师的辩论没有什么实际意义,事实上从20世纪90年代开始,就有人大代表不断倡议"尊严死"或者"安乐死"合法化,但是直到前段时间,卫健委给出的答复仍然是:这一做法没有达成社会共识,法理上和伦理上都存在风险。

所以我今天作为正方,并不是要倡议从明天开始我们就应该让安乐死合法化,因为我明白实行这个制度所要面临的现实困境,但我认为,我们到了一个可以探讨安乐死合法化这个倡议带来的正面启示的时候。也就是说,为安乐死合法化辩护,我认为是有意义的。

这是一个政策性辩论,所以庞老师要求我要认真地从政策上来讨论,不能再像上一场一样背很多诗词。但我还是想先推荐一本小说叫《死亡护理师》。小说的背景是,日本人面临着非常严重的老龄化和少子化问题,但平均寿命又很长,有预测说,40年以后,日本平均一个劳动力就要负担一个老人。

故事中的一个单亲妈妈带着儿子与自己的母亲同住,一开始,祖孙三人生活得其乐融融,但后来老人患上了失智症,半身瘫痪了,所以她不得不辞掉全职的工作,开始照顾老人。但渐渐地，老人的病越发严重，最后甚至不认识她，因此被照顾时非常紧张和恐惧而辱骂或打她。这样一来，她不仅要承担老人高额的护理费用，又没有全职工作，还要负担一个幼年的孩子，于是整个人就处于一种濒于崩溃的状态。

直到有一天她回家时发现老人已经死了。她一开始以为是正常死亡，除了失落感以外，在那个瞬间她内心当中涌起的第一个感觉却是"我得救了"。很久以后，当一个检察官告诉她说，其实她妈妈并不是自然死亡，而是有人潜入她家把她妈妈注射毒死的时候，她难以接受这个真相，在内心深处她宁愿以为老人是寿终正寝，她也尽了应尽的义务。后来调查时，检察官就一直引导她说她非常憎恶这个凶手，因为她很爱他的妈妈。但她对检察官诚实地说，其实她在她妈妈死掉的那一刻感到的是救赎。

但这个检察官一生奉行的准则就是不仅要把刑事罪犯送上法庭，最重要的是让这些罪犯认识到错误，内心涌起负罪感。直到他遇见一个被叫作"死亡护理师"的杀人犯，也就是杀掉老人的凶手。这个杀人犯早年丧母，20多岁时父亲又患上失智症，随着他开始照护父亲，生活也一步步地滑向深渊，他所有的付出跟努力换来的都是恐惧、猜疑和责骂。他没了工作，家里的积蓄也用光了，由于正值年轻，他申请社会福利也失败了。

有一天他父亲在清醒的瞬间和他说："杀死我吧，我不想再这样活着了，这样的活着是没有尊严的，对我是折磨，对你也是。"最后他杀死了他的父亲，从这以后就踏上了一条连环杀人犯的路。他考了护工证并长期开始了上门护理的工作，他专挑选那种护理等级最高，也就是半身瘫痪或者完全瘫痪的老人，而且是家人彼此折磨、不堪重负的情况，然后上门默默地把这些老人杀死。被发现后，他坦白了所有罪行，并说"我没有错"。

他说，这些滑入了所谓爱与负担的缝隙中的人需要的护理，家庭和社会已经给不了了，这个时候死亡是最好的解脱，死亡是对他们最有意义的最终的护理，所以他把自己叫作"死亡护理师"。

而检察官对他说：死亡根本就不是救赎，只是一种自私和根本的放弃，人只有活着才能谈尊严、谈救赎。他还对其他罪犯说：你怎么能眼睁睁地看着一个人快要死了却不施以援手？这也是一种谋杀。后来，他的父亲也拒绝了延长生命的治疗方式，最终因胰腺癌去世，当他同意父亲放弃治疗时，所有的这些话他都还给了自己。

我希望在接下来的辩论中，大家的脑海中能有这个故事的印象。

其实，安乐死合法化的问题已经被讨论了几十年了，我方的论据无非是：第一，人是有自主的权利的，人最明白自己的利益所在，他应该有生的权利，也有死的权利；第二，让身患绝症而有无法忍受的痛苦的人能够安乐地死去，能增加人的福祉，没有人应该被放任忍受病痛酷刑般的折磨而不能体面尊严地死。而对于安乐死的规范问题，很多国家也已经过了多年探索，我便不再重复。在这里，我想打一个"搓麻绳"*的论。

我首先认为在当今中国，我们应该让消极安乐死合法化。

消极安乐死与积极安乐死的区别在于，后者是用某种方式加速病人的死亡，而前者我们在生活中其实见过无数次：肿瘤病房里医生问要不要拔管，选择拔那就是放弃治疗；还有很多老人会在生命的最后时刻选择放弃治疗回到家里；还有的病人家属在跟医生商量过后，决定选择所谓的保守治疗，这意味着什么其实我们也都清楚。而中国也已经开始了"安宁疗护"的实验，这种安宁疗护在世界其

---

* 指怪论、奇论、巧论。

他地区是有成熟的、合法化的实践的，它不是为了治愈，而是以减轻人在最后时刻的病痛为主要目的。

而我在这里所说的合法化不是一个从不被允许到被允许的过程，而是一种在实践中我们都睁着眼睛默许的东西。合法化在这里的意义仅仅是让它规范化，因为一个不合法的消极安乐死会产生很多问题，比如放弃治疗的人回到家后，在没有医疗条件干预的情况下可能要承受巨大的痛苦；以及安宁疗护的理念并没有被大众接受，还被很多人批评认为这就是让人等死，它的规模及得到的支持还非常有限。而规范化能减少不必要的冲突，能够让人平静和有尊严地等待死亡，并且得到社会资源的支持、理念上的理解，以及整个程序上的法律的保障。

庞：我本以为在一个非正式的辩论赛中，我不需要应对这样的麻绳论。

安乐死有几种不同的类型，其中最具争议性的叫主动安乐死，也就是说医生可以协助病人加速死亡；而停止那些延长生命的措施就叫被动安乐死。还有一种叫协助自杀，比如医生给我开药，但是必须由我自己把药吃下去。

所以，正方的立论就是想要所有主动安乐死的好处，却不想要所有主动安乐死的坏处。

在一些国家，主动安乐死是非法的，比如儿子看到母亲非常痛苦而协助其自杀的情况。但被动安乐死并不非法，我也认为这不应该是今天争论的重点。但正方的意思是，虽然现在没有人说这个事犯法，但也没有人说这个事合法，所以我们要把已经在实践的行为合法化。

我要问正方的第一个问题是，你虽然非常宽泛地说，这件事合法化意味着规范化，但这种改变究竟会带来什么具体的好处？这是你的核心论证，你必须要完成。第二，刚才故事里的失智老人离自然死亡其实还有很远，但你刚才给的第一个理由是"人有自主选择生的权利，也有死的权利"，如果是这样的话，你支不支持主动安乐死？

第三，正方的第二个论点说，我们应该允许让人安乐地死去，如果一个病人被动地等待死亡，这个过程他并不安乐，这时你同不同意给他进行主动安乐死或者协助自杀？这是我对你麻绳论的挑战。你先说，我再立论。

詹：我同意，没有问题。

庞：你支持主动安乐死，是吧？

詹：对。

庞：好，下面是我的立论。我不支持安乐死合法化有三个原因。

第一，我认为在还不能保证病人生的尊严时，不应该去保障死的尊严，先后顺序很重要。在全球范围内安乐死合法化的国家并不多，第一个合法化的国家是荷兰。根据OECD（经济合作与发展组织）Health Statistics 2021年的统计报告，我国医疗总支出占GDP的5.1%，荷兰是10.2%，是我国的2倍；OECD三十八国的平均值是8.8%，是我国的约1.5倍；政府医疗支出占政府总支出的比例，我国是8%，三十八国的均值是15%，接近2倍；每一千个人中医生数量比，我国是2.2%，荷兰是3.7%；每一千个人中的护士数量比，我国是3.1%，荷兰是10.7%，连三十八国的均值都有8.8%。还有长期医疗的支出，也就是主要用在老人和残疾人身上的长期医疗和看护费用，荷兰GDP的4%都花在长期治疗上，包括正方提到的姑息治疗、临终关怀。我国虽然没有这个数据，但想想，我国医疗总支出都只有GDP的5.1%。

从这些宏观的数据中不难看出，我国针对生命末期病人的经济帮助和看护质量都还有很大的进步空间。如果现在认为他们死了比活着更有尊严，所以应该允许他们安乐死,那么我想请问,这真的是因为死亡更好,还是我们对病人的尊严照顾得还不够?举个例子,2001年4月,西安市9名尿毒症病人联名写信给当地媒体要求安乐死,消息见报后,又有40名尿毒症患者公开提出了相同的要求。当年8月西安市先是经实际调查,把尿毒症在社会保险中的报销额度从70%增加到了90%,把每次透析费最高标准从450元降到了380元。两年之后,记者去寻访当时那9个人,其中3个还健在,这3个人也都不再想死了。

所以我的第一个论点是,等社会保障和医疗资源都足够彰显病人活着时的尊严了,我们再去思考死亡的尊严。这个顺序一旦错了,那些人就不是真正的自愿死,而只是被剥夺了知道"原来活着还可以这么好"的权利。

第二个论点是,安乐死合法化一定会带来很多的非自愿安乐死。

同年 OECD 的数据还有医疗开销需要个人负担的部分占家庭总消费的比例,荷兰是 2.5%,我国是 4.8%,几乎是前者的 2 倍。而绝症病人对一个家庭来说,无论是经济上还是心理上,无疑是重大的负担。

有多少老人会因为心疼后辈、或怕别人觉得自己"不懂事",甚至受到亲人的冷嘲热讽和阴阳怪气而"自愿"

选择安乐死？这个事你不敢想，这个数字你算不出来，但我其实非常担心。这些人可能会比那些在物质和心理上都富足的，用尽了一切手段的，最后只是想减轻痛苦的人要多得多。

第三个论点，我认为现阶段还没有一套自洽的伦理观可以应对这一系列问题。像正方说的，人如果有选择死亡的自由和权利，那么我们为什么需要医生甚至是伦理委员会去审核安乐死的申请呢？如果身体痛苦是可以接受的理由，那么心理痛苦呢？比如长期复发的心理疾病。如果有人为了可以安乐死就特别夸张地表达他们的痛感呢？

如果"人有选择死亡的自由和权利"是我们一致的伦理观，那么我们应该允许甚至祝福各种原因的自杀。显然我不觉得我们的社会有这样的伦理基础，我们觉得一个人不但对自己有责任，对家庭有责任，还对社会有责任。

假使我们划定有些人可以申请安乐死而有些人不可以，那么我们是不是在打着尊重个人权利的旗号，实际上在执行自己心中对于人命高低贵贱的划分？如果我觉得你的生命不值得活，你就是想活也会被我逼死；如果我觉得你的生命还值得活，你想死我也不允许你死。这是什么？这是假的自愿。

荷兰在2002年宣布安乐死合法化，二十多年来面临的一个严重的问题就是安乐死的范围在扩大。很多要求安乐死的病人质疑医生时，用的就是正方的第一个论点："你有什么权利说我不能死？这是我的生命。"结果滑坡效应非常明显。比如有人在自己得失智症之前表示，如果我得了这个病，那就由医生决定何时让我安乐死；结果等这个人真得了这个病之后，他又不想死了；最后，因为他当时说的话，他还是被医生和家人绑在椅子上执行了安乐死。患失智症前后的他基本上是两个主体了，哪个能代表自愿呢？这样的伦理问题我们解决了吗？

总之这是一个非常复杂的伦理问题，尤其我们的社会文化相对保守，忌讳谈死亡，所以对于安乐死合法化，兴许我们可以辩论，但它要在立法层面得到允许和被执行，我认为还没到时候。

詹：所以你觉得消极安乐死是没有问题的？

庞：没有问题。

詹：也就是说你认同医疗不以尽最大可能延续人的生命为唯一目的，有时也有其他的考量，比如人的尊严，人承受的痛苦。

庞：我觉得医疗不能以杀人为目的，这个是差别。

詹：也就是说我可以拔了管，放任这个人在没有积极的医疗干预下去死，但是我不能主动地让他死，是吧？

庞：因为生命权是基本权利，不能被剥夺。而接受或不接受怎样的医疗手段只是一种选择。

詹：我明明可以选择给他继续插管，但我拔了管，这是不是在剥夺他的生命权？

庞：这不是，这是拒绝延长他的生命。

詹：他插着管就确保能活，可我现在拔了管不是在让他死吗？

庞：你要等他死。他拔了有可能死，有可能不死，也有可能你要等着，所以是自然在发生作用。

詹：只要是自然地死亡就不算剥夺生命权，对不对？

庞：对。

詹：所以我见死不救也没有剥夺他的生命权？

庞：是。

詹：比如说有的村落把重病老人背到山里让他静静地等待死亡，这不是在剥夺他们的生命权吗？

庞：这个可能是，因为你创造了一个环境让他去死，这个是杀人。

詹：好，那现在一个老人在医院里住得好好的，但我让他回家等死，这是不是在剥夺他的生命权？你回答不出来对不对？

庞：这个不是。

詹：它们的区别是什么？

庞：区别在于这个人的身体状况决定了他是生还是死、他能活多久，我们可以尊重自然规律；但你把它背到山里不给他吃饭，这不叫尊重自然规律。

詹：反正在你看来，见死不救是可以的，但我主动帮他减轻痛苦是不可以的。而且你的意思是，今天中国的人均医疗资源不够，或者我们的医疗投入不够，我们享受的活着的尊严还不够，所以不能进行安乐死，是吧？

庞：是的。

詹：好，所以你认同在那些人均医疗资源足够丰富的国家，或者在有一天我们的医疗资源投入足够多的情况下，你就可以接受安乐死了。

庞：是的。

詹：那你觉得多少投入才足够？什么叫穷尽？

庞：这是一个综合的考量。但是现在整个条件很明显还是比较差的，所以我说现在不行。我也不能扔一个数字，说到了这个数字就一定行,或者以这个数为唯一标准,我认为这对我也不是一个合理的要求。

詹:可以。那你也同意在某些情况下,也许安乐死是最能彰显人尊严的方法了吗?

庞:说句实话,我为什么支持被动安乐死?我承认现在从逻辑上我能接受一些人真的享受到了这个世界能够给他们的一切,他们没有遗憾,他们寿终正寝了。但是现在的情况还根本没有到能从公共政策上让主动安乐死合法化的程度。

所以被动安乐死其实是一个缓冲。对于那些已经享受到了足够的医疗保障、物质保障、精神保障的人,他哪怕在临终关怀病房里住上少则三五天,多则三五个月,等待那一天静静地到来,这是我可以承受的。而不是要人为加速这个进程,让人都非自愿地去"被安乐死"。

詹:所以符合你的这些条件的被动安乐死是被允许的,主动安乐死为什么不被允许?

庞:如果符合这些条件,主动安乐死也可以。

詹:所以你承认有这样的例子的,对吧?

庞:我承认。

詹：你是承认有这样的需求的。

庞：本质上我并不反对安乐死的原则，我只是认为在操作层面，我们离那一步还太远了。比如有1000个人被安乐死了，可能其中5个人我认为是符合条件的。但是现在为了让这5个人可以主动选择死亡，我可能要搭上剩下995个并非自愿安乐死的人，所以我宁愿让那5个人多等一等。

詹：我现在明白了，正方对于安乐死经常被讨论的伦理问题，比如说医生的良知、人有没有权利选择死亡、医疗是不是必须以延长人的生命为唯一目的，其实她从道理上都是不反对的。她唯一反对就是，如果我们开始积极地思考用安乐死这种方法去对待那些身患绝症的人，我们也许就不会更努力地去解决他们活着的问题。

我觉得这个辩论方法非常厉害，它提出了一个永远不会错的道德高地，那个道德高地是我们应该更努力一点，让这些人活着的时候充分地感受到尊严。这是一个奇怪的零和游戏，仿佛说我积极地去思考怎样让一个人有尊严地去死，我就一定不会再积极地思考怎样让他有尊严地活。不是。之所以开始思考和辩论安乐死这个选项，就是因为我们意识到了背后的问题，也就是刚才讲的"中国式死亡"。思考安乐死这个选项恰恰是因为我们重新思考了人活着的意义，恰恰是因为我们不忍见一个人到了生命最后关头还要没有尊严地作为形式上的生命活着。

正方说安乐死不可避免地会被滥用，是因为她看到的只是"非常容易地死"。对此，我有一个非常残忍的回应。首先，这个选项在现状下是很贵的，它不可能成为一个推而广之的选项，它一定是一个需要积极思考和谨慎判断的选项。第二，如果你把人性中的恶都投射到一个制度上，这个制度看上去就一定是坏的。社会中所有的制度都对人性的善有着起码的假设。病人在生命危急时，为什么他的家人可以签字决定要不要对他采取某种疗法？是因为我们预设，他的直系亲属会最大程度地维护他的利益。我们当然会看到很多反例，但是这不能用来攻击制度本身。而当某天安乐死变成了逼迫他人、计算他人的生命，歧视老人的工具，这也不是安乐死的问题，而是人的问题。

庞：这是一个公共政策的辩论，所以必须要考虑到这个政策的效果是什么。

第一，"人把别人当成累赘"这个观念程度和广度是不是固定的？它根据社会的现状会不会有差别？现在很多中产都说不敢生病，因为我们的医疗资源就是不够充足。在医疗负担非常大的情况下，自然会有更多的人把病人当成累赘，甚至病人自己都觉得如此。而在这种情况下，有没有安乐死会产生一个巨大的差别。

第二，你说安乐死很贵，在荷兰它大概是3000欧元，确实贵。但比起绝症病人像无底洞一样的治疗费用，还是"长痛不如短痛"。在荷兰，医疗保险公司会报销安乐死的费用，并且它很乐意报销，因为它一次性地给你3000欧元，总比你一直活下去产生的医疗费要便宜。

第三，在安乐死不合法的情况之下，是有人自杀，但是自杀没有那么容易，也不是每个人都有勇气去自杀。会不会因此很多人还是继续活下去了，并且可能等未来病情好转了或者有了更好的社会保障的时候，他们又想活下去了呢？

第四，正方说我们假设这个社会是良善的才能制定法律和政策。对此，我只需要说一件事情：这是一个公共政策，我们不要讲善恶，它应该做的是什么？它应该保守。在全世界范围之内，主动安乐死合法的地区可能都不超过十个，我们保守一点又有什么问题？

最后是伦理问题。正方认为我从伦理上是接受主动安乐死的。坦白说,当我看到一个人真的用尽各种方法还是很痛苦,真的自愿想离开世界时,我很难拒绝他的请求。但哪怕是在这一瞬间我在伦理层面愿意相信他有权结束生命,这代不代表主动安乐死在伦理上是没有问题的?

如果我们真的相信人有自主决定生死的权利,如果是一个没有病的人要结束自己的生命,我们愿不愿意祝福他?我相信这个社会还没有这样的伦理基础,所以在现在这种情况下,不是说我相信人有完全掌握自己生命的权利,就代表社会上已经有了足够的土壤可以解决这一系列复杂的伦理问题。

正方总说我们要积极地思考这件事,你不要试图混淆概念,降低自己的论证责任。积极思考也好,纳入辩论也好,这和将主动安乐死合法化还有着十万八千里的距离。

詹:我当然同意制定公共政策不能莽撞,甚至可以保守,但保守在安乐死合法化中可以表现为严格框定安乐死的范围。而反方为我们描绘的场景是,安乐死合法化之后,我随随便便就可以安乐死了,那些活着的人说不定哪天又不想死了。这是很轻佻的一种设想。

我之前没有详细地讲政策细节，因为在世界范围内已经有很丰富的实践，总体上大家共同遵守的底线是绝症，也就是医学上无法治愈的疾病。而安乐死的执行范围就是要框定三点：绝症、无法忍受的痛苦，以及本人清楚的志愿。这些政策的执行细节可以彰显这个社会的谨慎跟保守，而不是说因为有莽撞的顾虑，就永远不引入这个选择。

几十年前我国引入养老院这个制度时，我也完全可以说，我们这个社会的医疗资源、养老制度、专业人士等条件根本就不充分，甚至也不符合中国社会的"养儿防老"的孝道传统。但如果永远不为社会引入这个选项，这个选项就不可能在实践中发展成熟。这并不是一种保守、审慎、安全的做法，它只是一种拖延的、不负责任的做法。

再次回到开头讲过的那本小说。小说的结尾是：这个检察官又去见了等待执行死刑的"死亡护理师"，然后问他说，其实你的目的也不仅仅是帮助那些在深渊中挣扎的人解除痛苦对不对？你还有更大的目的，就是控诉把你拖入深渊的这一切。这件事被报道出来后，整个社会开始思考那些在照护的深渊当中彼此折磨的被毁掉的小家庭。

为什么有的人会希望自己的家人去死？很可能是社会给他的资源还不够，可是这个是现实。你在这里硬撑着说可以接受人自然死亡，但我们不能亲自动手去帮助某些人死亡。可硬撑着守住伦理上的优越感，不代表这些问题不需要去面对和解决。它只是一种拖延，直到这个老龄化的社会到来，直到眼睁睁地看着我们还不够富裕就已经老了，有那么多的老人需要护理和临终关怀。

安乐死也许不是所有问题的答案，它只是其中一个答案，它更代表着社会到了一个要重新思考生死的意义、家庭关系，以及有限的资源要被用在哪里的时候。医疗这件事在我们的朴素认知里应该是人的基本权利，可是其实它并不是，医疗是一个奢侈品，无限医疗更是一种奢侈品，它注定不是一个所有人都能享受的东西，也注定不是一个靠多努力就能解决的问题。

在这种时候我们怎么面对死亡？是不是尽量拖着，仁至义尽、散尽家财、让生命多延续一会儿，或者把一切该做的都做了，然后只能等待一个被动的死亡？

它为什么不是一个我们可以从一开始就积极介入和思考的东西，最后我们能微笑着觉得"就这样挺好的"，然后用这种方式战胜死亡呢？

庞：正方提到了三点安乐死的执行范围：绝症、无法忍受的痛苦，以及本人清楚的志愿。关于第一点我之前反复说过，这是一个复杂的伦理问题。如果一个年轻人长期服药但其心理疾病就是无法根治，这叫不叫绝症？第二点，痛苦是不是无法忍受又应该由谁来判断？一个人说自己现在就是生不如死，你又有什么理由反驳？就像正方立论时的第一个论点，人有自主选择生的权利和死的权利。可一旦如此，它一定会产生滑坡效应，而框定的安乐死的执行范围根本无法办法阻止它扩散。

其次，刚才正方说我的想法轻佻，说自己没有亲身经历过就不能说这些人活得很容易。这也不是我说的，荷兰医生有一个观察，他们发现人的适应能力很强，人们会觉得我如果进入到某一种状态，比如傻了或者不认识身边的人，我就不想活了，但等人真的进入到那个状态之后就适应了。所以逐渐有很多荷兰的医生不再提供安乐死服务，就是因为他们觉得这里面有太多的伦理难题，而如果我们还无法解决这些伦理难题，就不能马上立这个法。

最后我要说的是，现实的确还不够好。而且正方刚刚提到的病人临终前的痛苦，部分也是过度治疗造成的。所以被动安乐死至少可以是一个缓冲，让我们逐渐地把临终关怀做得更好，比如减少不必要的切喉、插管等治疗方式。有时在一个中间方案上停留久一点，等社会看待生死的态度逐渐转变了，等社会的物质条件进步了，我们再谈论这种"迈大步"的方式也不迟。

第 29 讲

权利人赋还是权利天赋？

这场辩论的题目是"权利人赋还是权利天赋"。

詹青云是正方，认为权利人赋；我是反方，认为权利天赋。

詹：在立论之前，我有必要先澄清一些基本概念，免得大家被庞老师的能言善辩带偏了。

我想先推荐我前一阵读到的一本非常有趣的政治哲学书，叫《坏世界研究：作为第一哲学的政治哲学》。坏世界研究，顾名思义，是指哲学家或理论家总是幻想描绘出一个理想世界，可现实世界其实非常糟糕。我们生活在一个坏世界里，好的哲学必须要因应坏世界而存在，我们只能在对人性有最坏的假设之上尽可能地去利用政治制度设计好的生活，这才是成功的政治哲学，这也是我在这场辩论中的核心观点。另外我先声明，我接下来的很多观点借鉴了这本书的内容。

首先，"权利"是一个非常现代的词，或者说它就是一个现代社会的发明。

传统社会里的政治哲学或伦理学通常讲的是人的义务和美德。传统社会中所谓的法治通常指的是刑法，即关乎你做错了什么事会受到什么样的惩罚。但我们几乎不谈权利，因为这个概念是在人类社会现代化的过程中和"自由""个人"这些词一起被发明出的。

而权利天赋这个概念有古老的源头，它可以上溯到古希腊哲学家，也历经了中世纪的神学家对它的阐述。当然，我们今天讨论权利天赋时可以达成的共识是，将其追溯到自由主义、启蒙运动中霍布斯、洛克这些人所论述的个人的权利天赋。

霍布斯的理论有一个非常重要的创见。他描述了人类起源时，所有人生活在自然状态下，人和人之间充满了竞争、猜忌甚至杀戮，所以每个人最重要的欲求就是自保。于是，霍布斯借由他所描述的自然状态奠定了后来整个政治哲学的理论基础,即以个人以自我保全的欲求所带来的权利为一切政治论述的出发点。换言之,他以个人权利取代了传统政治论当中所经常提到的义务、美德、秩序等概念,而创造了一个以个人及以权利为本的政治哲学。

这套理论影响深远,并被很多法律以正式条文的形式阐述出来,著名的代表是美国的《独立宣言》和法国大革命时期颁布的《人权宣言》。我们以美国《独立宣言》的文本为例:《独立宣言》开头的这一段话,我们都非常熟悉:"我们认为下面这些真理是不证自明的:人人生而平等,造物主赋予他们若干不可剥夺的权利。"

这短短一句话包含几个很重要的特征,比如它一开始就说"我们认为"。所以权利天赋不是一个历史事实,它只是一套理念、一套思维方式、一套话语系统。我们当然知道,无神论者并不接受真的有一个造物主赋予了人们所谓的人权,我们也都知道霍布斯所描述的自然状态在人类的历史上并不曾存在过。考古学证据非常清晰地表明,人类在演化过程中向来过着群居生活,所以一个充满个人战争的自然状态并不存在,权利天赋这个概念本身没有任何的事实依据。

它接下来说,"这些真理是不证自明的",什么意思?

就是我不需要提出任何的证据、理论、论点，也不需要用任何方式去支撑这些证据就可以认为，这些权利不可被转让和剥夺。当我说"不证自明"，我也是在说我有这些权利这件事是不容挑战的。但也有理论家——例如列奥·施特劳斯——认为我们今天说的自然权利有可能是现代的政治学者对 natural right 这个词的误读。

natural right 最初被提出来时可能只是想表明有的东西是天然正当的，但一个东西是正当的，不代表它就是你的权利。你可以说我的自由是正当的，但不代表你在任何一个地方就天然拥有自由的权利，因为权利这个概念一定是在人和人的交互过程中才有意义。如果你是这个世界上唯一一个存在的个体，你没有必要谈权利。换句话说，你可以说有一些东西是天然正当的，而权利这个概念一定要通过约定才是合法的。

回头去看权利天赋这个概念的提出，我们必须得承认它有伟大的历史意义。在那个年代，有的人生来就可以统治他人，人和人生来就不平等，既然有的权利被认为是上天授予君王的（君权神授），于是自由主义者提出权利天赋，每个个体也有上天所赋予的权利，用以抗衡这种君王的权利。这是用权利（right）去抗衡权力（power），这是它在历史上所发挥的意义。但权利天赋这个概念没有历史真实性，它是作为一套话语系统被提出来解放一个等级秩序所束缚的社会的。而今天我们的社会已经超越了这种被束缚的形态，我们就必须回到真实的世界。

权利只有被论证及得到他人的肯认和同意才可能是真实的。特别是在今天，由一个人主张的不证自明的东西是不可能成为权利的，只有被人普遍认同的权利才可能成为普遍权利。

庞：首先，我简单地讲讲我对权利天赋的理解。权利天赋的意思不仅仅包含了"有些权利是不证自明的"，实际上，它还对"哪些权利是不证自明的"有明确的定义，即在自然法治下人的自然权利，也就是人的基本权利，比如生命、自由、追求幸福的权利。我承认这是一种哲学思想和价值观的选择，并不是一种事实上存在与否的事实性判断。我们之所以辩论，也是在想究竟采用哪一种法哲学的思路更有利于现在的环境，这点是我们双方都认可的。

其次，这套哲学思想虽然认为这些权利不需要论证，但"这套哲学思想为什么能成立"是经过论证的。只是这种论证方式不是经验性的论证，而是一种推理性的论证。

前面提到的无知之幕就是用思想实验的方式来论证，什么权利可以被划在权利天赋所保护的范围之内，以及什么权利必须在这之外。所以这不是一个完全没有论证的体系。我们并不是说任何东西都可以不经检验地存在，为什么这些权利可以被放在不证自明的范围之内，这是有所论证的。我们可以对这个哲学思路进行一些论证，但我们不需要在保护每一个人的权利的时候，都去论证这是为什么，因为论证的方式其实是一种功利主义式的。

如果我相信权利天赋，那为什么要解放黑奴？因为就是这样的。为什么要男女平等？因为就是这样的。为什么不可以家暴？因为就是这样的……它是一种应该存在的状态，有应然性的标准。无论是生命、自由、追求幸福的权利，还是所谓的真善美，都是一种价值观。我们可以不断精进对这种价值的理解，但我们要承认这种价值是存在的，而不是每一个群体都有自己论证的方式。

如果你相信权利人赋，那为什么要解放黑奴？你不能说因为他也是人，你可能会说因为现在废除蓄奴制更有利于经济的成长。为什么要保护女性的权利？你的回答可能是因为如果不保护女性的权利，女性就不愿意生育，社会就无法发展。所以你允许大家都各自以功利主义的计算作为理由，而我认为人的生命、人追求幸福的权利，以及人人平等的价值本身就已经有了论证力度。

好，我的第一个论点是，只有权利天赋才能给我们提供一个善恶的标准，为我们文明的进步提供方向。

有一个与本场题目紧密相关的辩题，叫"恶法亦法，还是恶法非法"。而我一定要相信权利天赋才能为判定什么是恶法提供标准。如果恶法亦法，也就代表这个国家之内的人拥有什么样的权利是以国家现有的法律来决定的，只要现有法律是依照遵循某套程序的，它就是合理的。所以，如果法律没有给黑人权利，如果法律认为可以杀光某个种族，它就是合理的，我们就不能审判作恶者。以上，如果相信权利人赋，就会推导出这样的结果。

比如著名的纽伦堡审判，在当时纳粹德国的法律中，杀犹太人并不违法，甚至人们被要求这样做。而当时也没有一个现有的法律可以审判这件事情，但最终我们还是审判了。审判的合理性的来源是什么？就是我们认为权利天赋，认为每一个人都有生命的权利，都有自由的权利，都有追求幸福的权利，这能让我们超越一个国家法律体制的合法性、正当性去审判一件事。

我的第二个论点是，规矩或法律是有限的，我们还需要一种价值取向的指引。如果我认为权利人赋,那意味着只要法律规定的就是合理的,法律没规定的就是不合理的,这会让人产生惰性——我只要跟着规矩和法律做事就好了,我不用培养自己的德行和理性去做判断。

而其中的核心问题是,人有没有义务去思考什么是善,什么是恶?这个世界上的是非对错是否存在一种普世的标准?

如果我们不认同有这样一个标准,那问题就大了。比如现在一个哮喘病人到了医院门口,可能按照某一规则,在这种情况下,保安就是不允许他进,但如果用每个人都有生命的权利这样的价值观去主导判断的话,我们可能就会做出一个超越规则的判断。而事后我们如何对待一个在当时为了保全他人生命而超越规则的行为?如果因为他没有服从规则就要受到重罚,这是我们不愿意看到的,但这就是恶法亦法也就是权利人赋会带来的结果;但如果我们相信权利天赋,即当人的生命、自由,以及追求幸福的权利受到伤害时,我们应该主动地超越规则,做出判断,而且事后也不因未服从规则而受到重罚。

我的第三个论点是,承认生命、自由和追求幸福的权利是一种价值观,可以给国家之间的合作提供更多的共识，给国家之间的冲突设定一些底线。比如主动发起战争、伤害平民，这就是一个底线问题。在没有底线的时候，每个人都可以用自己的标准来判断，唯有设立一条不可逾越的底线，让每个理性人不仅仅听从规则和法律，还要有道德义务去理解何为权利天赋，从而做出理性的判断。这个不可逾越的底线恰恰是让世界能够变好的一种方式。

詹：反方认为权利天赋除了是一套思维方法，它还对几项基本权利有所限定，所以有一个更狭窄的定义。对此，我很怀疑。生命、自由、追求幸福的权利的确被写进了《独立宣言》，但是十几年以后的法国大革命时期颁布的《人权宣言》就何为基本权利这点比它多写了十几项。

而权利天赋这个概念之所以在历史上有伟大的价值，是因为它解放了个人，它用个人不需要论证的基本权利去对抗强大的权力。但是它也有非常可怕的后果，最重要的后果之一就是让社会失去了价值标准。如果我和你的基本权利都是不证自明的，我们该怎么去辩论或为价值排序？

在现代社会初期，权利天赋这个概念呈现汹涌澎湃之势，因为它的确冲击了旧的封建秩序，而这也是因为这个社会依旧普遍缺乏根本的权利平等。当有的人生下来就是奴隶的时候，当有的人生下来就被分至社会的不同等级的时候，当有的人生下来就是别人的财物的时候，对基本权利的呼吁是有可能达成社会共识的，或者对它的倡导是有可能引领一场社会思潮，成为大家共同坚守的革命的。可是在今天这个如此多元的社会，如此多的个人权利会被提出来，其中都有人性的自私、个人的偏好、不同的文化背景，而它们彼此会产生冲突，我们却找不到一个方法为它们做出选择和排序。

反方还提到一个辩题叫"恶法非法还是恶法亦法"。没错，我们在辩论场上辩的是恶法非法还是恶法亦法，但在现实生活中，我们真正要面对的问题是什么才是恶法？这就是我要说的，一个在权利天赋这套笼统抽象的大概念之下失去了价值排序的社会，它真正需要回答和引发激烈冲突的问题，并不是恶法存在时我们要不要想办法改变它，而是哪条法律才是恶法？

比如我要不要支持妇女堕胎权的合法化？社会会说，不，这是法律，所以我们不应该反抗吗？不是，我们是在说到底堕胎权合法化是恶法，还是禁止堕胎才是恶法？而这里双方都是用人的基本权利作为他们论述的核心的。正方说这属于妇女处置自己身体的自由权，是基本人权；而另一方说胎儿的生命权也是基本人权。所以在这个问题上双方聊不出是非来。我们每个人都坚持着一套基本人权，而正因为这所谓的人权是天赋的，它不需要论证同时是不容置疑的，所以我们根本就没有讨论的空间。

现代社会中所有的国家的宪法一定都保障了那几项基本权利，但在实践这些基本权利时，国家之间的差距是如此之大，因为光喊这些口号，在现代社会已经起不到什么作用了。

这些口号喊了几百年，权力早已找到了应对之道。它表面上承诺许诺给你这些权利，不代表它在实践中让你可以自由地、充分地行使这些权利。今天我们需要在不同的、真实的、坏世界的各种各样的社会环境里去找到具体的办法，才真正能实践这些权利。

所以，你不需要斩钉截铁地宣布说有一些权利是不证自明的，然后不给出任何理由；恰恰相反，你可以想各种办法去论证你的权利，然后由此争取到更大的空间和更细化的规则来实践这些权利。我曾看到日本商会写给日本政府的谏言，希望日本政府能够将同性婚姻合法化。他写的理由是，这样我们能够为缺乏劳动力的日本社会吸引更多的人才，而且一个更开放的社会姿态能够得到国际上的声誉和赞扬，有助于提升日本的国际形象。

这些理由听上去很俗，在反方看来，她不屑于用这些理由来争取利益，因为她觉得这是人的基本权利，它是天赋的、不容挑战的、不证自明的。可是喊这些口号没有用，真正要在现实中争取到这些基本权利，还必须将其应用于一个特定的社会环境及其权力的运行方式、人的思维方式、文化背景，等等。

最后强调，权利天赋是一个非常抽象和宽泛的理念，它本身没有任何的事实基础和历史环境基础，它是一个在人的脑海中形成的、用理性的判断和各种思想实验幻想出的东西。这套幻想曾经在某个历史阶段发挥了作用，但它没有办法解决我们今天社会的真实问题。

庞：首先，正方确实提出了很多以权利天赋的理念来运行社会的不完美之处。但我要问的是，为什么相信权利人赋，这个世界就能够变得更好？这个问题你没有解决。

其次，在你认为在基本权利"就那么几项"且都被各个国家写进了宪法里的情况下，你认为这件事情已经完成了，你认为这些基本权利已经被保障了，接下来的世界要靠另外的方法让它变得更好。但我认为，恰恰我们应该推广权利天赋的理念，就算它已经被写进了法律中，就算我们能做的事情已经到了尽头。

第三，你说我们应该想一些更加功利性的理由去说服大家。我不反对，但是这两者矛盾吗？我想问，在你还没有想出一个功利性的理由去说服人时，你还会努力地去实现LGBTQ群体的权利吗？万一这个国家不需要外来人才，或者兴许LGBTQ群体给社会带来的弊端大于它的益处，是不是在这种情况之下你就认为不用实现了？

如果蓄奴制的存在给社会带来的利益大于它的损害，是不是我们就不需要努力废除它了？如果被拐卖的妇女反而能够让那些村落的生活更和平和稳定，是不是我们就不需要努力想办法解救她们了？

詹：首先，我认为的权利人赋，很简单，就是指所有的权利都要靠自己争取，没有任何东西是不证自明的。任何权利都要靠努力说服来得到他人的承认和社会的同意才可能得到真正的落实。历史上对权利人赋这个概念的阐述也很少，这个可能是我个人的看法。

历史经验不一定全是对的，但是它一定有很多值得借鉴跟保留的东西。社会是一部精巧的机器，当你表面上以为你只是在拆毁或切割掉它的缺点时，你可能也切割掉了一些同样重要的东西。我一直在强调人权天赋这个概念有它正面的历史价值，但是它也带来了很多问题，我只是说它在今天这个社会不再适用。你说相信权利人赋的人就只能抱残守缺，守着一个永远不会被改变的世界，我觉得不是。相信权利人赋的人很简单，就是我们想看见真实的现实。

我知道要创造幸福的生活只能靠自己，我必须积极地去推广宣传，让别人肯认我的主张。妇女的选举权是怎么来的？黑人的平权运动是怎么来的？我们对这些历史常常有一些浪漫化和戏剧化的想象，我们以为是马丁·路德·金的出现，他用精彩的演讲把那些不证自明的真理展现在所有美国人的面前，是这样吗？或者是因为那个年代的自由派大法官的出现，他们作为社会的精英和进步人士替整个社会提前做出了黑人和白人的孩子应该在同一个学校上学的决定，是这样吗？

你去看真实的历史就会发现，根本的原因是妇女在一战期间走出了家庭，参与了社会劳动，她们的政治经济地位从而提高了；黑人在二战期间代表美国到欧洲战场打仗，回来后他们进入工厂工作，他们的劳动价值从而提高了，而那时美国北方的资本主义蓬勃发展，南方的种植园衰落，是这些真实的历史改变了他们的命运。大声疾呼当然重要，可是改变的根本力量在哪里？在真实的世界里我们一定要想办法用策略壮大和武装自己，才可能看到这些改变。

其次，你说没关系，我们可以找别的方法，而权利天赋就是其中一种方法。但权利天赋的意思就是我不需要向这个世界证明什么，我只需要说出我的主张。可问题是这个世界上有主张的人太多了。

在两百年前的社会，个人是不被看见的、是弱小的、是完全被束缚在各种关系之中的。但今天的社会反过来了，个人越来越原子化，变成了纯粹的个人，以及今天表面上看似弱小的个人常常能够集结成强大的力量。《坏世界研究》中还有一个很有趣的观点，意思是说很少有人能满足于私人领域的自由，而往往都想把自己视作基本权利的东西扩展到公共领域。我们可能会看到，当曾经一群很弱小的个人抱着这种不证自明的基本权利成为一个强大的集体时，这种集体就会把权利变成权力，这时所谓的权利也就成为可以轻易伤害他人的借口。

你最终发现，现实的社会在表面上说每一个人是平等的，都有不证自明的基本人权，但实际上，弱小的个体依然没有声音。这时我挥起权利天赋的正面大旗，就会有人来呼应我吗？没有。往往是成为强大的集体的那些人喊着权利的口号才能横行无碍，因为他们不需要证明什么。

最后，我认为我们想要的东西非常简单，就是哈贝马斯说的"交往理性"：我们所有人都往后退一步，我们不再认为有的东西是不证自明的，我所主张的一切首先都只是我的主张而已。当我提出我的主张时，我不能期待这个社会必须立刻像尊重一项基本权利一样尊重我的主张，而当别人反驳我的主张时，他也只是在反驳一个主张而已，他不是在践踏我的基本权利。而每个人提出主张都需要论证，不能说因为这是天赋权利。只有这样，社会才有辩论的可能。

庞：我并不觉得"不证自明"的意思是完全不需要论证，而仅仅是不依赖经验性的理由去证明。另外，你说不能用这种先验性的论证，那我问你，我们为什么反战？男女为什么平等？你不要用先验性的理由回答。

詹：你问我个人对这些问题的看法没有价值，你知道吗？我就是觉得男女平等，但世界上有很多人和你我的看法不一样，怎么办？人和人的先验世界不一样，不将问题拉回到经验世界里，我们就无法真正地讨论。

庞：我认为在这样的问题上，用先验性的理由比用经验性的理由更容易论证。也就是说，我们都一样是人，我们不知道自己从无知之幕走出来后是什么样的人，所以我们要有一个基本的底线，即对每一个人都有基本的保护，人人平等。你还能继续用经验性的理由论证吗？

詹：我现在回答你，因为我们这个世界没有无知之幕，每个人都是带着自己的利益、立场、经验来到这个世界的。

庞：你怎么论证？

詹：就算这个世界上所有的人都从概念上承认男女平等，这够吗？

庞：先谢谢你都从概念上承认了，这就是我方要的东西。

詹：这个问题我早就回答过了，我说这些最基本的权利，以及能达成共识的理由早已得到普遍承认了，我们今天不再需要这个概念。

庞：没有达成，我们仍然需要。

詹：另外，一个老板说自己也支持男女平等，只不过女性要生孩子、要顾家，所以我招人只招男性。你跟他说男女平等，他说我承认，有用吗？你必须在经验世界里解决问题。

庞：所以我的意思是，发起战争或者伤害平民这件事在有些人看来是可以的。比如有些国家侵入其他国家的理由是，我如果不伤害这些国家的平民，自己国家更多的平民就会受到伤害。可是如果因为"我怕你打我所以我打你""因为你打了我就得打你"，没有一条价值底线而完全靠这样的利益推演的话，冤冤相报何时了？

正方说，这些基本共识都已经达成了。我认为，这只在小圈子里有了，在国际范围内并没有。比如全球变暖的问题，为什么对此国际上开了那么多大会都没有什么实质性的进步？就是因为我们不把人类的生存当成一个至高无上的理由，大家还都在计算自己的利益。

所以，有没有一种价值性的理由是我们应该推广的？这是你我观念的差别。比如前面说到的，在纳粹德国时期，人们受到的教育就是可以杀犹太人，那他真杀了以后，你有没有权力去审判他？你权力的正当性来源于什么？你如果不用有一些价值性和先验性的理由去证明你的审判的合法性、合理性，你该怎么去做？

我承认正方说的，只靠喊出这样的价值口号无法解决世界上所有的问题。但我并不认为我们就应该这样做：第一，放弃这种价值性的坚持；第二，即使在说服他人时，忘了这些价值性的理由。正因为每个人的利益、文化背景，以及社会环境都不同，所以具有普世价值的理由不能被放弃。

最后我要强调的是，第一，我认为国家之间应该有一些共同的价值性的底线，这是现在这个世界急需的。第二，我们每个人要拾起自己的道德责任和理性责任。当我们相信这个社会有普世价值的时候，我们其实就是认识到了我们有这样的责任和义务去分辨是非和真理，这才能帮助我们强调每个人的主体性，以及坚持追求理性。

"真善美"不完美，也很难被解读，但我们不能放弃对它的追求，如果一旦放弃，认为一切对错都由现有的规则、法律或环境决定，这恰恰是那些可怕之物的来源。

詹：我一直在说，这个世界缺的已经不是那些非常抽象的概念和口号了。俄罗斯攻打乌克兰的时候，普京说的是"我不觉得国家主权神圣不可侵犯"吗？不是，他说的是"乌克兰自古以来就是俄罗斯的一部分"。所以光有这些口号不够，在现实的社会里，在坏的世界里，它必须得到进一步的解读。

其次，你说世界上要有一些普世的价值性的底线和是非对错的价值判断，这重要吗？很重要。可问题是，到底谁是，到底谁非？每个人有不一样的判断。那些举报的人一定是心理阴暗的，见不得别人好吗？不一定。他可能觉得自己在做一件非常正确的事。而为什么我说权利天赋这种思维方式会带来问题？因为它非常武断，所以才不证自明。

最后，我觉得这个口号的提出很了不起，可是它不应该作为一套话语系统在当下被滥用。当一个人主张一些在你我看来很荒谬的观念时，他也可以使用这套话语系统。而当我们不屑于和别人论述、辩论时，我们也可能出于懒惰而使用这套话语系统。这就是为什么我说要想实现讨论，必须每个人都更谦卑一点，觉得自己没有那么正确，觉得这个世界上所谓的正确没有那么绝对。但这不是说我要放弃是与非。

庞：我还是想说，我不觉得社会里价值性的倡导已经足够了，恰恰我认为最近几年这种价值性的倡导其实越来越少，因为比起能够换算成数字讲出来的东西，价值性的倡导是更危险的。2022年冬奥会开幕时，张艺谋说的话让我感到久久不能平复，他说"那么真诚、那么善良、那么爱美、那么浪漫、希望大家都好"。我已经很久没有在公开的舆论场上看到这种价值性的倡导了。

我知道价值性的倡导也许不如算得出数字的倡导更能为人所接受，但是我希望在能算得出数字的说服之外，我们能永远坚持我们对美好价值的向往。

第 30 讲

生育是社会责任还是个人选择？

这场辩论的题目是"生育是社会责任还是个人选择"。

詹青云是正方，认为是社会责任；我是反方，认为是个人选择。

詹：当我们听到"生育是社会责任"这种说法时，首先涌上脑海的并不是反驳，而是一种抵触的情绪。这种抵触的情绪至少包括两个层面：一是源于很多人夸夸其谈所谓的大局观，但从来没有考虑过每一个个体成长和奋斗的过程中所面临的种种挑战和生活的艰辛。更不要说养孩子带来的巨大的代价和责任。二是一种非常直接的抵触，就是觉得其中有强烈的说教意味和操控欲望。

我是和你们共享这两种情绪的,因为我也是一个被催婚、被催生的人。但我想站在这个不同立场上看看它到底有什么值得被讨论的东西。

人口关乎社会的集体利益

社会责任这个词很常见,所以它也有五花八门的定义。一般来说,各种社会学派对社会责任的定义无外乎是指一个人或组织在他的行为选择上对集体利益的贡献超越了其对自身利益的关注。

而这种定义有一个广泛的范围。很多行为都可以被看作是对社会责任的承担,但是我们对于这些行为的期待却非常不同。比如一个人依法纳税、不偷税漏税,一个企业合法经营、不做假冒伪劣之事,这些社会责任我们觉得是"分内之事"。一个人去献血或者做志愿者、一个企业积极地提前去做碳中和,这些社会责任我们就觉得是"分外之事"。所以,不同社会责任的受期待程度和强弱程度有很大差异。

如何判断一件事是否该被视为一种社会责任?我在草原上养100头羊比养20头羊赚的钱要多,而且我非常勤劳，也很愿意养100头羊。但如果家家户户都养100头羊，这片草原很快就被啃秃了。20年以后谁家都没有羊可以养了，这就是一个集体行动的困境。

生育也是如此。人不是一座孤岛，人要活在一个普遍联系的社会环境中。虽然我们在产生抵触情绪时觉得生孩子是我自己的事情，你凭什么来指手画脚？人口问题看上去也与我无关。别人要不要生孩子，这个社会有多少孩子，这个社会的生育率是多少，这都不应该影响到我。但事实上我们在这个环境中选择的和得到的一切一定是被大背景所决定和影响的。

而人口是这个环境的基石，它是一切大背景的大背景。我们每一天生活在这个由庞大人口数量组成的社群中，很多时候往往从中获益而不自知。比如我之前在国外待了几年，每一次回国我都惊叹，你在国内能够用很少的钱买到非常好的东西。上次我回家买了盏太阳能的煤油灯，只要10块钱。我都惊叹于用10块钱就可以买到一个看上去非常高级和精致还环保的煤油灯。这是因为，即使对煤油灯感兴趣的人只是一个小众群体，但是这个市场足够大，所以生产太阳能煤油灯的企业能够用规模效应降低成本、提高质量，让我们这些有这种小众爱好的人也能用很少的钱买到好东西。这就像中国的互联网企业为什么如今能走到世界的前列？这正是因为它生长于一个有庞大人口基数的环境中，从而可以在人群中迅速地学习、创新和积累经验。

你今天说"我决定不生孩子，我可以拼命地为养老做准备，不给社会添麻烦，这是我自己的事情"。但反过来我们也要明白，有一天人口老龄化和人口负增长的社会代价也一定由所有人一起承担。它不单单会产生没有养老金、年轻人不够，或者养不起老人的问题，还有一些隐藏得很深的代价。比如将来没有年轻人去献血了，那你有钱、有医生也可能没办法治病；比如将来没有年轻一代去更新现代的公共交通体系了，那你有钱也享受不到这些服务了。总之，人口基数这个巨大的社会环境跟社会背景带来的好处，和有一天人口老龄化和人口负增长带来的坏处，都是我们躲不开的。

今天这场辩论，有一些事情是不是已经可以达成共识了？比如中国一定会或者正在进入老龄化的社会，这也是人口经济学家常聊的话题。2021年中国的总和生育率已经低于国际警戒线。在过去的30年里，我们国家的总和生育率是低于2.1的人口替代率的，所以我们的人口数量一定会慢慢地滑落。此时此刻，我们也许就站在中国上下五千年的人口数量顶峰上。

还有一些共识，比如我们今天能够看到，无论是在中国还是世界范围内，一个地区的人口增长通常和它的就业率及经济繁荣程度成正比。而且我们都已跳出了所谓的马尔萨斯陷阱，除了在那些极端贫困的国家以外，这个规律已经不再适用。我们今天适用的规律是像哈佛经济学家迈克尔·克雷默所说的，一个良性循环：人口增长带来技术进步，技术进步所创造的物质条件进一步刺激人口继续增长。而一旦一个社会进入了这种良性循环的模式，它的发展就将一往无前。

但反过来当一个社会开始陷入人口负增长，表面上你看到的是竞争激烈程度在下降，因为人少了，但实际上它带来的后果是社会的就业机会少了，创新少了。就像现在人口呈负增长的东北三省，年轻人为了寻找发展机会不得不离开这个地方，反过来使得这里的人口数量进一步下降，由此跌入一个恶性循环。还有，日本除了东京、大阪这样的一线城市以外，它的很多周边的小城镇人口都在流失，你可以亲眼看到这些地方在老去甚至感到它们就在消失。

以上是第一个层面上的共识，就是人口增长对我们的未来是很重要的。

在另一个层面上,先不谈生养孩子带来的情感慰藉和其他的快乐这些非常个人的因素,仅仅从经济学的角度考虑,在这个时代生养一个孩子要付出的代价是可以被计算的。

很多论文讨论生育对女性的收入的影响,这当中也有分歧,但是基本上都认为这会带来一定的负面影响。只不过区别在于这种影响是一次性的还是永久的,以及程度的不同。另外,2022年,由梁建章、任泽平联合多位学术专家设立的"育娲人口研究"发布了《中国生育成本报告》,报告称,中国家庭养育一个孩子到18岁的平均成本为48.5万元,为人均GDP的6.9倍,可见生育成本负担之重。

所以,仅仅从经济学这个公认的客观标准上衡量,养育孩子的人他们承担和付出了很多,而这些孩子长大后成为社会的年轻劳动力,其带来的好处是被所有人分享的。而如果人们都选择不生养孩子,任由社会滑向老龄化、少子化、人口负增长的局面,这个后果也将由我们所有人承担。

所以无论你在个人情感上如何衡量这件事,我们会发现，个人让渡出一部分的个人利益或不以个人利益为唯一考量，而是考量集体利益后作出的选择，其好处将由集体共享。而每个人都从个人利益出发做出的选择，其后果也将由集体承担。从理性上你可以接受这是一种社会责任的体现吗？

子宫掌握在自己手里

庞：我开始立论。

第一，我不认为喊口号说这是社会责任，它就会有作用，关键是个人要获利才会有动力。或许有些人会为了社会责任生孩子，因为在他们的价值体系中，个人的价值就是服务于社会的价值，但这样的人毕竟是少数。

在我方看来，子宫掌握在自己手里，别人强迫不来。即使你要从公共政策的层面鼓励生育，你也要靠营造良好的环境让个人利益与社会利益一致。我跟你一样，作为一个三十多岁的未婚未育职场女性，那些生育成本，房价、内卷，男女育儿责任不平等的问题，我就不老生常谈了。我就总结一句，当个人利益与社会利益不一致时，你靠喊口号说这是集体行动的困境，从应然层面上来说，我觉得你也不应该倡导；从实然层面上来说，你倡导也不会有用。无数的历史和尝试都告诉了我们这一点。

生育是个人选择，而非默认选项

第二，我们要意识到，随着物质和文明的发展，生育越来越成为一种生活方式的选择，而不再是一个默认选项。所以，就算公共政策再好，把房价、内卷、男女平等的问题都解决了，也一定有人选择生，有人选择不生。你必须意识到这是一个个人选择，你才能够制定接下来的目标。

我讲几个故事，看看即使抛开眼前这些困难，就算没有了生育成本或者男女分工的担忧之后，情况会是怎样。一个是耶鲁大学管理学院的老院长和我们讲的他和他夫人的爱情故事。这两个人现在七十多岁，结婚五十多年了。老院长曾经被外派到东京工作两年，但他的妻子并没有为了丈夫牺牲自己的事业，在那两年间，他们每个周末都见面，这一周是妻子从美国飞到日本，下一周是丈夫从日本飞到美国。他们在年轻时就主动做出了一个选择：不要孩子。因为他们很喜欢自己这一生的活法。所以这是一种取舍和选择。就算你不担心钱,你仍然会面临着这样的问题,因为生养孩子需要巨大的精力和投资,如果伴侣双方都想要最大程度追求自己人生的精彩,那就可能会选择不生孩子这种生活方式。

再比如,一些同性伴侣就没有男女分工的困扰,但是谁来照顾孩子也是一个问题。如果两个人都不喜欢"主内"怎么办?我还见过两个女生朋友,其中一个生育后注意力都在孩子身上,另一个女生觉得非常受忽视,她也不喜欢这样的生活方式。

而且现在有越来越多的人在考虑要不要生孩子时,考虑的是自己喜不喜欢孩子,以及有孩子的生活方式;考虑的是这个世界的未来有没有好到值得自己再带一个小生命来到这个世界;考虑的是自己的业余时间要怎么使用。比如我问过那些有孩子的同事,他说"就算那是你的亲生孩子,你陪它玩几个小时特别幼稚的玩具也不是一件享受的事情"。总之,每个人想要孩子和不想要孩子的原因都越来越个性化和多样化,期待所有人都拥有相同的价值观和人生选择,是不现实的。

所以我要强调生育是一种个人选择,因为只有意识到这一点,社会才能更好地制定政策。

人口减少是必然，总要适应新常态

第三，我其实觉得中国不太可能保持现有的人口规模然后达到 2.1 的生育替代率，甚至从长远上来看整个世界也很难达到。我们能看到，现在整个世界的生育率都不断在下降，但是我不觉得这是一个问题，我们还有很多办法去适应新常态，所以我们的精力应该放在如何适应上。

我用新加坡社会——它和中国大城市的生活状况非常相似——做一个类比论证。曾经新加坡出生率也非常高，所以他们实行了"Stop at Two"的生育限制政策，就是每家不超过两个孩子。没多久生育率就一直往下降，到了 2001 年，政府就开始实行生育补贴。生孩子就发钱，发了 20 年，到了 2020 年，其生育率降到了 1.1 的历史最低水平。

新加坡的幼儿园充足，生孩子发钱还减税，并且几乎是居者有其屋，完全不用担心房价。社会流动性比相似基尼指数的国家高很多（比如中国和美国），可以说硬件是比较优秀的。当然软件上也有一些传统儒家社会共有的特征。比如升学考试压力大，有"一代要比一代强"的期待；

比如还是女性承担了更多的育儿责任；比如不保护非婚生子女的平等权利、不支持同性婚姻、不允许未婚女性冻卵（最后这点近期才开始有所松动）。

但就算软件也提升上去，像北欧国家那样（比如瑞典父母育儿假加起来有480天），后者的生育率也没达到2.1生育替代率。而如果你去看国际生育率的排名，凡是超过2.1的，我不能说全是非常落后的国家，但几乎没有一个国家是你会考虑搬过去住的。

但是这一定是个问题吗？人口减少就代表着我们会一直减少直至消失吗？不见得。首先，人口数量可能减到一定程度就不减了，或许到某个阶段它达到了一种平衡，就维持在那个水平。其次我们还要考虑外来移民的因素，并且不能假设大国间的竞争关系维持不变，说不定以后世界上大国都变小了，大家更重视彼此的依存关系。也说不定随着中国物质文明和精神文明的进步，社会的多样性和包容性都增加了，我们感召力也越来越强，我们更能接受外来移民，无论是来自更发达还是更落后的地区。

而且，有很多新的社会模型和生活方式都是我们可以发展和适应的，不见得只有在某种人口规模下才可以有良好的生活。比如在新加坡交公积金就是"自己养自己"，我把钱放到了一个固定账户里，到了某一个年龄之后我才能取出这笔我年轻时存下来的钱。就算我们憧憬和想要城市的聚集效应，也可以让更多的人搬到同一个地方。比如加拿大和美国的平均人口密度虽然很低，但是它也有像纽约一样的巨型城市。

所以我认为人口数量减少并不会带来人的彻底灭亡，而且我们完全可以有新的方式去适应和爱上这样的生活，它不是一个问题。

社会责任是一种价值倡导

詹：你的这些论点跟我讲的内容都没有关系。

你说放眼世界，有些国家非常努力但总和生育率都达不到 2.1。可一个国家人口老龄化的速度和它人口减少的速度带来的冲击是很不一样的，你不能说，反正我们都达不到 2.1，就没有努力的必要了。这本身就是一种不打算承担社会责任的说法，然后你用这一点来论证一个"拒绝接受生育是一种社会责任"的论点。而且对于人口老龄化、人口负增长带来的不可逆转的后果，你回应是"I don't care",反正100年以后这个世界是什么样谁说得清楚？同样，你本身就站定了一种不打算承担社会责任的立场。

如果你认为"我死之后，哪管洪水滔天"，未来的人自有其解决事情的方式，那我们没有必要谈社会责任了，每个人都遵循自己内心的喜好去生活就可以了。

其次，你说生育是一种生活方式的选择，你如何选择我都不反对，因为做选择本来就需要考量各种不同的因素。但你不能因为不做这个选择就否认它是一个社会责任。我关于社会责任的论证是说，它是一个集体行动的困境，而我们每个人一定都在这个困境中生存，你不能够对它带来的后果视而不见。今天我们要减少碳排放，这是不是社会责任？你说不，我就是要开大排量的大卡车，这是我的生活方式。你可以这样选，但你不能否认你在此时此刻就没有承担这份社会责任。

第三，你说在社会的公共利益和个人利益不一致的情况下，光喊社会责任的口号没有用。

首先，你是不是承认了多生孩子、保住人口增长的趋势是社会利益所在？然后你又承认了，它会给个人带来很大的负担，因此它不一定是每个人的利益所在。这不就是我刚才的论点吗？

所以，为什么这个时候我们要抛出社会责任这个词？这个词是在什么时候作为一种价值倡导出现的？就是在个人利益和社会利益不一致的时候，就是在光靠每个人的理性的自我衡量无法选择解决集体行动的困境的时候。结果你说，倡导没用，你要接受，这是一个自由的时代，每个人可以用自己不同的方式做选择。

你可以说倡导没用，但是你不能否定我做这种倡导。因为把一件事说成是社会责任，它注定就是一种倡导。作为自由主义者的个人可以觉得自己的人生自己做主，但一个社会的主政者和计划者也这样想，说"未来的问题将由未来的领导们自己解决"，你才会觉得可怕。他一定要从集体利益去设想，从长远利益去打算，他一定要对人群发出一种哪怕是无力的倡导。

而我正是在我们达成的这种共识之下——在生孩子这件事情上，集体利益和个人利益很有可能不一致——去说生育是一种社会责任的。而相比那些"女人不生孩子就不完整""没当过妈妈的女人就体会不到做女人的快乐"的说辞，我们诚恳地说，这就是我们要共同面对的一份社会责任，反而是一个更诚实和理性的倡导。

承认人口增长是社会的共同利益,是解放女性个体责任的开始

詹:而且,当我说生育是一种社会责任时,我不是要把社会责任这个词强加到每一个具体的女性头上,而是要让社会意识到,人口增长的趋势是社会的共同利益所在,所以它不是某一个人的责任,也不只是女性的责任,它是整个社会的责任。

我们能够在现实经验中看到的是,那些对女性更友好、对为实现男女平等做的努力更多,对女性的就业权,特别是被生育打断以后的就业机会给予的保障更充分的国家,它的生育率是更高的。为什么北欧国家作为相对富裕的地区,他们的生育率能够比很多发展中国家还要高?就是因为他们强制男性和女性都必须共同休产假,就是因为他领先全世界、从20世纪30年代就开始呼吁,要让那些生育后的母亲重回职场。越是尊重和赋予女性更大的权利,就越能增强她们的生育意愿。反之那些对女性不够友好的、把这件事诉诸每个个体的地方——就像韩国,近年来数次成为世界上生育率最低的国家——女性的生育意愿是很低的。

所以我们今天讲社会责任，不是说这是你作为一个女性必须承担的事，而是要让这个社会意识到有生育功能的女性是多么重要，她们的意愿是多么重要。现实经验已经向我们表明，只有当一个社会意识到生育这件事不只是个人选择和家事，还是国事，以及是对整个社会都重要的事时，他们才可以做出一些改变。哪怕达不到2.1的生育替代率，哪怕不能逆转人口减少的趋势，但是让这种冲击来得慢一点、缓一点，对社会一定是有好处的。

反过来你一再强调说生育与否只是个人选择，说得好像我们真的能选一样。很多人不是因为不喜欢这种生活方式而不选择生育，而是因为它太难了、太贵了，它代价难以承担，因此没得选。

总之，越是把这件事诉诸个人选择甚至是自由的生活方式的选择，越不强调这个社会需要分担个体所承担的社会责任，这样的社会就越有可能用"不生孩子的女人是不完整的""没当过妈妈就体会不到当女人的快乐"这种非理性的、诉诸个人的方式去劝导，这反而是我们不想看到的。

人口不是问题产生的唯一理由

庞：天哪，扣给我的帽子可太多了，让我一个个来说。

首先，正方说要跟我达成两个共识，第一个是老龄化会带来的社会问题，第二个是人口增长与经济发展成正比，也就代表人口数量一旦下降，经济就无法增长，老龄化社会的问题就无法解决。但对于这两点共识，你并没有完全讲出背后的理由。人口增长与经济发展成正比，它的因果关系是什么？有没有论证？

比如你用东北三省举例，说东北经济差了，人口就外流；人口外流了，经济就更差。对，这肯定是一部分原因，但是这是全部原因吗？它最开始经济衰落时是因为人少了，还是有其他的原因？有没有可能是没有实施转型，或者时代的原因才导致人才流失？你现在让人多生孩子就能解决这个问题吗？

另外，我承认也许人口减少会带来一些负面影响，但是这些负面影响是无法通过其他方式解决的吗？如果我们假设所有的制度、环境都不变，随着人口越来越少，现在的模型就没有办法运行下去，所以我们就必须生孩子。但我认为不是这样的，世界上有很多人口更少、人口密度更低的国家的人也过得很好；也有很多人口数量更多、密度更高的国家的人过得并不好。

所以这里面有很多其他的因素，有没有到"我们不生就要灭亡了"的程度？我有理由表示怀疑。

作出倡导的前提是尊重个体选择

庞：第二，正方玩了一个非常漂亮的定义，按你的意思，基本上只要我的个人行为对集体有影响，这就叫社会责任。从某种逻辑上这或许说得通，但这不是我们惯常使用社会责任这一概念的角度。

通常我们讲社会责任时会带着一些倡导。你刚才说，如果我们认为某件事是社会责任，就会有对其理性的倡导；如果我们认为它不是社会责任，就容易对其有非理性的倡导——比如告诉女性他们这辈子不生孩子就不完整。但我认为，并不是当我们相信这是一种个人选择而非社会责任时，我们就会给出这些非理性的且往往是负面的倡导；恰恰是当我们意识到这是一种个人选择时，我们才会去尊重个人选择，提出更文明的倡导。反而当我们认为某个人的个人选择要对社会负责时，你才会不顾个体的幸福而强迫她。

当我们意识到这是种个人选择时,我们就要把这个环境创造得让个人利益和整体利益达到最大程度的一致。这就相当于我们把市场造好了,把配套设施准备齐全了,把政策制定得很科学了,政府有服务意识了,等等。这时你再"招商引资",这些个体和公司就"不待扬鞭自奋蹄"。但前提是你要意识到,他最终是否劳动、是否向着某个方向努力,这都是他的个人决定,这才是一个既尊重个人又有利于社会的思想方式。

正方以北欧国家为例,说他们就是认识到这是社会责任后才那么支持生育的,恰恰不是。他们是更尊重个体的社会——认为个体就是个体,对集体没有那么大的责任——而只有在这种环境之下,他们才会允许个人最大化地追求自己的幸福,他们才愿意把孩子带到这个世界上来,而且没有那么多的阻力。

所以你不能仅用生育这件事与社会整体利益相关,就把它称为社会责任。要是照着这样的定义,任何东西都是社会责任,这太宽泛了。

詹:反方这些看上去更精细的论证,不代表就是有效的论证。

在文科的世界里，我们是无法排除所有变量的。我们现在观察到的现象就是东北三省的人口在减少，并且和发展迟滞形成了恶性循环，而我们的确能看到人口数量在其中扮演的作用，然后你说还有a变量、b变量，等等。但你提出有这些变量，并不代表你因此能完全否认人口的变化在其中的作用。

并且，我们今天的确看到，如果放任总和生育率保持在1这样低的水平，而不做任何改变的话，当下的养老体系确实是无以为继的。然后反方说，不是，除了人口变化，还有其他问题也给养老模式带来了挑战，并且这也可以调整。这里，反方同样也没有论证出就算那些调整的措施被落实了，人口变化带来的伤害就可以被弥补了吗？

你无法否认，此时此刻在中国或者世界上绝大多数的国家采取的养老模式就是由今天的年轻劳动力的劳动产出来供养那些已经老去的人。我们可以对这一模式进行改革，但是改革的过程是非常缓慢的，你要把这么大的一个缺口补上，然后让今天的人不仅能供养越来越多的老年人群体，还要供养未来的自己，这不可能做到。

社会责任并不沉重，它不必然干涉个人自由

其次，反方抠这些细节的问题，同样不能完成整个论证。

我一再强调，我们今天承认生孩子是一种社会责任、承认这件事给社会带来的正面影响及个人所要承担的代价。这是一种认知上的问题。而至于一个社会将用什么样的态度去对待某一个个体，一个社会会推出什么样的政策，除了认知上的差距，它还要考虑很多其他问题。

我们走到今天这个时代，几乎不可能退回到"强迫女人生孩子"的地步。对于每一个个体来说，生不生是我的自由，这个认知已经很难被改变了。这和衡量生育在社会和集体行动的选择应当是何种角色，没有关系。

实话说，提出社会责任这个词其实很容易招致反感，但我们意识到集体行动的困境在哪里，集体利益在哪里，有些人承担了什么，仍然是有价值的。你要意识到，那些生了孩子的人，他们做的选择不只是出于个人偏好，他们还承担了很多。比如我国现在大概每年用GDP的8%或10%去做基础设施投资，对此我们没什么怨言，因为我们每一个人都从中获益。

如果有一天我们效仿北欧或西方国家，把GDP的很

大一部分用来投资生育政策，激励人们生孩子。比如我在日本的同事，她在过去三年内生了两个孩子，而这三年她完全没有上班，但是她始终可以从日本政府领到原先工资的60%。如果有一天，我也呼吁我们用一大笔钱来做这样的事情，比如修建更多的母婴室、修建更多妈妈带着男孩上的厕所或爸爸带着女孩上的厕所。如果有一天当政策真的这样做时，我们不要抱怨说凭什么收我的单身税？她想生孩子是她的事，是她个人自由的选择，是她想要的生活方式，凭什么要我付出代价？

我们要意识到，这件事就像基础设施投资一样。投资孩子，每个人一定会从中获益，从一个有更多年轻人的大环境中获益。当有一天政策做这样的倾斜时，我们也要意识到，因为那些生了孩子的人多承担了一份社会责任，所以今天我也要多分担一些社会责任——可能只是多交一些税，而相比起生育，这仅仅是在经济层面上的分担。

总之，我不想把社会责任这四个字压在每一个人的头上、也不是要在这里呼吁每个人做出改变，但我认为，我们至少要从认知上明白这件事很重要，以及有些人为此承担了很多。这样我们才能尊重和体谅那些承担代价的人，也才能理解这些政策的变化和方向。

而且，社会责任这个词也没有那么沉重。20年前，谁会觉得减少碳排放是社会责任？它本来就是随着时代发展，人们意识到了某种集体行动的困境，从而有了某种出于集体利益的需求。的确，从个人利益出发，可能不是每个人都能理性地做出这种选择，或者不是每个人在做理性选择的前提下，都会选择服务于集体利益。

社会责任会不会变成道德谴责？

庞：跟我有关的事太多了，都叫我的社会责任吗？显然不是。如果一件事是我的社会责任，我就应该去做，如果我不做就会受到谴责。如果这件事情不是我的社会责任并且它对社会有贡献，就算我做了，也是我额外做的。比如生育这件事。

没错，这个世界上有很多这样的人，科技公司钻研创新的工程师、操劳的国家领导人等，他们都为社会作出了很多贡献，我也以某种方式分担了他们的劳动，但这代表做同样的事情就是我的社会责任吗？不是，我们依旧为做这些事情的人鼓掌，而且我不希望他们认为这些事是他们的社会责任所以才做的。他们应该出于热爱，能从中感受到快乐，也只有在这种情况下，他们才能做得更好。

所以在生育这件事上也是一样。我们有个体差异，有些人喜欢有孩子的感觉，喜欢有孩子的家庭和生活方式，那让他们多去生。有些人不喜欢，那就不要强迫。

我还有两点质疑。第一，人口变化真的如此可怕吗？

在正方看来，人口减少是一件祸国殃民、威胁到我们生死存亡的事，这也是正方立场的论证责任。而作为反方，我只要对这一观点达成有效的挑战，这个答案就是未知的，我们也就不应该牺牲个人选择去服务于所谓的集体利益。

而正方之所以让我们放弃个人选择，是因为她认为这件事关乎人类的生死存亡。但人口会一直不断地减少下去吗？会不会未来某个时候世界出现翻天覆地的变化，然后人口数量达到了一个新的平衡？总之，你要告诉我为什么这些可能都不存在，否则在没有解释的情况之下，我们为什么就要相信不这么做会有如此严重的结果而去牺牲个人的选择？

为什么"认为生育是社会责任"的认知会被认为是可怕的？正是因为一旦如此，我们就很容易跟他说"这是你应该做的"，从而很容易带来更加反文明和反人性的措施。如果这是我一个人的决定，我可以说我就是不愿意生孩子，而且我自己承担后果：我愿意不占用社会的养老金，我愿意多交税，等等。但如果这是我的社会责任，如果我不生孩子，大家会骂我"自私""不顾社会责任""给社会拖后腿""没完成我应该做的事"……

所以这就是为什么我认为一旦把这件事定义为社会责任，它会对女性产生更多的压迫——可能我这样说太严重了，但至少能让女性有更多的理由在不以自己的意愿为中心的情况之下做出其他的选择。

正方刚才说有个日本同事三年生了两个孩子，而且期间不上班还一直在拿较大比例的工资。恰恰我们可以问，为什么日本是男女不平等的重灾区？为什么日本是一个生育率很低的国家？为什么日本的人口问题很严重？首先就是因为他们没有意识到生育是个人选择。带薪产假看似很好，但如果只有女性有带薪产假的话，这一定会耽误女性在职场的发展，而当越来越多的女性有了自我觉醒的意识后，她们就不会轻易选择生孩子。

除了日本社会普遍不从女性个体的角度思考这一性别方面的原因，他们对待移民和外来文化非常保守的态度也是导致这些问题的因素之一。所以日本社会的英语普及程度很低，而且外国人在日本无论是想开个银行账户还是办个电话卡都相对较难。

总之,不仅仅是人口变化,其他因素也对整个环境有显著的影响,所以除了生育,我们还有很多其他方式去解决问题。

按照自己的意愿度过一生,是对生命最大的尊重

最后我说一个离题稍远的问题。科幻电影中经常有这样的剧情:地球在几百年之后可能会出现一些问题导致人类无法生存,所以现在我们要不要开始逃亡,或者现在的我要不要彻底改变我的生活方式,不再享受生命剩下几十年这样的平静,而去为我素未谋面的孙辈奉献一生?

我觉得这是一个非常好的问题。

为什么人类的延续是一个至高无上的价值?我觉得这个是可争论的,并不是每个人都有这样的价值观。我为什么存在?也许很多人认为,过好自己精彩的一生,按照自己想要的方式过一生,才是对这个世界、对生命最大的尊重。为了一个有太多不确定性的未来,为了一个有众多假设,可能有很多改变,能够让这一切都变得与我们的预测不再一样的未来,我为什么要放弃我这一生的精彩?

第31讲
绝症病人该不该被告知实情?

这场辩论的题目是"绝症病人该不该被告知实情"。

我是正方,认为该被告知,詹青云是反方,认为不该被告知。

这场辩论还有一个场外援助,王兴医生。他是上海市第一人民医院胸外科主治医师,科普作家,也是世界肺癌大会的发言学者,以及许多医疗平台的医学顾问。

重大疾病知情权意味着对生命的决定权

庞:我有三个论点。第一,病人应该拥有对自己身体状况的知情权及自主决定权。

我之前参加过一个辩论赛，也遇到了类似的题目，而我当时所有的同事（都是外国人）十分震惊于"怎么会有这样一个题目"，因为他们默认一个病人对自己身体的情况就是有知情权的。而且一般都是医生把情况直接告诉病人，由病人自己决定是否让包括家属在内的其他人知道。这可能是源于中西方文化的差异，在中国或者其他东亚国家的语境下可能就不会是这样。所以我们需要先具象化一个问题，有没有知情权到底会产生什么实际的影响？

我也不假大空地说什么"这就是你的权利"，因为对病人重大疾病的知情权的剥夺，往往同时意味着对病人治疗决策权的剥夺。比如作为病人的我究竟是要积极治疗还是保守治疗？我要不要插管？或者我现在就想放弃治疗，要用最后的时间旅行或者和家人、朋友待在一起。

比如我曾在网上读到这样一个故事：有个男子直到生命的最后几天才知道自己患的是癌症这种重病，其实早在大半年前医生就已经怀疑是癌症，而且告诉了当时陪同他就医的家人，但家人并没有为他安排积极治疗。这显然在客观上耽误了他的病情，也让他错过了最佳的治疗时期。的确，治疗不见得是治愈，但可以一定程度上延续生命周期。这个男子其实非常强烈地想活下去，为此他愿意承受风险和痛苦去接受积极治疗甚至是任何形式的治疗，但为时已晚。

而如果这件事发生在我身上，我会想，我要怎样度过生命最后的几天、几个星期、几个月，甚至是几年？如果来不及完成和安排自己最关心的事情，没有把想说的话告诉我最关心的人，我会非常遗憾。关键是这带来的伤害是不可弥补的，我一旦错过，就等于放弃了对人生最后一个甚至是最重要的一个决定命运的机会。

很多人在最后那一刻来临之前都没有勇气去决定自己的人生，但如果你今天被人改了志愿、被人包办了婚姻，你都会非常愤怒。那如果你今天被人包办了生死呢？我相信你也会非常愤怒，这也是为什么无论在哪里，绝大多数病人都希望自己对病情能完全地知情。

第二，在中国的社会环境中，很多时候我们对最后生命的决定权来源于我们与家人的关系。也就是说，不但我自己做不了这个决定，往往还是由家族中最有权威的那个人来替我做决定。

比如，20世纪90年代有一个研究发现，在中国，做决定的往往是整个家族中年纪较长、地位较高的男性。但这个人不见得是最了解病人的，无论是这个病人的个性还是喜好。很多时候是夜以继日地照顾病人的人——可能是护工保姆这些家庭的外部人员,又或是女性家庭成员——更了解病人。但在儒家传统之下,怎么也轮不到后者做决定,所以最后往往是"家长式的权威"替代了一个人对自己最后生命的决定权。

第三,多数人对病人隐瞒病情都是出于善意的谎言,他们认为否则会吓到病人而且不利于后期治疗,担心会伤害他的勇气和信心。但有很多医学研究都发现,现实情况往往相反,隐瞒不见得有好处,而告知病人实情反而会对延长其生命周期有好处。有这样几个理由:

第一个是情绪方面。其实大多数患者被告知实情后,短期内会感到犹如当头一棒,难以接受,但慢慢地会产生各种不舍,觉得哪怕活一天也是好的,于是开始积极进食、有说有笑,等等。这种心理变化一般要经历从"恐惧否定期"转为"过渡接受期",因此,精神和心理的不适表现会在7天至14天后自然消退。也就是说,在良好的沟通下,患者是可以慢慢接受病情的。

而如果不尊重患者的知情权,不告知他真实病情,反而可能会对他的情绪有更大的不良影响。比如一些患者其实已经猜到,或者身体上的痛苦和接受的治疗让他们已经开始怀疑和不安,这种不确定性本身就是一种挑战。而且在他感到痛苦和不安时,他无法和家属交流,因为家属怕暴露病情,往往都不敢认真地和他聊这件事。所以在患者最需要精神支持的时候,双方各自守护着秘密。而且患者还有可能会通过各种渠道打听,在这个网络时代,你吃的什么药或用的什么治疗与什么疾病对应,都不难被搜到。所以,当这些患者在没有准备的情况下发现自己得了绝症,所遭受的打击远比被医生和家属精心告知时大得多,有些患者甚至还会因此出现过激的行为。

其实,现在已经有很多关于患者心理方面的干预措施,比如"care group",就是癌症患者或是病情相似的人在一起彼此支撑。有研究认为它甚至比家人的情感支撑更加重要,因为他们彼此能感受到被理解,而这些干预措施只有在病人知情的前提下才可以发挥作用。

绝症是否意味着放弃治疗?

王:我认为正方没说清楚两点,第一,到底什么是绝症?第二,到底告诉他什么?

首先,你刚刚提到,我们应该用一种合理的方式和步骤来告诉患者病情，但其实大多数时候我们能告诉的未必是绝症这两个字。比如我们不太可能会和得了绝症的父亲说："爸，你得了绝症了。"而如果不这样说，那是否就不存在"告诉他得了绝症"这件事？

其次，该怎么定义"绝症"？到底是医生认为的绝症，还是病人认为的绝症，还是家属认为的绝症，其中也有很大的分歧。所以很多时候，我们如果认为这个绝症是能够被治疗的，我们告诉他的是这样一件事：你得了一个病。所以，在不影响病人决策的前提下，在了解这个疾病有可能康复的前提下，我们是不是不一定非要采用——和病人说"你得了绝症"——这种方式？

詹：正方说的都是一些抽象的原则，什么知情权、自主决定权之类。但正方心目中这种理想主义式的医生、病人和家属的互动要能成功地运行，还需要一整套文化观念的改变和配合的措施来共同作用。

但当下的现状是：第一，像王医生说的，在一个具体的现实情境里，你告诉他什么？尤其是在这套文化观念及配套措施（比如临终关怀、死亡教育）还没就位的情况下，你告诉他什么？

我从一个对医学比较无知的人的角度来说，在我的真实生活经历里，当我要告知我的家人"你得了绝症"，我就是在告诉他"你的病治不好了"。但这句话实际上是在告诉他什么？我可能在说，你的病在县医院治不好了，但如果我们愿意多花点钱送到省医院，或者想办法找到北京、上海医院的专家看看，甚至如果传统的医疗手段不行，我们花几万块钱买一针进口的靶向药，也许就能治好。但更极端也更真实的情况是，我其实不是在告诉他一个科学常识，说这是一个绝症；我是在告诉他，我们这个家庭打算为你目前的身体状况投入多少资源，做什么样的选择。

正方刚才说，你不告知患者病情就是在替他做决定，还说什么家长的权威。可是如果这种家庭模式始终没有改变，即便我告知了就真的能给他自主权吗？如果这个人对他的家庭资源没有支配权，就算他知道了自己得了绝症，他很想治，他想去挂北京、上海的专家号，他想要用进口的靶向药，他就一定能用上吗？不会。他一定还是向家庭妥协。

比如我奶奶最后那几年有好多病，其中就有癌症，她自己也知道。对此医生也没有什么好的方法，但我奶奶始终不愿意相信自己得了绝症，在那个年代，她还相信一些民间的偏方——什么神医的气功之类——能把病治好。她当时没有手机，就在报纸上找那种小广告，悄悄地剪下来，寄钱去买药。这时如果我告诉她"你得了绝症""你的病是治不好的"，我是在作为一个有科学常识的孙女告诉一个迷信的奶奶说不要信错了人吗？不是，我是在否认她求生的希望，甚至在不少中国老人的眼里，她会觉得你这样说是在告诉她不要再折腾了，不要再花钱了。

人会产生各种各样的想法，他不会按照你说的——彼此坦诚相待，找到最好的临终关怀，有正确的面对死亡的态度——这一套来运作。你不改变这种家庭模式、这一套文化观念，你只改变告不告知这个决定，只会起到反面的作用。

还很有趣的一点是，为什么在中国人的思维里，一听到说要告知患者他得了绝症这件事，我们首先想到的都是由家属告知。在西方国家，医生是不可能不告诉病人他的真实情况的，是病人自己决定是否要把这一隐私透露给别人。为什么在中国的语境里就不是这样？我把这个问题先留给王医生。

中国医生的生存困境之一：告知实情将导致法律风险

詹：我再从学法律的人的角度来说，我觉得中国的医生很辛苦，承担的责任太多了。

其实在西方社会里，他们也发现一个问题，就是你必须非常小心地在意你具体是怎么告知病人病情的，错误的告知方法可能带来很严重的后果。在美国，医生有一个所谓的"六步告知法"，你首先要设定一个合适的沟通场景，然后要评估你的病人当下的精神状态，再确定现在是不是一个好的时机。在告知之后，你是否还有其他方法或配套措施来处理他被告知后可能产生的情绪。

但我们没有这一套支撑措施，所以中国的医生承担了很多的责任。首先在业务上要做的事情就非常多，其次更重要的是法律责任。中国的法律对于"医生该告知病人什么"这件事的规定，往一个方向说，可能给了医生很灵活的自主裁量权。往另一个方向——从一个律师的角度来说这是一个非常模糊的规定。

《中华人民共和国执业医师法》第二十六条在规范医生告知行为时是这样说的："医师应当如实向患者或者其家属介绍病情，但应注意避免对患者产生不利后果。"这是不是非常灵活，但也非常模糊？另外，《中华人民共和国侵权责任法》对于规范医生告知患者病情的内容、程度、方式都没有明确规定，但这个法本身第五十五条规定说:"医务人员在诊疗活动中应当向患者说明病情和医疗措施。需要实施手术、特殊检查、特殊治疗的,医务人员应当及时向患者说明医疗风险、替代医疗方案等情况,并取得其书面同意;不宜向患者说明的,应当向患者的近亲属说明,并取得其书面同意。"但什么是"不宜向患者说明的"?我们的法律没有明确规定。

从律师的角度来看,这就创造了一个巨大的空间——一个医生可能要承担法律责任的空间。万一医生向这个病人告知了某些病情的真实情况,导致病人的情绪波动(还有研究说会导致病人的免疫能力下降),从而大幅度地加重了病人的病情,这时,如果家属要向医生索赔,医生很难用《中华人民共和国侵权责任法》中这一灵活的条款为自己辩护。因为法律没有明确规定医生的责任和权利边界在哪里,所以由此造成的所有可能的后果,都要由医生自己承担。

正方刚才一直在讲"权利",无论是知情权还是自主决定权,所有的权利都对应着一种责任。但在我们的文化、社会习俗甚至法律体系里,没有一个合适的主体来承担这些责任。现实情况是,它们要么由医生承担,要么由家属承担。正是因为这个责任必须被审慎地承担,我们的专业人员出于法律风险可能不敢承担这种责任，而我们又没有一套好的配套措施来有效地通过合理的方式承担这种责任，以及家属也没有一个合适的文化空间来承担这种责任。所以你不能一味地说这是权利。你要告诉我的是：谁，有什么方法，怎样来承担这种责任才不至于造成额外的损害。

正方最后说，知情权之所以那么重要，是因为我到了人生的最后阶段还有些想做的和想说的，我要是知道自己什么时候死，我就能抓紧完成这些事。对于这个说法，我极力地排斥，人一定不能等到我确定无疑地知道我哪天会死之后，再去完成人生中的遗憾。

有一句谚语大概是说，你应当辛勤地劳作，你应当不停地耕耘，就好像你可以在这个世界上永生；你也应当珍惜你的时光，就好像你明天就会死亡。你的遗憾怎么能够等到你已经被确诊了绝症，知道了自己的死亡日期再去弥补呢？这种说法本身就很可笑，万一来不及呢？你现在知道了你还是可能来不及。如果有什么遗憾，千万不要等。

中国医生的生存困境之二：医患关系的两难尺度

王：我补充反方说的一点，即为什么告知病情时，中国医生要首先告知的是家属而不是病人，以及为什么中国医生面临这样一些困境。

在病房里，一些护士站会有一个牌子专门记下这个病房所有病人的名片，包括名字、代号、编码，还有一些基本信息和过敏史等。有时还会再写一个或者标记一下"不知情"或者"病人不知情"。这样的话，在肿瘤科病房的医生就知道，对这个患者我们要注意不要讲病情，在查房时就会用"tumor""cancer"这些词来形容，而不用类似"癌""晚期""转移"这些词。但这其实是医生被迫产生的求生欲的一种体现，因为我们不能因此让家属埋怨我们，更不能去打我们。

另外，为什么国内会慢慢地衍生出"家属拥有告知权"这样一个问题？首先，因为国内的照护目前还是以夫妻或者家庭为单位，假设我的父亲生病了，照护者一般就是我的母亲，他也不太可能会去养老院或找护工，更不太可能会受到社工和医院方面的照护。

所以当母亲成为照护者时——不只是在中国，在日本也是一样——照护者本身就要承担很大的精神、经济和其他方面的压力，所以照护者到底会不会尽心地照顾？他们之间的感情到底是不是那么美好？这些问题是存疑的。所以医生选择告知家属而不是病人，并且往往由作为照护者的家属来选择治疗方案。比如，医生认为这个患者可以进行保守治疗也可以进行手术，但照护者不愿意承担手术之后的照护工作而更倾向于保守治疗，这时如果我们让患者知道了有两个选择，患者家属的情绪就会直接扑向医生。

其次，在中国或者东亚国家中，家属往往承担着支付医疗费用这样的重要职责，现在很多是由老伴承担，也有很多是由上有老下有小的孩子承担。当家属要决定是用一周期5万元的药还是用一周期1000元的药——两者效果可能差不多——但可能感觉上用5万的药就更尽孝或者更尽心，反之感觉用1000的药就是不孝顺，这很容易成为一个道德绑架的问题。

假设医生直接告诉患者，他就可能会认为家属会存在着各方面的想法：不给我好好治，或者不孝顺，甚至街坊邻居也会说闲话。所以这也导致医生其实无法直接告知病人病情。

需要注意的是，作为医生，我们选择告诉病人家属而不是病人自己，这只是一个过程，而并不是结果和目标。我们的目的其实是，慢慢地或通过合理的方式让病人知晓病情并接受合理的治疗，甚至是在治疗不被允许的情况下去解决临终的问题，包括立遗嘱、完成心愿等。所以我们也不能单纯认为这个过程重要,就忽略了目的。

另外,刚刚反方还没有说"六步告知法"的最后一步,即医生、病人和家属要坐在一起探讨解决方案。即使是在不完全告知病人全部实情的情况下,比如我们不说他得了绝症,而是说得了一个很不好的病但可能还可以治,请大家一起探讨下一步治不治?怎么治?如果不治,我们该做什么?所以,这个解决方案不一定是针对疾病的解决方案,更有可能是整个家庭状况的解决方案,或者患者人生的解决方案。

最后,我非常不同意正方提到的"家长式权威"的观点,我更倾向于反方的观点。我认为确实不同的家庭会由不同的人做决定,但一般情况下都是被逼出来的,往往是最老实、心眼最好、能力最强的人成为这个决策者,但未必是家庭中最年长的男性,也可能是某个女性。

我就碰到过这样一个情况,家庭中母亲需要化疗,但父亲不愿意花心思、花钱和花时间,他就骗母亲说这个病不用治了,但医生并没有这样说。所以我不断地劝说他们一起沟通,最后发现这个母亲是真的很想活下去,她甚至说实在不行自己娘家可以出钱,不用在乎钱,也不用这个父亲帮忙。

所以情况不都是我们想的那样,比如"我有绝症就不治了，而是去环球旅行"。很多绝症患者最后就只想活好每一天，想做饭、想带孩子，这就是每一个平凡的人的朴素愿望。我们为什么不给他这个机会呢？

如实告知是对生命权利的尊重

庞：我先不说这个辩题，先说我的一个观察。我初中毕业之后去了新加坡留学，从高中到大学我都发现新加坡的同学和我有一个十分不同的预期：我是家里的独生子女，我父母常常说的就是"家里的一切将来都是你的"；但我会发现我的新加坡同学很可能还需要去贷款支付大学的学费，或者就算向父母要钱，这个钱也是之后要还给父母的。他们大学毕业后如果住在家里，每个月也还要向父母交生活费。这在我的成长的环境里是完全无法想象的。

而我们的家庭观念是，一生辛劳所创造的资源都交给家庭，到了生命的最后，要不要花钱救命，决定权竟然在别人手里。就像刚才王医生的例子提到，当这个母亲表明娘家可以出钱时，才说服了她的丈夫。为什么我们把自己的一生都奉献给了家庭，而最终没有将任何资源和决定权留在自己手上？

我知道这是一个巨大的文化困境，再理想主义的人也不可能说，这是一个非常容易实现的改变。它需要很多家庭观念、文化和医疗制度上的改变。但这不代表现状之下我说的这一立场只是一个抽象的方向甚至空谈，而是能促使个体在现实层面产生一些具体的改变。比如将来给自己治病这件事，我们的期待要从"养儿防老""要家庭来帮我做一切决定"转变为"一定要有一些经济资源和决定权保留在自己手里""要保留自主决定的权利和权力"。再比如，在我们身体还健康、心智还健全的情况下，更多地、明确地向至亲表达自己的意愿，这也会增加到时他们尊重我们自身意愿的概率。或者在医生直接告知病人家属时，也可以多提醒或建议家属如实把病情告诉病人。

下面我再回应几点对我的质疑。一是如何定义绝症，以及究竟告知什么？我还是认为，"告知"就是尽量地告知实情，当然也需要根据具体情况来具体分析，但是大原则还是尽量如实地告知。二是反方认为我提到的一种现象——很多人是在知道自己命不久矣后才会去实现愿望——很可笑，我们应该鼓励人不要拖到最后才去做这些事。问题是，是我非要拖着吗？而是我们现代人有很多难言之隐。比如我的银行账户里的钱就是没办法支持我现在就退休,但是你告诉我,我就剩两年可以活了,那这笔钱就够我退休了。所以并不是我非要拖着不去做这些事,而是现实是我需要知道自己的预期寿命之后我才能做出决定。

最后,我也非常理解医生,但与其让医生的精力花在"演群戏"上,不如给他们多一点各方面的支持,这样才能改善目前病人、家属及医生三方集体面对的困境。而改善的前提就是要明确这样是不好的。

不完全告知,还算不算告知?

王:正方问为什么要等到生命的最后才告知他病情?为什么不能早些告知,让病人能早早安排临终关怀或立下遗嘱?的确,我以前也做过类似的事情,我和患者(我的一位家人)说,咱们有什么想去的地方,我们可以带你去,有什么想做的事情,我们也可以带你去做。我们和他说病情相关的事情他都能接受,但这话一讲他就抑郁了。

首先,这就像我们开玩笑说,如果你看门诊时,大夫不爱搭理你,态度也不好,甚至还骂你,通常你这个病不太要紧。但如果大夫特别小心地说"你好,我跟你大概讲一下这个病",通常都是你碰到什么大麻烦了。所以当家属和病人说这样的话时,换句话说,这已经是在告知他了。

其次,很多时候疾病并没有一个血槽一样的进度条:随着病情恶化,从满血一直到最后没血,而趁着最后还有一点血,我们就赶紧去做想做的事。这其实是不现实的。通常情况是,人们得了绝症之后,一直还认为"是不是搞错了"。因为他往往感觉不到有任何难受的症状。但往往是生命在还剩 2 个月或仅仅 3 周时,身体会出现突发的事件,比如肿瘤阻塞了气管造成大的血栓,导致患者立刻呼吸衰竭;或者出现脑转移,导致患者意识丧失、大小便失禁,而当意识丧失时,患者就会在突然间丧失了生命的自主决定权。所以,如果家属早知道这个疾病会突然间恶化,可能就会再早一点告诉患者实情,然后让患者有时间做一些值得做的事情。

另外我还想到一点就是,不完全告知实情,是否就等同于不如实地告知?这之间到底有多大的差异?

比如,胸外科领域有一个疾病叫作小细胞肺癌,这是一种相对特殊的肺癌。医生在告知这个病时有一个"告知的艺术",具体有两种方法:一种方法是说,这个病很容易出现骨转移或脑转移,平均寿命不超过两年,一般是一年左右。而另一种方法是说，这个病对放疗、化疗很敏感，只要治疗通常都能延长大概一年多的生命。所以对于绝症的告知也有好和坏两条思路，那我们究竟要采用哪种思路告知？

詹：首先，我的观点跟王医生刚才讲的情况不矛盾，我并不是说可以等到生命的最后关头再来做那些重要的决定，我恰恰是认为所有重要的决定都是越早做越好，甚至不要等到已经被诊断出了绝症。

另外，在普通人的常识中，如果告知绝症的病情就往往意味着在告知治不好了这件事，那我认为我们可以有所保留地告知。就像王医生说的，我不是说"你不需要治，不需要担心"，我还是部分地告知说"你需要配合治疗"，但你不要把它想象成"生命已经没有希望了，只有等死这一条路"。因为绝望的力量是非常可怕的，反过来，希望的力量也会很强大。

而且你会发现，在真实情况下，一个人的决策从来就不只影响一个人，它不只关乎这一个人接下来的生活是怎样的，它还关乎你的照护者、你的子女和家人接下来的生活是怎样的。我们就是生活在这样的一种捆绑之中。而正方的论述仿佛在说,我们应该全盘改掉这一切,一个人为什么要跟家庭有那么深的羁绊跟捆绑,以至于可能被它欺骗或者由它替自己做决定?这好像在说,整套文化都是不好的,所以我们哪怕不能一下子改变它,也可以从今天开始做一点一滴的改变。

善意的谎言是人与人之间的羁绊与分担

另外,我也不认为告知全部的真相才是对一个人的尊重。反之,善意的谎言或一定程度的隐瞒就一定代表了不尊重和替别人做决定吗?

之前有段时间我被网络暴力得非常严重,庞老师成了我的"经纪人",因为我是"电子白痴",她可以登录我的账号帮我操作。她看到那些非常恶劣的负面评论和私信时会先帮我删掉,这样我登录以后就看不到了。

你认为庞老师对我隐瞒这一部分真相是一种不尊重吗?她应该让我看到这个世界全部的黑暗和肮脏,以为"真的猛士,敢于直面惨淡的人生,敢于正视淋漓的鲜血"吗?我不认为。正是这种羁绊和隐瞒,在真实的生命里成为家人、朋友之间的一种保护。在病人的案例里,它是一种鼓励。你幼时明明相貌平平，妈妈却说你很漂亮；你其实很笨，老师却说你挺聪明的，这的确都是一种虚幻的希望，但它是有力量的。

我们的生活中有许许多多这种被保护的时刻。比如我爷爷去世了，我家的狗死了，我的父母都不敢在第一时间告诉我，因为他们觉得我一个人在外面求学很孤独，没有办法承受这种痛苦，所以他们决定要找一个合适的时机再告诉我。这就是对弱者的保护，而且有时它不是只关乎病患本人。比如我舅舅之前被诊断出一个很严重的病，大家第一时间想到的不是要对我舅舅隐瞒这件事，而是要对我的外婆隐瞒。所以你会发现，它的对象通常是弱者，而病人通常就被我们当成是那个弱者。

还有，我们谈任何事情都不能跳脱出一个地方特有的文化而去谈抽象的原则，正方说什么直面真相、做选择是一种权利，但在我们的文化里，直面并不那么美好的真相其实被当作是一种承担。

明明家里很穷，为了让你好好读书，父母骗你说"没关系的，学费都够"；明明家里为了给你治病在到处借钱，骗你说"你只要好好养病就行，医保都报销了"。当我分享这些不好的真相时，我其实是在期待有人和我分担，但病人被我们当成是弱者,所以很多时候家人选择替他们承担不好的真相,也替他们承担这个选择。

比如我外公最后生病时,我见他的时候还是会说,"你这两天看上去挺精神,胃口挺好的",他也说,"是,感觉好多了"。你可以说这种互不拆穿是一个"糟糕"的文化、一种虚幻的假象,可是它就是文化的一部分。你在这套文化完全没有改变的情况下,突然冷漠地对死亡这件事变得那么坦诚,人们是承受不了的。

你说得对,我们应该有一套系统去给予医生更多的支持,可我们目前没有这套系统、没有关于死亡的教育,临终关怀服务也才刚刚起步。当所有这一切还没有准备好时,你突然要求我们在告知这件事上做到坦白,无论是为了服务于一个理想的蓝图还是抽象的权利,这不是真的在尊重和体谅人,我认为这是一种强求。

隐瞒实情是自我免责,告知真相更利于科学医治

庞:其实,我曾经打过这个辩题,当时现场有100位观众,最初大家的顾虑都是怕告知会吓死病人,甚至有人说"癌症病人有三分之一都是被吓死的",等等。我方当

时举了很多数据，比如有许多科学研究的结果都说"不告知病人反而会增加风险"。我觉得在科学层面上，这件事已经被说得很清楚了，但是这个观点最终却无法说服大多数现场的观众。这么多年我都在想，为什么？

后来我想到一种可能，假设今天我面临家里的长辈患病，需要我决定要不要告知时，如果从自我免责的角度来思考，我会倾向于不告知。因为现在大环境就是选择不告知，如果我不告知，哪怕这最终对他不利，也没有人会怪我，因为我只是做了大多数人都会做的事情。因为一旦我告知了，最终的结果不尽人意，有可能我会遭到埋怨。

当然每个人、每个家庭都有各自的情况，我们还是要具体情况，具体分析。但我们也不妨自我审视一下，当我们以为这样做是为了对方好时，有没有可能只是惯性促使我们自我免责而已？

希望的力量能战胜科学

詹：我觉得正方对于告知以后的世界有一个特别美好的想象，以为病人从此就能活得很理性、能有自主选择权，而且就没有了家庭琐事的纷扰、拉扯、争执，其实这些东西并不会改变。我们甚至夸大了人能直面死亡的能力，以为自己望到了人生的尽头，接下来就能愉悦地度过人生最后的每一天。可世界上千千万万被病痛折磨着，要直面死亡的恐惧的人中，有多少能做到？

还是那句话，我们不要低估希望的力量，也不要低估绝望的力量。

我想到两个小说中很鲜明的例子。一个写的是死刑犯，他知道自己要被处以死刑，但他不知道确定的行刑日期，不过他知道狱卒的脚步声在哪个门口踏得比较重时，门里的人就会被拉去处以死刑。他只好每天在囚牢里听着脚步声等待。当他终于在自己的门外听到狱卒沉重的脚步声时，整个人竟然得到了一种释放。可见，这种等待死亡来临的痛苦和恐惧，不是一件轻松的事。

另一个写的是作家自己的妹妹得了癌症，只剩下一年的生命，所以她决定和妹妹住在一起以弥补姐妹俩人生的遗憾。但因为妹妹知道自己的病情，这一年真实相处的过程其实非常痛苦。有天她们看到牧场里的驴突然就哭了起来，妹妹说："我将来再也看不到驴了。"

我们看到院子里的花落了都会有抑制不住的伤感，因为我们对于逝去、对于再也不得相见、对于死亡有一种根深蒂固的恐惧,而这种绝望的力量会始终折磨着我们。反之,你只要不告知我说"这是绝症,肯定治不好了,只能等死",就总有希望,而这种希望的力量是非常强大的。

我不知道科学能在多大程度上解释这种希望的力量有多大的作用,而且我也知道无法用数据去解释告知这件事到底带来什么样的效果。但基于所有这一切,在谈原则、谈权利之前,我们都必须直面我们身处的现实文化背景,给希望留一点空间。

第 32 讲

为你好，就能替你做决定吗？

这场辩论的题目是"为你好，就能替你做决定吗"

詹青云是正方，认为为你好就可以替你做决定，我是反方，认为为你好也不能替你做决定。

詹：在辩论之前，我想先问反方几个问题。首先，你觉得你今天做的这些决定，都是你自己做的，不是别人替你做的吗？

庞：实然上不一定，应然上我觉得应该是。

詹：那你今天开车出去吃东北菜时，为什么在路上要限速至30迈呢？

庞：因为那条路有规定，而且我要考虑自己的安全。

詹：你选择吃东北菜是你的决定吗？

庞：不一定，有时候是你想吃。

詹：你在众多菜系中选择了东北菜，有没有受到你儿时或家乡饮食习惯的影响？

庞：有。

詹：你为什么用筷子吃饭？这是你的决定吗？还是你出生在河北某个地方的那一天，这事情就已经被决定了？

庞：这是我自己的决定。因为我在新加坡生活时，周围人都用叉子吃，我在叉子和筷子中依然选择了筷子。

你的决定，不是你的决定

詹：当我们说"为你好就可以替你做决定"时，会立即想起一些明显带有激烈冲突的场景：比如我想学文科，我妈非要我学理科；比如我想单身，我妈非要让我结婚；我想做丁克一族，我妈非要让我生孩子……这都是对于这一辩题非常生硬的想象。

而我要提醒的是，有人以为你好的名义而替你做决定这件事，不只发生在生活中那些冲突爆发的瞬间，它发生在生活中的时时刻刻——而且在绝大多数的情况下，它已经内化为了我们自己的选择,也就是说,你意识不到有人已经替你做了决定,还误以为这是你的自主选择。

我在本科阶段上了一门改变我三观的课程叫"Thinking Politically"(政治地思考)。有一天课上老师问"为什么我们吃饭要用筷子"?然后大家说因为中国菜用筷子吃更方便。结果那天老师带着我们做了一个实验,放学以后我们全班一起去餐馆吃饭——但不准我们用筷子。于是我们就用勺子、叉子和刀子吃了一顿中餐,结果发现这并不影响吃饭,而且很有趣。

有意思的是,根据考古发现,在中国这片土地上曾经生活和繁衍过的原始人最早使用的餐具也是勺子和叉子。的确,筷子是一个非常不自然的工具,因为它需要高超的使用技巧,但它的普及和儒家的"礼"有关,从而成为一种生活方式。那么当庞老师去了新加坡却仍然选择用筷子,这真的是她的选择吗?她为什么会做出这样的选择呢?

这个和从小你的爷爷奶奶、爸爸妈妈坚持教你用筷子、你在学校里和同学一起吃饭时因筷子用得不好而被嘲笑、后来和外国同学一起吃饭时你收到他们羡慕的眼光有没有关系?所有这一切都被内化为你选择的一部分,甚至是身体的某种记忆。而你已经意识不到这些也是某些人在很久以前就已经替你做下的决定。

我们从小都听过一句话叫"知识就是力量",但是福柯却反过来说"知识就是权力",因为权力定义了什么是知识,而知识定义了我们是谁,以及我们为什么如此。比如罪犯的生活就是被人决定的:几点起床,早上做什么工作,中午吃什么,下午几点放风,晚上几点熄灯。罪犯所受到的控制不仅体现为这些外在的强制力量,更重要的是,像福柯所说,一开始社会只是想要把这群犯了错的人隔绝起来,但这件事开始变得复杂:有人开始研究这些罪犯经历过怎样的心理创伤、他们的颅骨的大小……于是我们发展出了犯罪学、犯罪心理学,等等,为罪犯这个词赋予了更多的意涵。因此,监狱在对罪犯的教化过程中,除了外在的强制力量,它更是在让你意识到你自己是一个罪犯、一个犯了错的人、一个不正常的人,以及一个需要矫正才能重新符合社会规范的人。也就是说,这些罪犯在被审查的同时也在进行自我审查。

当说到"为你好就可以替你做决定"时,我们会认为这样的做法针对某些人群或许是合理的,比如小孩子、罪犯、疯子这类被认为没有能力或资格替自己做决定的人。在这种情况下,其他人或这个社会替他们做决定,告诉他们正常的生活和成长轨迹，以及社会规范是什么是必要的。但我们这些自认为有自由意志的人和这群人真的有很大不同吗？福柯在《疯癫与文明》中研究了"疯子"这个人群，他发现社会中对疯子的定义不停地变换，然后再通过一些外在的惩戒措施来让"疯子"意识到自己的做法是不正常的并渐渐地将这种外在的训诫与规范内化，以求重新符合正常生活的标准。

所有的这些例子是在提醒我们：自由意志是有限度的。

至此你会发现，当你说"我反对任何人以为我好的名义替我做决定"时，你到底在反对什么？你不仅仅在反对"你妈让你穿秋裤，而你不想穿"的瞬间，你可能在反对她抚养你长大的整个过程。因为这种规训是无处不在的，以至于你往往意识不到它的存在。

规训存在，但不应然

庞：正方的立论引经据典、洋洋洒洒，但其中有个至关重要的漏洞：她讲了各种各样的、从暴力到温和的规训自古至今都以不同的形式存在，但实然不能论证应然，"它存在"不能论证"它是应该的"。我承认人的自由意志是有限度的，它的确是一种实然上的存在。但是这是否代表在可控的范围内，我们就可以以"为你好"为理由甚至为借口来替别人做决定？这是我对正方立论的一大质疑，下面是我的立论。

"为你好"是对主体特性的无视

第一，"为你好就可以替你做决定"往往是父母特别爱说的话，而这个逻辑背后的前提假设是：你对自己的感知判断是不准确的，作为家长的我对你的感知和判断才是准确的。往小了说，这个逻辑会导致家长替孩子改志愿、插手孩子的婚姻；往大了说，它在否定孩子自主思考和做决定的能力。

但是你未必知道这就是为我好，因为你和我是不一样的。我想分享一个我的亲身经历：

有次我和爸妈一起在外面吃烧烤，出于健康考虑，遇到羊肉串上的肥肉我都会挑出来扔掉，而我爸会把这些挑出来的肥肉又夹起来吃，这时候我就特别反对，说这样不健康。我爸也很生气，他觉得这没什么，而且他乐意。这时我突然意识到，也许我们想要的东西不一样。在长寿和按照自己喜欢的方式生活之间,他选择的是后者,所以就算我是他最亲近的人,我也不能替他做决定。如果有一些信息是他不知道的,我可以帮他补足,但当我们的信息同步之后,他有权利为自己做决定并承担其后果,这才是应有的相处方式。

有一天我又拦着我爸吃肥肉时,我妈(她学医)却说:"你不用拦着他,人和人的身体条件不一样。你爸分解油脂的能力相对强一些,他现在60岁了,都没有得'三高'。"这时我又发现,或许我们的身体条件和特征本身就不一样,我就更无法用我对生活的判断去帮他做判断了。所以,当我认为这是为了他好的时候,这可能真的只是我一厢情愿地认为。无论是从事实选择还是价值选择的层面,都应该由他自己做决定。

而且有时"为你好"不都是善意的,甚至还有可能是PUA(指在一段关系中一方通过言语或精神打压和行为否定的方式对另一方进行情感控制)的前提。比如"我认为你一文不值""我认为你没有办法思考清楚""只有当你跟我在一起时,我才能够帮你做决定、让你体现出自己的价值,我才能欣赏你"。还有煤气灯效应,这也是一种心理操控的方式,它通过让一个人或者一个群体逐渐怀疑自我的记忆力、感知力和判断力，最后导致其认知失调或低自尊等问题。

总之，"为你好就可以替你做决定"这一行为逻辑的前提假设——"你不行，我行"——长此以往会对受害者或受操纵的人产生重大影响。

"替你决定"是牺牲主体成长的独断

第二，或许家长有时的确能做出一个在世俗意义上更正确的决定，比如帮你选了一个好专业。但这里的"正确"的衡量标准往往停留在"这个专业毕业后的就业率高或收入高"这样的层面。可是选专业、选伴侣、选职业对人的影响仅仅在于当下的选择这一件事本身吗？并不是。相比选择本身，做决定的能力——怎样自主地做一个更好的决定，以及在做了一个坏决定之后如何接受——对人的成长才更重要。

所以，"授人以鱼，不如授之以渔"，我们看到很多成年的"巨婴"就是缺乏这种做决定的能力。而且我们对他人的认知往往过于肤浅，只能看到他来自什么学校、学什么专业、做什么工作、有多少收入，却看不到他是否有掌控自己人生的勇气和能力，以及面对成败的良好心态，尤其当他面对人生的遗憾时，内心是否还能圆满。

我听很多人说过他们不幸的经历，包括早年被家长包办了婚姻或是耽误了一些人生选择。这的确可惜，但他们中很多人往往终生都无法从"家长包办制"的逻辑中走出来，他们永远都在怪自己的家长不够好，而从来没有想过将自己的人生决定权夺回来。他们从来没试图让自己做自己的家长，这才是许多不幸的根源。

系统的阴影下，不被决定只是狂言

詹：首先，我之所以在立论中只讲了实然，不是因为我不知道实然和应然有所不同，只是因为我还没来得及讲应然层面上的问题。我只是在一开始就想让大家意识到，当你坚定地反对并说"我不允许任何人以为我好的名义替我做决定"时，你在反对什么。

其次，当我说我们要接受这个世界上就是时刻存在着"为你好就可以替你做的决定"的情况时，这并不意味着我否认一个人的思维能力和认知能力。之前提到了很多有关"集体行动的困境"的例子，这种困境并不来源于"我觉得你笨所以你不能自己做决定"的想法，恰恰是因为我们预设每一个人都是理性人、都会从自己的利益出发去做对自己好的决定。可当我们作为一个整体在社会上生存时，这就会导致集体行动的困境。

这就是为什么高速公路有限速规定，耕地的总面积要有一条不可逾越的红线，社会上的人有责任和义务，甚至这也是为什么我们要以国家为单位来生存，而不是彼此作为个体无休止地斗争。这一切都是某种意义上的为你好而做出的集体决定。

因为确实在很多时候，人作为个体看不清自己的利益所在。这其中有两种情况，第一种是人看不清自己的行为是有外部性的。比如你说"我就想开大排量的汽车，我有钱，油价贵我不在乎"，但这样你就排放了更多的尾气到所有人共同呼吸的空气中。第二种是人看不清自己的具体或长远利益所在。以买保险为例。当年奥巴马医改计划真正想做的事情有两点：第一，他强迫所有的保险公司不能以客户有慢性病为理由，拒绝其买保险；第二，他强制所有人都去买保险。

这样做的理由是什么？首先保险公司不是慈善家，它有自己的利益所在，所以它当然不愿意把保险卖给那些生活习惯差、有慢性基础疾病,以及年龄偏大的人,因为他们的赔付的风险很高;但这些人往往是弱势群体,更需要保险的保护,所以政府要强制保险公司为这些人提供保险。如果只强制一方会造成什么结果?保险公司不得不接受这些高风险的人也来投保,而这些人又是最有可能去投保的,所以保险公司就面临很高的赔付风险。那些年轻力壮的、没有基础疾病的、生活挺健康的人,意识不到有一天自己也可能需要医保,所以年轻时也不会选择买保险,这又使得保险公司的收入不够。这时它只有两个选择:第一是把保费提得非常高,以至于真正需要保险的人仍然买不起保险;第二是把赔付的范围限制得非常精确,以至于真正需要保险的人到最后还是得不到保护。所以政府才强制每个人(无论身体健康与否)都买保险,这样才能分担保险公司的压力,保险的意义最终才能实现。

在上述例子中,并没有否认作为个体的自主判断和自我认知的能力,只是我们作为一个整体在社会上生存,的确需要某种强制力量才能让社会机制良好地运行下去。可很多人认为,在很多社会事务上,只要官方不干预,我们就是独立和自主的,这个社会也依旧能运转下去。那是因为你没有看清楚,权力早已无处不在,它是整个大背景的设置者；传统的力量、规训的力量、内化的力量也早已无处不在，并且它从来就不仅体现在某个具体的措施上。

当然，你仍然可以反对说"你凭什么替我做决定"，可是你已经接受了无处不在的能替你做决定的力量的存在。仅仅揪出某个具体的干预说"不，我是一个有自由意志的人"，这很荒谬。而如果你真的要反对这一整套体系，你就先得明白，你可能反对的是人类这个社会作为一个集体存续的、生活的、教化的、共同协作的方式本身。

"家长"也会犯错

庞：我今天并不是说完全不能有"家长"，也不是说"家长"完全不能做决定。我们讨论的是做决定的机制是什么，是认为因为"家长全知全能""家长永远为我好"，所以就可以"替"我做决定吗？这个才是问题的关键。

举个新加坡的例子，新加坡是所谓的"精英治国"，很多议员都毕业于世界著名学府，那我们是不是可以假设，因为他们是从人群里被挑出来的最聪明、勤奋的人，所以他们就可以"替"国民做决定？还是说，他们也必须要积极听取和尊重每一个普通国民的声音？

在新加坡，每个国会议员都有固定的时间要坐在组屋楼下，做他们的 Meet-the-People Sessions（接见民众活动），有些议员甚至是每周一次，等着这一区的居民说他们生活中遇到的问题。有人可能说"我觉得我的工作岗位被外国人抢走了"；有人可能说"政府收紧外来务工人员的工作签证，我常吃的餐馆因成本上升关门了"。这都是很细碎的问题，但我们能假设普通民众说的话，就一定是鼠目寸光的吗？还是说，政府必须要听取和考量每一个反馈？Meet-the-People Sessions 的这个制度背后的价值观就是"不能替你做决定"。

正方刚才说，一旦让民众可以依照个人喜恶和利益去做社会整体决策，可能会产生许多问题。的确，但那些替人做决定的"家长"本身就没有一些根深蒂固的问题吗？他们也有；你以为他们就懂长远利益吗？不一定。比如美国四年一届的大选，许多人想的就是"下一届我能不能当选？""我这个政党能不能获得更多的益？"为什么如今许多政策都越来越极端？因为政策的提出者发现，即便做到客观中立也无法赢得选票。所以你要去吸引那些极端的人跑出来给你投票，中间那些人是可以被牺牲的，只有这样才可能增加获胜的概率。这就是政党的短期利益凌驾于民众切实的利益之上。

再举一个生活中的例子。我从小在外面上学,每当家中有亲人去世,我爸都不会告诉我,他觉得这是为我好。可每年过年回家发现家里又少了个人,我就会问,然后他就说,"他去世了,我们没告诉你"。这时我其实非常尴尬,如果我展现出悲伤,这和过年欢乐的气氛就格格不入;但如果我不表现出一点难过,又怕别人说"你这小孩怎么一点都不讲感情"。直到有一次我的姥姥去世了,当时在国内的我终于跟整个大家族一起参加了亲人的葬礼。在葬礼上所有亲人都在哭,我觉得我终于可以释放我的情感,也第一次感受到了一家人的那种情感的连接。可是我回来就想,我爸一定不会懂,因为他从小到大作为家族里唯一的做决定的男性,从来没有体验过被人做决定是什么样的感觉。

把这个逻辑放大到国家的层面上也是一样的,我们总说"何不食肉糜",有时庙堂之上的"家长"就是不懂老百姓的生活是怎样的,他们很难站在后者的视角去考量。

"为你好就可以替你做决定"这个价值观会划分出"家长"和"非家长"的阶级,因此两者看到的世界是很不一样的。如果"家长"还认为自己全知全能,可以大包大揽为"非家长"做决定，那是会出问题的。所以我们强调的是，做决定时必须要听取和尊重每一个人的想法和利益，不能想当然，越俎代庖。

"自作多情"在这个时代成为难得

詹：我先简单回应反方对我的两点批评。第一，我从来没有说"家长"做的决定就一定是对的或更好的，我说的是这个社会运转的机制就是一定要有人做决定，比如决定你在这个国家的大街上开车是靠左行还是靠右行。第二，反方还是相信我们能够实现一种社会机制，在这种机制之下，即便有人替我们做决定，但他还是尊重你的想法、在乎你的感受。我不否认有这种机制，但是反方没明白我在前面表达的意思。

首先，不是所有的决定都是在当下由被选出来的议员和代表做出来的，有一些决定的做出——比如你要用筷子——甚至是我们没有意识到的。其次，反方还是相信有些代表比另一些代表更能倾听群众的心声。但这样针对的仍然是某一件事或某一个个体，你没有想过，这套体系是不是你选择和决定的？甚至你对这套体系的认同感本身是不是你决定的？这才是"知识就是权力"的秘密。

最后，我想从感性的角度讲两个小故事。第一个故事是我上大学时去上海参加辩论赛，就待一天，住在从小看着我长大的邻居阿姨家，这对夫妇是来自上海的上山下乡的知青，退休后又回到上海。前一天阿姨就问我明天想去哪里玩，然后我都还没说话，她就说他们已经帮我想好了。

她说："明天早上你就去上海博物馆，反正你喜欢看老古董，上海博物馆又好又不要钱；下午就去逛城隍庙，热闹，但是城隍庙的东西又贵又不好，所以光看就可以了，别买。"

她甚至帮我安排好了坐哪几路公交车，这几路公交车不仅能够到达目的地，而且有的路线经过南京西路，有的经过淮海东路，有的经过外滩，反正坐着公交车就能把上海最好的景色都看一遍。而且她已经帮我算好了，有的路程比较远所以要坐空调车，这就要两元；其余普通车只要一元，最后她给了我7个一元硬币，这就是坐公交车需要的所有的钱。

我说我中午还得吃饭，然后阿姨从容不迫地拿出了一个布包，里面装了3个粽子和一瓶矿泉水。结果就是我花了7块钱把上海玩了一天。

我当年回家都把它当作一个很新奇和好笑的事情告诉父母和朋友，觉得上海人实在是太能"算"了。但后来我自己也去过很多次上海，按照自己的心意想玩什么就玩什么，但这些记忆都会慢慢变得模糊，唯有当年我竟然只花7个硬币就玩了整个上海的那一天，我会永远记得。

当你长大回头想想时，有谁会那么在意你出门是不是乱花自己的钱，买些没有用的东西？有谁会在意你是不是能在一天内把这个城市最标志性的景观都看一遍？有谁会在意你在公交车上是坐左边还是右边——她都帮我算好了，说经过南京西路时要坐右边，这样能看到更好的风景。他们之所以替我做这些决定，是因为他们在乎。

这是我生命中非常亲近的人，我再讲一个我和陌生人的故事。

有一年我在北京大兴区录节目，住在一个很偏僻的录影棚旁边，每天吃节目组发的盒饭。然后有天早上我录完节目后无事可做，我就想今天不能吃盒饭了，要到外面去大吃一顿，于是我就走到大兴的街上。

我一招手，结果拦下来一辆大爷蹬的人力三轮车，我很高兴，我和大爷说："带我去这附近最好的馆子。"路上我和大爷聊天，他越看我越觉得我不靠谱，觉得我大概是一个不知道怎么有了一笔钱的穷学生。然后他就开始跟我说："你一个人下什么馆子，你点菜点少了人家又不高兴，点多了一个人又吃不了。馆子里的菜又贵、又不好，用的都是地沟油。"最后他说："这样，我带你去我们村买点包子、馒头，你下午热一热还能吃一顿。"然后我大概就花十块钱买了包子、馒头、花卷，还有一些瓜子和花生，大爷说"你还可以当零食"。

我当时整个人有一点蒙，但是我又会一直记得这个大爷。

你知道，人和人之间这种稍微有一点越界的自作多情，在我们这个时代是多么地难得。因为我们慢慢地进入了一个这样的生活状态：在App上就选好了餐厅，然后在App上找了一辆出租车来把我接走然后送到目的地——司机全程不需要说一句话，他唯一说的就是工作守则上要求他说的那句"请您系好安全带，咱们出发了"——他不会再试图影响或者替你做任何决定，因为他也不在乎。

是，当时的我就想下馆子，然后大爷非让我吃花卷——可是我喜欢这个大爷，我怀念那个世界。我怀念那个人和人之间可以有这么一点越界的自作多情的世界，我怀念那个人和人可以萍水相逢、一见如故的世界，我怀念那个人和人可以对彼此多一点在乎的世界。这样的世界是有代价的，就是反方所说的那一系列的代价，可这样的世界令人怀念。因为他"为你好"，归根结底是因为他在乎。

自己做的决定，自己承担后果

庞：我该怎么说正方这是在偷换概念呢？她已经把"为你好就可以替你做决定"偷换成了"我对你还心存一点人与人之间的善意和在乎"，而这两者是有微妙的差别的。我并不是要让人和人之间的温情消失，我只是说温情也是有界限的。这并不意味着人不能给彼此提供真诚的建议、分享见识，而是说我可以给你说清利弊，但是最终的决定要由你自己来做，这个才是这个题目要讨论的。

我最后还想说四点。第一，关于正方提到的被上海的一对老夫妻包办一整天行程的故事，我当然也非常赞许和怀念这样的爱。但以爱之名可以做好事，也可以做坏事，我们需要爱，但不能因此就用爱合理化一切东西。

第二，我记得当时考上了剑桥大学的本科，但因为当时家里没有足够的钱交学费，有人要借给我，但我爸做主不接受，所以我最后就没去成。在之后的很长一段时间里，我认为他们包办了我的人生，我认为这件事他们做错了，所以我在抱怨中生活了几年。但后来有一天,我认为我从所谓的"家长包办制"中跳脱了出来去看这件事情。这时我才发现,当时的问题并不出在他们替我做了比较差的决定,而是出在我没有主动站出来为自己做决定。

而我之所以没有,第一是因为我没有意识到我可以这么做,第二是因为我也没有足够的勇气做决定,并承担这之后的辛苦。当我意识到这一点后,我便不再抱怨和感到难过。而且在此之后,我做决定时比以前大胆多了,我清晰地意识到我的人生不属于别人,重要的不是向别人(包括父母)交待,而是要向自己交待,因此,我也不应该期待或允许由别人替我做决定并承担风险和后果。我应该把决定权把持在自己的手里,得也好、失也好,都是我应得的,这也是我人生的一部分,不需要埋怨别人。经历了这一思想转变之后,我的人生顺遂和开心了很多。总的来说,我们应该跳出"家长包办制"的思想钢印。

第三,正方从头到尾都在讲筷子这件事,我来回应一下。的确,我也认为人没有完全的自由意志,但其中也有程度的区别。为什么我确定我还选择用筷子这件事是我的自主选择呢?我从小吃饭就用筷子,后来我到了新加坡,他们也吃中餐——但他们的中餐吃法跟中国北方的中餐吃法不太一样——他们用一个盘子，里面有饭也有菜，吃饭就用一把叉子和一个勺子吃菜饭。他们只有在吃面条时才用筷子。而这些我都体验过。假设今天你把菜和饭像新加坡人一样放在一个盘子里，我其实倾向于用叉子和勺子来吃；假设我吃面条，或者需要在桌子中间的盘子里夹菜，同时自己手里有一个碗，我会选择用筷子吃。

这代表什么？代表一个人只有吃过、见过、体验过、经历过不同的选项时，他才能有更多的信心自主地做决定。所以，我的立场能给人带来切实的影响和改变就是，我们不能接受由别人来操控我们看到什么、听到什么、体验到什么，而是要主动丰富自己的经验，这样才能有更多的思考和把握替自己做决定。

我想说的最后一点是，替你做决定这件事其实是有很多连带的制度在背后的。比如，假设我的家长认为我不理解自身行为的外部性，认为我没有大局观，认为我只是一个自私的人。那么当他替我做决定了之后，我的反抗或者不满甚至都没有合理性。因为当我说"我觉得你的决定不对"，他都可以反驳说"你不懂，你看不到大局，你太自私了，你只关心你自己"。

这简直是一套永远无法被证伪的霸道逻辑，因为他可以替我做决定这件事的合理性和正当性的背后，就是"我没有这样的能力，而他有"的伪事实。而这种逻辑背后真正可怕的地方在于，它否认个体的经验、利益和权利，大肆包揽，不许反抗。

第 33 讲

"罗诉韦德案"草案流出，用隐私权合法化堕胎权是否合理？*

这场辩论的题目是"用隐私权合法化堕胎权是否合理"。詹青云是正方，认为合理；我是反方，认为不合理。

与前面不同的是，这场辩论将不会拘泥于主辩题本身，而是会延伸至其他相关辩题：比如，"堕胎权本身应不应该被保护？"这也是一个非常经典的辩题，同时也是目前美国社会上争议较大的一个问题。前段时间，判决书的草案被泄露了出来，让我们知道美国最高法院有可能会推翻对"罗诉韦德案"的原始判决，这也意味着对堕胎权的保护将从国家层面被取消，转而由各州自由立法决定。在辩

---

* 这一辩论发生在 2022 年 6 月。

论开始之前，先由詹青云介绍一下判决相关的历史背景和法律常识。

詹：大家从新闻中大概能对这一案件有所了解。"罗诉韦德案"是美国在1973年通过的一个美国联邦最高法院的判例，确认了堕胎权是受到美国宪法保护的一项基本权利。可过去了将近50年，堕胎问题仍然是美国社会的文化战争中最重要的一个议题。

过去这些年，美国的保守派始终在向堕胎权发起挑战。2018年时，密西西比州通过了一个法案，这个法案禁止对满15周的胚胎进行堕胎，哪怕是因为强奸导致的怀孕也不能够堕胎。这个法案随后被起诉，于是密西西比州当地的法院发布了一个临时禁止令，即在最高法院作出裁决之前，不允许这个法案在密西西比州推行。

这个法案之所以被挑战，就是因为它被认为是一个违宪的法律，而它违反的就是"罗诉韦德案"的判决。因为后者认为堕胎是一项宪法权利，你不能通过立法的形式去剥夺一个人的宪法权利。这个官司一直打到了最高法院，在2021年12月时进行了法庭辩论。

当时听过这个法庭辩论的人大概就能猜到，一个

"6:3"的最高法院——即大法官中保守派与自由派的比例是6:3——很有可能会认同密西西比州的法律,推翻"罗诉韦德案"。最终判决原本应在6月或7月公布,但它却意外地在上周以一个被泄露的草案的形式公布了,更意外的是,它坚决地、完全地推翻了"罗诉韦德案",因为原本有很多人猜测最高法院会认同密西西比州的法律,但同时会做一定的限制或巧妙地避开回答"罗诉韦德案"是否仍然是美国宪法的问题。

草稿意见被泄露,这在美国法院的历史上是绝无仅有的。之前只出现过工作人员出于疏忽,把一份草稿当作最终版发了出去,但从未有过有意识的泄露。所以这个泄露事件在美国社会引起了轩然大波,人们认为这是对美国法律或最高法院建制本身的一种挑战。

因为美国的法院有一个历史悠久的传统,就是大家会坐在一起投票分出最高法院的立场站在哪一边,然后首席大法官会指定一个人写判决意见的草稿,但这个人并不能决定最终的判决意见,他还要把草稿传给其他的大法官浏览,大家会争辩、修改,最终其中几个人会决定在这份判决意见上签字。

无论是历史上的"罗诉韦德案",还是最后被泄露的草案的主笔人阿利托大法官,在最后关头都有大法官改变了他们的立场。所以,这就是为什么罗伯茨大法官说这是一个真实的草案,但这并不代表法庭的最终意见,也不代表到底谁会在这份意见上签字。所以当一个草案被泄露时,这个长期辩论的传统本身,还有人和人之间的信任都受到极大的挑战,所以人们觉得这是对最高法院建制本身的挑战。

有趣的是,2021年12月在庭审密西西比州的反堕胎法的过程中,一个自由派的大法官曾经警告他的同事说,如果今天最高法院要做出一个推翻"罗诉韦德案"的决定,这可能是动摇最高法院建制本身的一次判决。原因是"罗诉韦德案"的判决在美国成为宪法已经将近50年了,它已经被大部分美国人认为是一个理所当然的权利。

在最新的民调中,虽然美国社会中保守派和自由派的界线仍然明显,甚至日趋极端,但有超过50%的人认为"罗诉韦德案"是一个好的判例,认为它应该被推翻的人只有不到30%。

这相当于今天的美国最高法院,一个被保守派主导的最高法院,要做出一个违背绝大多数美国人对法律的认知的一个判决,所以这可能是最高法院本身要面临的一次巨大挑战。而且因为草案被泄露，它需要提前面临这个挑战。以上就是大致背景。

隐私权：我有权利做自己的决定

下面我开始我的立论。首先，当年"罗诉韦德案"是用什么样的方式确认堕胎权是人的一项基本权利的呢？它依据美国宪法的第十四修正案，"任何一个公民的自由，政府不经正当程序不能够剥夺"。这个自由被解读为一种含有隐私权的自由，那么，堕胎权之所以被宪法保护，就是因为它属于人的隐私权。

提到隐私权，可能我们首先会想到的是我的个人信息是不是泄露了？这似乎与堕胎权隔了十万八千里。但其实隐私权这个概念可以分成很多个类别，它首先有informational privacy，就是信息的隐私，包括我不想把我的IP属地公开，我的私密的事情不想让别人知道，以及我的个人信息不能被泄露。它还包括物理的隐私权，包括我不想被人偷窥，我的器官没有经过我的同意不能被人摘走，我的身体的产出物——比如我的血，我的精子、卵子——未经我的同意不能被别人取用。

除此之外，还有一个重要的隐私权类别叫 decision privacy，就是决策的隐私权，它指的是在私人领域内关乎个人生活方式的重要决定不受政府或他人的干扰。所以我们在此讨论的隐私权其实就是私权，就是我自己有权做关于自己的决定。

而隐私权这个概念，以及"罗诉韦德案"本身都受到很多争议，因为美国的宪法里从来没有提过隐私权这个词，更没有提过堕胎权这个词。但从20世纪20年代开始，美国的最高法院频频用隐私权这个概念来对一系列个人的基本权利的保障合法化，包括20世纪20年代时，最高法院以隐私权之名确认家长可以自行决定他的孩子接受什么样的教育。

在20世纪60年代，康涅狄格州有条法律规定不能向已婚的成人派发和售卖避孕用品。对此，最高法院认为宪法为每个人规定了一个私权领域（a zone of privacy），在这个领域内，个人的决定不应该受到政府的干扰，于是以隐私权为名推翻了康涅狄格州的这一法律，也相当于为美国人确立了避孕这一基本权利。最高法院同时期也以隐私权为名确认了人有在自己家里看色情片的权利。

到了20世纪70年代，也就是"罗诉韦德案"发生的年代，最高法院确立了一个女性是选择堕胎还是选择把孩子生下来，这属于她的隐私权——这里的隐私权是决策隐私权。同样，到了20世纪90年代，隐私权还被用来支持认为人有消极安乐死的权利。到了2000年，最高法院也以隐私权为名确认了同性性行为的合法性，并认为它不是一种犯罪，同性之间可以结婚，因为这是人的决策隐私权。

之所以隐私权这个概念一直受到质疑，是因为美国宪法和美国宪法的所有修正案里都没有提过隐私权这个词。但我的立场是，用隐私权合法化堕胎权是符合法理也符合道理的。

从法理的基础来讲，文字是有局限的，法律是有局限的。法律是一个时代的产物，它是具体的文字的产物，它不可能囊括未来的时代里人们将会遇到的一切问题。所以，后世的法官作为法律的解读者，他一定是要不停地用旧的、有限的法律去解决人们在现实生活中面对的新问题、新的时代发展与变化的。

所以，我们只能从过往的判例或者成文法律中去理解法律试图保护的是什么，再把它套用在现实的模板里。否则，如果我们只能像阿利托大法官在草案中所说的——宪法没有明确地提出某项权利值得被保护——我们就只能从这个国家的历史和传统里去寻找,那是不是很多在当下被认为是理所当然的权利都是不可能的,包括上述一系列被隐私权保护的权利?

解读隐私权,也要看它要保护的是什么

另外,美国的宪法修正案虽然没有直接提到隐私权这个词,但它在很多地方已经隐含了"人有一块私人领地,不受公权力干扰"的理念。

比如美国宪法第一修正案确认了人有言论、集会和信仰自由,这里的信仰自由就意味着国家不能决定我应该信或不信什么宗教,它隐含的意思是,宗教信仰是人的私权决定的范围。再比如美国宪法第三修正案确立了政府不能够无故地征用个人的房屋以供战争时期的士兵使用,虽然这个概念后来被从许多不同的层面解读,但暗含的意思是,房屋是个人的私人领地,这也是一种隐私权。还有,美国宪法第四修正案确认了警察不得无故搜查人身或者对个人物品进行搜查,这也是对人的身体和所有物的一种隐私权意义上的保护。

所以,对法律的解读从来不拘泥于法律的文字,而

还要看法律想要传递的、试图保护的东西是什么。而既有的法律或历史传统中从未提过堕胎这项权利，也很正常。曾几何时，堕胎权没有被法律确认，但也从未被法律禁止。

美国的法律禁止堕胎本就是20世纪才有的事情，而堕胎成为一项重要的需求也是20世纪才有的事情，它伴随着"二战"后美国大量女性不再仅仅留在家庭中做家庭主妇，而要迈入职场，所以她们开始选择性地不要孩子，或者是选择性地在某个时间节点再进行生育，这在我们今天看来都是理所当然的。而同时医学的进步也证明，只要在一定期限内，以及在医生许可的情况下进行堕胎手术是非常安全的，对人体造成的伤害是可控的。

所有这些条件的成熟和需求的产生，才促成了合理化堕胎这种需求的时机的出现，所以它没有根植在既有的法律文本或历史传统中，是很正常的。

而一个女性——这就是老生常谈了——她应当有权选择她是否要生养一个孩子。或者说，当一个女性被逼去生养一个她不想要或没有条件生养的孩子而随之造成的巨大的伤害，都非常清晰地呈现在我们面前，无论如何，这应当是一个人有权去自行决定的事。

那么，既然在过往的那么多的判例中，宪法确认了隐私权是宪法所保障的自由的一部分，它没有什么理由不保障这样一项非常基本的隐私权的自由。

"堕胎 VS 谋杀"仍需论证

庞：没错，用隐私权来论证堕胎合法化是有一定的合理性，但我认为这种方式不合理的意思是，这不是最好的方式，它甚至可以说是不够聪明的和不够完善的。

首先，反对保护堕胎权的人认为堕胎权并不受到隐私权的保护，因为它实际上是一种杀人行为，就像如果我今天杀了我的邻居（一个健康的成年人），这个行为也不能被我的决策隐私权所保护。可如果我今天决定杀一个肚子里的胚胎或胎儿，在这些反对者看来，这和杀一个隔壁的成年人是一样的性质，所以当你的决定会影响到他人，甚至相当于一种谋杀的话，它自然不在隐私权保护的范围之内。

另外，这些反对者自称"pro-life"（生命派），他们的核心论点就是，胚胎也是有生命的，堕胎其实是一种谋杀。所以，这时你反驳说"不是，它是一种隐私权"，你还是没有提出针对这些反对者这一核心论点的论证。

在辩论之前，我也特意问了一下詹青云："'罗诉韦德案'的判词有没有论证为什么堕胎不是一种谋杀？"她说该判词并没有特别仔细地去论证，就提了一句说，虽然人的生命权受到保护，但是没有证据显示人包括胚胎这一形态。

这实际上是在推卸论证责任，即双方都认为论证胚胎是不是人这件事的论证责任在对方，而自己享有推定利益。这也就代表在最核心的争议上，双方没有积极主动地去论证，我认为正是这一点为之后的讨论留下了一个很大的隐患。比如，女权主义群体内部也有一些人是所谓反对堕胎的生命派，因为她们认为，既然你追求的是所有的弱势群体都应该获得平等的权利，胚胎也是弱势群体，所以胚胎的生命权也应该受到保护。所以，问题的关键在于，胚胎究竟是不是人。而"罗诉韦德案"使用隐私权来保护堕胎权的做法并没有积极主动地论证和解决这个问题。

另一方面，阿利托大法官的意思是，如今推翻"罗诉韦德案"的判决，只是说堕胎权不被隐私权保护，但这不会影响到其他的领域，无论是同性婚姻或者是跨种族婚姻。但很多人担心的是，一旦这一判决被推翻了，其他的隐私权会不会也顺带被推翻？的确，这留下一个能被解读的模糊空间，这到底仅仅意味着堕胎权不被隐私权保护，还是意味着所有的受隐私权保护的权利都将不再被受到保护？

隐私权不是保护堕胎权的唯一办法

其次，我认为保护堕胎权其实还有其他可行的方法，比如通过宪法修正案或联邦的法律去确立等，也就是通过国会去立法。

具体而言，当时你可以不完全依赖"罗诉韦德案"的判决结果，而采取其他的立法途径去保护堕胎权。国会里自然有保守派、民主党和共和党，他们之间的人员比例其实也随着不同的阶段一直在变化，而且这个比例其实比"6:3"的最高法院更能反映民意。

比如当国会里民主党所占的席位更多时，或许就可以趁此机会立下将堕胎权合法化的法律，也就避免了现在的问题。加之美国大多数人还是认为应该保留"罗诉韦德案"的判决，有61%的美国人都认为在所有或大多数情况下，堕胎应该是合法的。

这也就代表了，如果有一天堕胎权真的不受保护了，那也不是美国大多数民意的体现，因为一个由6个保守派大法官和3个自由派大法官组成的最高法院，并不能准确地代表民意。

生命的开始从无定论，这不是法律的义务

詹：我回应一下庞老师提到的几点质疑，也是常见的质疑。

第一点，认为堕胎就是一种谋杀。有趣的是，"罗诉韦德案"的判词虽然没有让大法官回答一个其实没有人可以回答的问题，就是生命到底是从哪一刻开始的？但我们的直觉会告诉我们，如果我们要讨论堕胎权是不是一项应该被保护的权利，我们注定要讨论生命是从哪一刻开始的，这样我们才能讨论堕胎是不是一种谋杀。但如果它是一种谋杀的话，我们又该如何平衡母亲和胎儿这两边的利益呢？

可是这份被泄露的将要推翻"罗诉韦德案"的法律意见，这份长达98页的草稿，竟然完全没有谈"生命是

从哪一刻开始的"这个问题，这就意味着这个问题根本不是它推翻"罗诉韦德案"的核心依据，它完全避免了对堕胎这件事情本身的任何实质讨论。这是一个联邦主义的判决，它说因为我们是一个联邦制的国家，所有的基本权利都应该保留在州的层面，只有那些被明确写进了联邦宪法的权利，才是州的人民让渡给了联邦政府的权利，所以不该联邦宪法管的事情，联邦最高法院就不应该插手。

另外，我知道很多人担心"罗诉韦德案"被推翻后会带来什么样的后果，后果就是堕胎权不再是一个被美国联邦宪法保障的个人基本权利，一个人是不是有堕胎的权利，这件事情的决定权被交回到了各个州的手上。

而蓝州和红州都已经"蠢蠢欲动"了。有26个保守派的州都已经或即将制定所谓的 trigger law，即触发性的法律，它的意思是，我们先定一个法律禁止堕胎，法律现在还不能执行，因为"罗诉韦德案"的判例仍然被当作美国的宪法。一旦"罗诉韦德案"被推翻，我们立刻执行这个反堕胎的法律，也就是说，这26个州的女性就会失去堕胎的权利。

相应的，自由派的州也都立了 trigger law，比如纽约州就说，一旦"罗诉韦德案"被推翻，我们立刻立法保障人们堕胎的权利。再比如康涅狄格州（自由派）还先行制定了一个法律，不能引渡跑到康涅狄格州堕胎的人，也就是说，不能把这些人抓回去。

这也就变成了一个州和州之间的战争。有的人说这才是民主，这才是自由，因为每个州都有权利去决定自己想要什么，不想要什么，但我认为这个说法很不负责任，不是所有的偏好都叫自由。

要不要把孩子生下来，这是我的选择，这是我的隐私权。你不能说我是一个保守派的人，我觉得你不应该堕胎，我有让你不自由的自由，我认为这个说法不成立。你有反对堕胎的自由，比如你可以自己不做这样的选择，你永远尊重生命。但你不能把你对生命的理解强加到他人的身上，并以此为理由来剥夺他人的私权。

"罗诉韦德案"的确没有回答"生命是从哪一刻开始的"这个问题，那是因为这个问题不该由法官来回答，这是一个神学问题、哲学问题、道德问题、科学问题。所有这些领域目前都对这个问题没有确定无疑的答案，我们又凭什么要法官来回答这个问题？

"孕期三段论"是最优妥协，民主也可能成为暴政

但是，这个案子没有回答这个问题，不代表它对这个问题没有担当。恰恰是因为大众对这个问题没有确定的、统一的答案，所以我们才实现了某种妥协。

根据民意调查的结果或者诉诸我们的直觉都能发现，绝大部分人大概率会认为胚胎并不是生命；而一个已经成型、在孕后期的胎儿是一个生命。也有科学证据表明，前期的胚胎是没有知觉的；而一个即将出生的胎儿对外界刺激会有反应，他离开母体也能够存活。

这就是为什么"罗诉韦德案"的判词把孕期分成了三个阶段，然后它确认了政府有保护一个未来可能的生命的权利，所以你可以一定程度地介入，但是这种介入是受限制的。这个三段论后来在1992年"凯西案"这一判例中，被替换成"viability"，即它只做这样一种区分：胎儿离开母体能不能存活。如果胎儿离开母体不能存活，就是大概在怀孕的前24周，州政府不能介入女性是否堕胎的选择；而24周之后州政府可以介入，但不能为女性创造无法克服的困难，导致女性不能正常地行使她堕胎的权利。

所以其中是有一定的妥协的。这个妥协尊重了民意，尊重了科学，我认为它是一个合理的妥协。而一旦把这个权利退回给每一个州就产生了很大的风险，因为并不是每一个州立的法律都是对的。民主也可能变成多数人的暴政。为什么一个国家要有宪法？因为宪法可以确定人有一些基本权利是不可以被立法和实行民主的过程夺走的，以此防止出现多数人的暴政。"罗诉韦德案"中引述的美国第十四宪法修正案——"任何一个公民的自由，政府不经正当程序不能够剥夺"——之所以被制定出来，就是因为在南北战争之后，要保障黑人在这个社会中能拥有平等的权利。

我认为把权力退还给各个州，这种做法是非常不负责任的。而这就是阿利托大法官的整篇98页的草稿中他最想讲的，也就是"这件事我们不想管"。他既没有讨论这是不是在杀人，也没有讨论生命是从哪一刻开始的，他就是说"这件事情我们不想管"。

最高法院应先行于民意，而不是退回 50 年前

第二点，隐私权这个概念虽然没有被明确地写在宪法

里，但它对整个美国的法治社会的运转非常重要，因为现代社会很多习以为常的权利都是被隐私权保护的。而阿利托大法官的草案是这样写的：联邦政府有一些事情不该管。反过来说，联邦政府只应该保障那些被明确写进了宪法的基本权利。

那哪些基本权利被明确地写进美国宪法里了？比如言论自由，还有持枪的权利，这都被明确写进了宪法修正案，这些权利有坚实的法律基础，所以我们保护。而那些没有被写进宪法的权利，在这种情况下，就被认为是之前的法官"发明创造"出的，除非某一项权利在这个国家有根深蒂固的历史跟传统。而阿利托大法官甚至认为堕胎的这项权利（在美国这个只有200多年历史的国家，它已经有50年的历史了）并不根植于美国的历史和传统中。

那么，在这两条基本标准之下，也就意味着那些没有被写进宪法，以及在美国这个社会里找不到历史和传统的基本权利，都不是被联邦宪法保护的权利。这不就包括我们刚才说的避孕、跨种族婚姻、同性婚姻吗？同性婚姻这个例子或许更有说服力，它是2003年的判例，这才刚刚过了20年。而已经过了50年的"罗诉韦德案"

都可以被推翻，何况是20年的判例？何来的历史和传统？而一旦这篇草案成为法律，它相当于明确地说美国的宪法只保护那些被明确写进宪法的，以及在美国社会有根深蒂固的历史和传统的权利，而这非常危险地开了一个口子。

刚才反方说，保障人的基本权利不是只有通过司法的形式，这话说得没错。在很多国家，堕胎权获得合法化是通过立法，甚至像爱尔兰则是通过公投解决了这件事。可我的反驳是，第一，如果这个世界上有两件我们都应该做的正确的事，你不能说如果我做了第一件，大家可能就没有动力去做第二件，所以第一件我就不该做，这不是衡量我该不该做一件正确的事的标准。如果堕胎权就应该被隐私权保护，你就不能说这件事用其他的方式做会更好。

第二，更重要的是，这个判例没能体现民意，但它确实是通过最高法院用司法的形式，保障了美国这个社会在过去的50年之内能够普遍地行使这项权利，而美国的国会是指望不上的。所以后者如今也根本没有可能通过联邦法律的形式来保障这项权利，哪怕绝大部分的美国人都认为"罗诉韦德案"不该被推翻、堕胎权在一定程度上应该被法律保障，可它不可能通过立法的形式实现。最高法院甚至是唯一的指望，而且它确实在过去50年内靠着这个判例撑到了今天。

进一步说，我们的讨论还可以延伸到一个辩题，就是一个国家的最高司法机关应该在国家的历史进程当中扮演什么样的角色？它是否只是一个民意的反映者？如果国会或公投能更好地反映民意，最高法院此时应该扮演一个什么样的角色？

在过去这一百年中，特别是在平权运动的这几十年里，最高法院被视为一个比社会走得快半步的机关，它先于主流民意而改变，认为黑人和白人应该在同一个学校里读书，甚至它先于主流民意而改变，宣布了我们刚才所提到的通过隐私权保护的人的一系列的基本权利。

它本应该是人的基本权利的捍卫者，它不应该放任民主的暴政有机会践踏人的基本权利，它甚至不应该只是一个民意的反映者。何况，今天最高法院做的事情是它要退回到比民意更靠后的地方，逆流而上，在绝大多数人都已经认同堕胎是一项基本权利时仍然去反对它，我认为这是很可怕的。

立法只是手段，却没给人民一个解释

庞：我们先回到一个更本质性的问题，就是堕胎权应不应该被保护？

我在辩论前看了那些反对堕胎权的人写的文章，其中当然有些我不认同的观点，比如他们认为堕胎泛滥是女性纵欲过度的结果，对于这点我相信我们很容易就能反驳。但他们也有一些观点，其实让我觉得值得仔细想一想，甚至我要绞尽脑汁才知道如何反驳的。其中最触动我的，也是我认为最难反驳的，就是他们认为堕胎其实是一种谋杀。

或许由于种种环境的原因，我不得不承认"堕胎是不是谋杀"这件事在我心里好像没有引起那么大的道德反应，但在美国一些传统的宗教信仰者看来，在精子和卵子结合的那一刻起，生命就已经开始了，甚至有些东方的宗教也认为获得了一个做人的机会是非常难得的。

所以你可以想象，对于某一群人来说，对堕胎这件事的道德厌恶甚或恐惧是真实存在的。

那么，究竟生命的起点在哪里？我们要靠什么定义？究竟是按照这些宗教信仰者的观点，还是像刚刚正方所说的科学的观点?无论如何,这些"pro-life",也就是反对堕胎权合法化的那些人都有相应的反驳,而且往往是通过滑坡论证的方式。

他会说,如果你认为一个胚胎只要没有痛觉,就不能被定义为一个生命,所以你可以合法地剥夺他的生命权——如果这个逻辑成立的话,是不是如果有一个植物人,他也没有痛觉了,你也可以杀了他而不负任何刑事责任呢?

对此,支持堕胎权合法化的人会说,没有知觉、还发育未完的胚胎其实就相当于一个已经脑死亡的病人。如果我们现在认为可以用脑死亡作为标准来判定一个人是否去世了,那这是不是就意味着我们在胚胎还没有知觉和未发育完全时堕胎也不叫杀人呢?

对此,反对的一方也会反驳说,脑死亡的不同之处在于它是不可逆的。假设今天有一个人已经脑死亡了,但如果我们知道他两个月后还有可能活过来,当下你也不会剥夺他的生命权。反观胚胎,虽然它目前还没有发育完全,但你知道再过一段时间它会发育,他是有希望成为一个生命的,这并不能等同于一个不可逆的脑死亡状态,所以无法用脑死亡的例子来类比论证。

所以,真正的"pro-choice",即支持女性对于自己身体的决定权的人,和另外一方"pro-life",即保护胚胎的生命权的人,其实他们都有各自的理由,这也是这个冲突非常困难的地方,是美国人民心中真正在乎的问题。但是这个问题到了最高法院之后却没有得到解释。

而"罗诉韦德案"的判决说这是一种隐私权,可能反对者会问,为什么是隐私权?这明明是杀人,杀人为什么可以受隐私权保护?结果最高法院给你的回应是,宪法中没有明确规定"人包括胚胎"。那反对者可以继续问,请问宪法里有哪句话规定了"人不包括胚胎"吗?也没有。所以,群众最关心的问题其实被绕过去了,并没有被解决。你是通过法律上的技术性处理,回避了核心争议,却影响了很多人的生命和生活,这是不负责任的。

如果堕胎是谋杀,何谈干涉与自由?

我下面再回应正方说的另一个问题,她说"人没有让别人不自由的自由",我同意。但是我们不能随便地杀人,所以在那些"pro-life"的眼中,他并没有干涉你的自由。所以你如果用"你不能干涉我的自由,所以你不能干涉我堕胎"，这是循环论证，这个叫 begging the question，你把你心中的结论当成了论据。究竟这是不是你的自由，取决于对"这个胚胎是不是生命？""堕胎是不是杀人？"的回答。

在一个宗教信仰者的眼中，他的邻居堕胎就和他的邻居谋杀是同一件事，那他能不管吗？我们今天看到自己的邻居杀人，你不管吗？所以还是要解决这个核心问题才能讨论后面的那些技术细节，这个我认为你是躲不开的。

而且我认为这个问题不是解决不了的，你可以试图解释、试图给社会寻找共识。否则，大家都抱着自己坚信的立场，而没有真正的观点的交锋，这个社会也会变得越来越两极分化，这也正是我们所担心的。

詹：我不怀疑、我也不想去怀疑有宗教信仰的人他们认为的生命是上帝创造的奇迹这个观点。但就像刚才所说，这只是你的信仰而已，你有什么权利用你的信仰所定义的生命来指责对方在谋杀呢？退一万步说，如果这些人愿意讨论这个问题，我们针对"生命是从哪个时刻开始的"这个问题进行全民公投，绝大部分人的观点是 in between 的，即生命既不是在精子和卵子结合那一刻开始、也不是直到胎儿出生前才开始。但我们现在看不到这样的讨论。

"罗诉韦德案"在美国社会引起了一系列的反应，很多人认为这是美国的政治开始两极分化的一个重要标志。以前还有支持堕胎权合法化的共和党人，也有反对堕胎权合法化的民主党人，两边并没有就这个问题抱团。但从"罗诉韦德案"之后，两个党派一步步地走向两极化。总之，我认为人们并不是在理性地讨论生命是从哪一刻开始的，这件事已经极端地政治化并且两极分化了。

爱真实世界的具体的人

另外，一个自称"我因为爱生命，所以禁止堕胎"的人，他真的爱生命、保护生命吗？

我一直有一个非常坚定的信念，就是爱具体的人，而不爱抽象的形式。可如果这个人博爱到连胚胎的痛觉他都能感知到，他感知不到真实的世界里许多女性的痛苦吗？

这个世界上有幸福的家庭，爸爸妈妈满怀期待地等待着孩子的降临，可也有很多不幸的故事。比如我读到一个故事是，有个女孩被人迷奸后怀孕了，自从得克萨斯州通过了"心跳法案"后，她又没有足够的钱到别的州去堕胎，她就不得不把这个孩子生下来,结果在她和后来男友的婚礼上,她不得不怀着一个即使因被迷奸而怀上也无法被堕胎的孩子。

还有的孕妇在胎儿19周时羊水就破了,医生告诉她这个孩子生下来很可能患有先天性疾病,或分娩时你可能会有很大的危险导致将来再也无法怀孕,但她没有达到得克萨斯州的紧急医疗中严重医疗状况的标准,所以她不能堕胎。

还有更多的人,可能她们的故事没有那么极端,可是她们不是漠视生命的人。现在有统计表明,在美国大部分选择堕胎的人并不是那些初次怀孕或意外怀孕的青少年,而是那些已经做过妈妈的人。这说明什么?正说明她们并不漠视生命。我看到有一个生了4个孩子的单亲妈妈接受采访说,虽然作为一个母亲要做这种选择很难,可是第5个孩子她不能要,只有这样才能让她更好地抚养前4个孩子。

所以,当这些"pro-life"高喊口号时,他们真的在乎生命吗?你连一个活着的人的具体的痛苦都不去感知,你真的能够感知到一个胚胎的痛苦吗?我怀疑这件事。与其死守这些原则,不如去关心一下那些真正要面临选择的人。在这点上,我认为"罗诉韦德案"和后来的"凯西案"的法官做出了他们的努力。"罗诉韦德案"也承认说,我们认为州政府在这件事上是有话语权的,无论州政府决定是要保护母亲的健康,还是保护一个未知的可能成为生命的第三方,州政府是可以介入的,但是不能无条件地介入,因为这个故事里还有除胎儿或胚胎外的另一方。

在选不选择堕胎的这个故事里,还有母亲啊!是女性要生这个孩子,或者要去生一个她不想生也不能生、生了也没有条件养的孩子,她要承受她的人生和她的未来会被这一切改变的后果。为什么没有人去问问她们?她们有没有这件事的参与权?

"罗诉韦德案"和"凯西案"都没有说"堕胎权是一项宪法规定的基本权利,所以州政府不能给予任何形式的干预",而是做了一个取舍跟平衡,所以把怀孕分成了三个阶段来讨论。我认为这是在一个社会就"生命是从哪一刻开始的"这个问题达成共识的现状下能够做的最大程度的妥协了。

回到法律本身,法律还有一个基本原则,就是尽可能保持法律体系的稳定。如果一个已经在社会里被认可了50年的基本权利,就因为特朗普上台以后任命了3位保守派的大法官——其中一位在接受参议院的盘问时还坚定地说"'罗诉韦德案'的判决是国家的法律,我不会推翻它"——就可以轻易地颠覆一项这么重要的基本权利,我认为这种对法治社会的动摇本身是很让人害怕的。

如果堕胎沦为极端标签,这个时代还剩多少讨论空间?

最后讲一个小故事。将要推翻"罗诉韦德案"的阿利托大法官,他在21世纪初被任命并进入最高法院来接替退休的奥康纳尔大法官。后者是美国历史上第一个女性大法官——有趣的是,当年她是被里根总统在20世纪80年代任命进最高法院的,因为她也是一个保守派的大法官。

当时有很多人期望里根总统任命的保守派大法官能推翻"罗诉韦德案",可是当奥康纳尔进入最高法院之后,她的观点发生了一些温和的转变。她在很多重要的判例——特别在1992年的"凯西案"里——选择了站在维持"罗诉韦德案"的核心判决这一立场上。虽然她将之前把孕期分为三个阶段的方式,改成了以胚胎离开母体之后能否存活作为分界点，但是她认同了美国的宪法所保障的隐私权应当也能保护一个女性堕胎的权利。

在她主笔的这份判决意见里有一句很著名的话经常被引用：

At the heart of liberty is the right to define one's own concept of existence, of meaning, of the universe, and of the mystery of human life. Beliefs about these matters could not define the attributes of personhood were they formed under compulsion of the State.

自由的核心是一种权利，人可以自己去定义，关于存在、关于意义、关于宇宙、关于人类生命的奇迹的概念。如果关于这些概念的信仰，是在国家、是在公权力的强制下形成的，它们不足以定义人之为人的属性。

再次回到那个最初的问题，谁有权利把自己有关生命的信仰强加到他人的头上？关于这个问题的信仰、想法和概念也许本身就是隐私权的一部分，因为它在定义你想要成为一个什么样的人、你是一个什么样的人。

关于隐私权这个概念，布兰代斯大法官在20世纪20年代还给出过一个最经典的解释。他说，我们的立法者在宪法里许诺每个人都有追求幸福的权利，而什么东西最能保障一个人追求幸福的权利？其中有一项很重要，就叫"the right to be left alone"。也就是说，我有可以不受他人的干预的权利，这本身就是隐私权，也就是宪法所赋予人之为人的不容侵犯的基本权利。

当年，美国参议院以99票的认同（除了有一人当时请假）——几乎全票通过把奥康纳尔选进了最高法院，而我觉得她代表了美国法治的黄金年代。那时对最高法院的大法官的任命还是会选择最有声望的、两派人都能认同的，而不是选那些最坚定、最极端的人，永远不会像奥康纳尔一样将立场温和化的人。

很遗憾，这个社会已经极端到了开始放弃理性地对"生命到底是从哪一刻开始的"的思考和讨论，而"支不支持堕胎"变成了一个人的政治标签和意识形态标签，并且标签不同的人根本无法彼此对话，这才是这个时代最可怕的事。然后，我们眼睁睁地看着最高法院沿着意识形态的分界线，对这样一个其实可以有很多讨论的空间的问题做了这样的裁决，这也是我觉得最遗憾的事。

在标准答案之外,让对话发生

庞:刚才正方说堕胎不光关乎胚胎的可能的生命,也关乎母亲对于她的人生的选择。我完全认同。

法律总讲相似性分析,比如说,我们不能杀掉一个脑瘫病人和我们不能堕掉一个胎儿之间是一样的,这个就是"pro-life"的论证。你作为"pro-choice"怎么解决这个问题?这个是我们要问的,这个是我们希望能有一些聪明人,能有一些国家的治理人,无论他是政客还是法官,我们希望他们能解释这样的问题。

我在赛前其实跟詹青云也有讨论,我觉得我们一直在把我们的思维限制在"生命是从哪一刻开始的"这个问题上,仿佛这个问题有一个标准答案,但对每一个人来讲,这个标准答案可能不一样。

比如你说一个人有自由不受他人干预的自由,这个时候我会反驳说:"谁说这是一个应该受保护的自由呢?谋杀它就不是一个应该受保护的自由,万一生命的开始,就是受精卵结合的那个时候,那个人不就是在谋杀吗?"

但如果你换一种说法,你说其实关于生命的开始本来就是没有共识的,它的答案是主观的,你作为某一些宗教的信徒这样看待没有问题，但是你不能把你的宗教信仰强加在他人身上。这样反对者可能就接受了。

所以这些对话我觉得是可以发生、可以尝试的，而不是把这个东西完全变成了一种政治化的、一种立场性的对峙，这个是我认为用隐私权保护堕胎权会产生的一种问题。

别让堕胎与否成为非私人决定

最后我想说用隐私权来保护堕胎权有可能产生的另一个潜在危险。也就是一旦把这件事情变成了一个私人的决定，它其实是忽视了其中非私人决定的部分。这非常像之前的辩题"生育是个人选择还是一个社会责任"的逻辑。

我们要知道，很多时候一个女性选择要不要把孩子生下来不完全是一个个人选择。比如有可能她要去堕胎是因为她缺少经济资源和情感支持，也有可能意外怀孕会让她成为母亲、会让她备受歧视，也有可能她成为母亲之后无法继续接受教育、无法继续发展自己的职业，等等。

所以你现在去逼迫一个女性把这个孩子生下来而影响自己的前途，和堕掉孩子后心理甚至可能会有一些不适、身体遭受到一些风险之间做出选择，这或许只是表面上的"选择"，但这不是她的自由意志，她是被逼到了一个两难的困境里面。

总之，我们不要以为把这个事情叫作隐私权，我们就给了这些女性选择。所以重点是我们要意识到如何提升男女平等的环境，如何保护女性，比如提供意外怀孕所需要的支持、比如完善对于男性和女性的教育，从而减少意外怀孕的发生；再比如，针对"生下来的孩子但没有能力养"的问题提供解决办法，等等。

我之前听到一个非常有趣的事，有一些作为"pro-life"的宗教信仰者甚至会承诺每家可以收养两个孩子，并将其视若己出，他们是真的在践行自己的信仰。

当然并不是所有反对堕胎权合法化的人都是如此，有些人就是站着说话不腰疼，不承担任何责任，把所有的责任都推到了怀孕的母亲身上。所以我们只有通过优化社会福利、产检、产假等社会制度，消除对于怀孕女性的歧视，营造支持女性、两性平等的生育环境等措施，甚至是改变厌女文化时，才能去打破这样一种僵局，这种僵局是，比如当男性离开了，你也没办法强制去验他的 DNA、强制让他对这个孩子负责，再比如有些时候女性不得不为了孩子付出身体上、精神上、情感上、前途上的代价。哪怕起因是男性的不负责，但怀孕后这一切要由母亲承担，甚至女性成了被指责的一方。最后，这种僵局把她的个人选择和胎儿的"生命"变成了一种对立。难道女性就愿意跟胎儿对立吗？是什么造成了这种僵局和困境？

什么时候我们能真正看清楚女性的困境、做到真正地尊重女性，才能够把女性从与胎儿对立的僵局中解救出来，无论到时候我们是用隐私权还是用其他的理由来保护。

第 34 讲

对弱势群体的优待是不是一种歧视？

这场辩论的题目是"对弱势群体的优待是不是一种歧视"。

詹青云是正方，认为这不是一种歧视；我是反方，认为这是一种歧视。

詹：首先，对于弱势群体的优待措施在世界各国都有不同形式的呈现，比如在美国这样一个有漫长种族歧视的历史的国家就有《平权法案》；在爱尔兰这样历史上有宗教纷争的国家，他的政府工作岗位就有一定的配额给罗马天主教徒。

而优待到底给不同的社会和个体带来了什么，一直也被反复地辩论。除了有民间层面上的,比如关于我国高考加分制度的讨论,也有国家层面上的,比如美国更有许多法庭辩论来讨论《平权法案》到底是否违宪。所以,对于有些已达成社会共识的或在法庭上被验证过的观点,我有必要先做一个背景介绍。

一般来说,支持《平权法案》的人,或者支持对弱势群体——无论这种弱势是性别上的还是宗教种姓上的,特别是种族上的——予以一定的各种形式的支持的人通常有两个论点:一是"往后看",二是"往前看"。

"往后看"的理由是:这一群人在历史上因各种原因遭遇过不公平的对待,所以社会有必要补偿他们失去的正义。不过这个论点有不少待商榷之处,所以对此法庭不太接受,现代社会也很少用这一论点来为优待政策辩护了。如果反方准备了这方面的内容,那她就白准备了。

我认为更理性的态度是"往前看",就是我们共同思考我们想要一个什么样的社会。以美国的《平权法案》为例,一般来说,优待黑人或一般意义上有色人种的政策通常被认为有一系列的好处,其中有很多也得到了美国最高法院的认同,比如推进种族的多元化更有利于实现一个融合与多元的社会。

社会中最重要角色应该开放给所有人

多元这件事为什么那么重要？首先，一个多元的社会能够拓宽一个人的眼界。比如，哈佛大学法学院每年都会招收一定数量的黑人学生，但如果它在录取招生时不考虑种族这一元素，就没有那么多的黑人能进入学校学习。而什么样的人更有可能考上哈佛大学？就是白人精英家庭或是亚裔精英家庭的孩子。他们在这样的学校里学习怎么样成为一名律师、成为一名法官。但当他们毕业工作时，他们可能要面对黑人社区的种种问题——而这是他们完全不理解的一个世界。

所以，有优待政策的保护，更多不同种族、不同性别，以及不同宗教信仰的人才能进入一个学校里学习，从而让学生提前学习和适应一个多元的，其实是一个更真实的世界。其次，这些能够进入美国顶尖大学的黑人学生，包括前段时间进入美国最高法院的第一个黑人女性法官，他们起到了一种榜样的作用，让这些社会弱势群体相信黑人的孩子通过奋斗将来也可能实现巨大的成功。它同时也在给社会传递一种信息：这个社会的机会是开放给所有人的。

美国最高法院最后一次认证这个问题是在2003年，也就是美国历史上的第一个女性大法官奥康纳尔在她主笔的一篇判决中，再一次确认了多元是这个社会当中非常重要的价值。

她当时面对的是密歇根大学法学院针对种族因素的录取政策，她说，我们不仅要向这个社会证明所有的机会是对所有人开放的，更重要的是，我们还要向社会证明一个社会中最重要的那些角色也是对所有人开放的。

当然，此类优待政策也受到很多质疑和批评。比如，"优待弱势群体是不是一种歧视？"这个辩题的问法在我看来是有问题的，因为"歧视"或"discrimination"的表达在英文里的原意仅仅指"区别地对待"，当然，优待也属于其中一种。但是我们现在用歧视这个词时其实暗含了贬义的态度，它至少体现在以下两种观点上。

第一，我们认为所谓的优待政策反映了某种刻板印象，或者说它是被刻板印象驱动的。比如，如果它不保证女性在公司董事会成员里的配额，女性就无法进入董事会；如果在大学录取时它不给黑人加分，黑人就无法凭借自己的努力考上名校。

第二，我们认为这些优待政策会反过来加深人们对弱势群体的歧视。比如一直以来攻击优待政策的人都声称自己受到了逆向歧视，认为它逆向伤害了一些无辜的人，或者它照顾到了一些并不真正需要照顾的人。

而我认为对《平权法案》最有杀伤力的一个指责，就是说它反而伤害了那些它本想要帮助的人。我第一次看到这个说法是在美国最高法院的黑人大法官托马斯一篇著名的对《平权法案》的反驳意见中。他认为针对这些弱势群体的优待政策会加深这个人群对优待的依赖。"我是黑人，我在招生时会得到照顾，所以我的 SAT 不需要考那么高的分，我不需要参加那么多的课外活动。"同时，它会加深人的刻板印象，认为这些人就是需要被照顾的，或者他们是因为被照顾才侥幸成功的。

但是这种反驳我认为很荒谬。因为你可以将同样的逻辑套用到任何一个对政府的福利政策的攻击上。为什么我们要扶贫？你是不是在鼓励那些贫困的人不去奋斗而依赖政府的帮助？你是不是在加深人们这样的印象——这些贫困的人需要政府的帮助才能脱贫？

有趣的是，在托马斯或以他为代表的这些攻击《平权法案》的人看来，他们是在反对一个家长式的政府。"我就是告诉你，我们不需要政府的这种父爱主义的照顾"。

可他们自己却是那种最父爱主义的人——因为所有的调查都显示，受到《平权法案》照顾的人都很欢迎和支持《平权法案》；而托马斯这样已经成功的人却告诉他们"你不需要被照顾，你可以靠自己奋斗"。

最后我想问一个很简单的问题，如果你认为所有针对弱势群体的优待都是一种歧视，那是因为出现在我们脑海中的弱势群体往往是女性、黑人、或生活在缅甸的穆斯林等这类敏感的、有争议性的群体。但是这个社会真正需要被照顾的群体是穷人，为什么从来没有人质疑政府扶贫的政策是一种歧视呢？

庞：在立论前我先讲个故事。我们公司有一个强制性的关于工作场所行为准则的培训，其中有一个题目是这样的：假设老板手上有一个强度非常大的短期项目需要找一个人来做。通常她的首选是张经理，但张经理现在怀孕8个月了，虽然在休产假之前张经理有足够的时间把短期项目做完，但是老板非常犹豫，因为她自己也是女性，也怀过孕，她知道怀孕8个月时还要坐飞机出差、加班赶进度、承受工作压力有多么的累。于是，她觉得自己作为老板要对下属的健康负责。所以她出于关心甚至是与张经理感同身受之后，决定另选他人。

然后题目是："这个老板可以跳过张经理考虑下一个人吗？"这个题我答错了，正确答案是不能跳过。

首先，怀孕是一个非常个人的选择和体验。因为要照顾孕妇，所以就直接剥夺了她选择事业的权利，这就是一种歧视，不应该如此。说不定张经理非常想做这个项目，或者她刚好到了升职的关口，而这个项目对她来说非常重要。我们不能以优待和照顾为名，剥夺她的机会。

另外，有显性的歧视，比如因某个人具有某项特征，你就对他不好。但也有隐性的歧视，比如一些看上去无害甚至是优待的做法、规则、要求、政策，实际上会对某个群体产生大过其他群体的负面影响，即便它的初衷是好的。如何定义群体？年龄、国籍、性别、种族、性取向、婚姻状况、出生地、是否患有残疾、是否怀孕，甚至政见、肤色、宗教信仰、社会阶层等维度往往都可以被用来划分群体。而比起对穷人或残疾人士的优待，黑人和女性的情况显然更具有争议性，所以下面我会回应正方关于黑人的问题，然后把重点放在性别问题上。

对女性的保护很可能是一种温和的性别歧视

我的第一个论点是,对女性的保护很可能是一种温和的性别歧视。

我先声明,我并不是在指责某个人在性别歧视的事实,也不是说保护女性的人的出发点是坏的。我相信绝大多数保护和优待女性的人的出发点都是善意的。

其实,性别歧视是一种非常特殊的歧视,它的内涵和形式要更加复杂。因为两性彼此亲密的程度是任何其他彼此抱有偏见的群体都不曾经历的。它蕴含着一种矛盾感和暧昧性,而并非单纯的对女性的贬低和嫌恶。

而我想在此提醒大家,思考一下对女性的优惠、保护或照顾可能产生的负面效果。学理上有个词叫 Benevolent Sexism(善意型性别歧视),它与 Hostile Sexism(敌意型性别歧视)是不一样的。后者往往更符合我们对歧视的惯常定义,因为它歧视、贬低女性,甚至对女性带有敌意的情绪,并且会导致限制女性的社会地位的行为,从而巩固了男性在社会结构中的权力。但前者不同,它虽然在主观上对女性抱有正向的情感,倾向于帮助和保护女性,但实际上,它是以性别刻板印象和固定的性别角色去看待女性的，它把男性定义为资源供应者，而女性是依赖者。或者说，善意型性别歧视可以被类比为"骑士精神"，往往体现在男性非常绅士、坚持女士优先，等等。而且有研究表明，女性对于抱有这样态度的男性的好感度整体也更高——这很符合正方刚才说的，没有一个受优待的群体会认为这种优待不好。

但这个糖衣炮弹的本质究竟是什么？我们经常听到这样一种说法："某人怎么能这样呢？更何况还是对一个女生。"我们的确需要结合语境来理解这句话，比如，公司里有些重要而艰难的工作，就是因为有人觉得女性比较柔弱、女性不适合风尘仆仆、女性不适合在一线风吹日晒……因为这些所谓的"对女性好"，有多少女性被挡在了重要而艰巨的工作机会之外？我也听过这样的言论，有人批评资本家时总会开玩笑说："雇主把女人当男人用，把男人不当人用。"在此，我不是要上纲上线，我只是想提醒大家多去挑战那些容易被我们忽视的、无意识的偏见。

在当下这个世界，权力来源于工作，无论是能力还是收入都决定了你的话语权和经济、社会地位。当今的现实社会变得更美好的地方在于，需要智商和情商的脑力劳动机会变多了。而在这样的情况下，我承认男女有生理上的差别，但我个人认为在影响经济和社会地位的现代工作上，这些生理差别能够产生的对于表现的影响微乎其微。而且就算是拼体力，除了生理因素，还有太多其他的因素会对此产生影响。比如是否锻炼、家庭遗传、生活习惯、个体差异，等等。所以综合起来看，我们不能得出凡是男性就比女性更擅长和适合加班的结论。

曾几何时，世界上女性连受教育的机会和程度都受到严重地打压，但是在过去的几十年里，这个状况已经改变了，虽然在一些低收入国家中男女受教育程度差别还是很大，但是在中等收入和高收入国家，女性的受教育程度，甚至在很多其他方面都已经超过了男性。哪怕我们用2011年的数据：在中等偏低收入国家的受高等教育人群中，女性和男性的比例是11∶10；在中等偏高收入国家里受高等教育人群中,女性和男性的比例是14∶10。另外，2009年美国高收入职业中的女性所占的比例就超过了男性，达到了51%。在我国，虽然受九年义务教育的女生的比例低于50%，但是到了高中阶段和大学阶段，女生数量就反超了，占到一半以上。

但是受过教育和学习成绩好，并没有被转化为在职场上的权力和地位。比如很多工科毕业的女生就业就受到限制，临床医学、航天、航空、计算机等专业都是女性找工作的"重灾区"，因为要"保护女性"，所以脏活、累活不能给她们干。就国际范围上来看，受教育乃至进入高收入的行业的女性比例，也没有被转化为在国家领袖位置上的女性比例。无论是在政界还是商界，女性在职场上的爬升都是非常吃亏的。这种吃亏有的来自敌意性的性别歧视，但同时有一部分也来自善意性的性别歧视——因为优待女性，就认为女性不应该做脏活、累活，就把女性从艰难的工作中"解救"出来。

善意型的性别歧视还有另外一种表现形式，叫作"Women are wonderful effect"，即认为女性是好的、善良的、更具有同理心的，适合从事照顾性的工作，甚至只适合从事照顾性的工作。但现实并非如此，当一个人仅仅性别为女，我们就想当然认为她没有野心、只能和善、无法给出也无法接受负面评价时，我们其实就是在剥夺她的机会，这就是性别歧视。

而且，当有些女性真的做到了上述行为时，她也不再符合人们心中"骑士——公主想象"中的公主形象，而那些维护骑士和公主的分工的人，就会对她们产生下意识地反感，这也是性别歧视。

优待是对抗系统不公的一种必要过渡

詹：我完全不反对反方刚才讲的内容和数据，但我认为她跑题了。因为她讲的都是有关刻板印象，而不是一种系统性的优待。其次，她举的例子本身就是歧视。女性不能报考航空航天专业，这叫对女性的优待吗？这就是歧视。歧视就是歧视，哪有什么好辩论的？

对于刚才的背景介绍我再补充一点，在美国的法律体系里，所有的以某一个身份特征，无论是性别、性取向，还是种族、国籍、宗教信仰，以这些身份特征而进行区分对待的政策，都会被法庭严格审查，看它在这时是否应该构成一种被优待的特例。我刚才只讲了种族而没有讲女性的原因就在于，女性问题和种族问题是非常不同的。而反方认为的"优待"其实也可以被分为两种：一种是为了加深既有的两性分工的刻板印象，这不叫优待；另外一种则是为了对抗这种刻板印象而存在的优待，这是我们所期望的形式。

以一个著名的案件为例：美国有一个精英化的军事学

校不招收女性学生。当时金斯伯格大法官最后主笔的判决就是：你不能以性别作为门槛，你可以要求所有的女生去考和男生一样难度的考试，能通过这个体能考试的人——不管男女——就有资格进入学校。这才叫平等对待，但这不是优待。不让女生去考男子的学校，这是限制，即便有些人用话术把它包装为一种优待，但它本质上仍是一种歧视。

再回到这个问题，女性问题和种族问题为什么不一样？我们在一般意义上谈的各种弱势群体之所以成为弱势群体，很大程度上是因为他们本来也是少数群体，比如我国的少数民族，所以要得到一定程度的优待。但女性在这个社会当中（中国可能是一个显著的例外），比如美国社会中女性的总数比男性多，我们该如何解决一个人口占大多数的人群反而被当作弱势群体的问题？

所以美国的法律讨论和归纳出了一个新的弱势群体，即"女性"这个概念并不是铁板一块，也并不是所有女性都认同女性主义，或有对抗传统意义上的性别分工的平权主义视角，所以，真正被保护的弱势群体是这种视角。

而法庭的辩论已经反复确认了这样一点，即所有加深性别刻板印象的区别对待都被法律禁止，因为它就是一种性别歧视。即使它是基于性别而做出的优待政策，但它在反抗传统性别分工，这种政策应不应该被法律允许？这是唯一被辩论的问题。举两个例子，第一，比如在美国法律的历史中，一对夫妻离婚了，其中女性可以自动获得抚养费。但即使情况是这个男性依赖女性而生存，他不能自动获得抚养费，他需要先向法律证明。这件事后来被告到了最高法院，因为有人觉得这构成了对男性的歧视——但这实际上也是对女性的歧视，因为它认定在两性的性别分工中，男性是挣钱养家的人，女性是依赖男性生活的人，所以它被当作同样针对女性的性别歧视而否认了。

第二个例子是，前段时间日本东京宣布它准备步欧洲国家的后尘，在东京上市的公司中，其董事会成员要保证一定比例的女性配额。而这件事在法律上其实是有争议的。比如，2018年，美国加利福尼亚州通过了一个法律，它要求在2019年之前，每一个在加利福尼亚注册的上市公司的董事会里面都保证有一名女性。后来它又进一步扩展了这个要求，如果这个董事会有5名成员，那至少要有2名是女性；如果有6名或6名以上的成员，那至少要有3名是女性。这个政策在加州已经得到了实行，但是它被告了，因为这种针对女性而设计配额的做法被认为是一个性别歧视的法案。

而有些人认为，为什么你需要针对女性而设计配额？就是因为你默认了女性能力不足。而这种优待，它的确对抗了传统的性别分工——它鼓励女性走上管理岗位，但它是否仍然构成了歧视呢？

我认为这个问题的关键在于，这个社会是不是包含了既有的系统性的不公，而这个优待政策能否修正这种系统性的不公。

不同的针对女性的优待政策会给人带来不同的观感，比如"女性停车位"的设置是不是一种对女性的歧视？我们的第一直觉很可能觉得是，你凭什么默认一个女司机的停车能力一定不如男司机？为什么要用性别来作为区分？再换一个例子，假设有一个社会规定其人大代表必须包含一定比例的女性，或在很多欧洲国家，政党提名时必须包含一定比例的女性候选人，为什么这个例子就不会给人带来那么强烈的冲击或反感？

因为在"女性停车位"的例子里，女性根本就不是弱势群体，对此也没有任何科学能证明。这种"弱势"是被臆想出的，是刻板印象带来的，它也并不存在一种系统性的不公。但参与执政或公司管理的领域中却有这种系统性的不公，它是被传统性别分工的历史长期塑造出的。

所以，就像反方开始所说，为什么接受过高等教育的女性在人数上已经超过了男性，但能够走上社会的实权岗位、成为有决策能力的女性仍然极少？正是因为有这种系统性的不公，而这是可以通过优待政策去修正的，在我看来，这不是一种歧视，而是一种必要的过渡。

最后，因为针对女性而设计配额就真的表示女性能力被默认为不足吗？这里的问题是，你认为配额的设计预设了女性能力不足，这一观点的前提是你预设了从村委会到公司董事会的构成评估的完全是能力，但这不是真相。

当加州要求董事会成员要包含一定比例的女性的法案通过后，大部分上市公司遵守了这一要求，而女性在董事会成员中的占比，从当年的17%立即升到了将近30%。还有一个调查发现，在这个比例被修正之前，股东对女性董事会成员的满意程度要显著高于对男性成员的满意程度；而在这个比例被修正之后，股东对于男性和女性董事会成员的满意程度基本一致。

这说明什么？这说明在从前没有优待政策的世界里，一个女性想要成为董事会的成员，她必须是一个比其他男性成员更有能力、更能得到股东支持的人，她要克服性别这一障碍才能实现。这也说明从前这个社会里的权力分配、国家干部的职位分配，以及公司董事会成员的分配依靠的并不完全是能力，它有一种系统性的歧视，是历史遗留下来的问题。所以我们今天才用优待政策去修正它，这种修正的意义仅仅是在给那些有能力的人一个机会，而她们也证明了她们可以胜任。

而这又回到了我的立论，给予这些人机会的意义就在于我们能创造一个多元的世界、一个多元的管理环境，比如有女性的干部可以倾听女性的声音的环境。而这些成功的女性也在传递给更多的女性这样一个信息：这个社会的机会向所有人敞开，这个社会的重要角色的机会也向所有人敞开。

总之，你认为针对女性设计配额是因为不信任她们有能力，因此是对她们的一种歧视？还是你像我一样相信，这是在给她们一个机会去证明自己？最后我想问反方，第一，你相不相信这个社会上既有的系统性的不公需要用优待政策来修正？第二，你相不相信一个人得到了机会，她就有办法、有可能改变人生？

庞：我可以正面回应你，第一点，我不支持用修正性的优待来解决历史问题。第二点，你说的这种做法我也不支持，因为通过这样的手段得到位置的人，她们很难让别人相信自己的能力，也就从根本上无法消除来自他人的偏见。

我在本书第一章中提到社会可能有的三种状态：平等，公平和正义。就像你认为修正性的优待再好也是因为我们最终追求的还是一个消除了系统性歧视的社会、一个正义的社会，在那个社会里我们不需要优待谁。而在你看来，由于我们现在还无法实现这种社会状态，所以我们要对一些历史上受到委屈的人提供补偿性措施。并且这是一个过渡阶段。同时，它还能给弱势群体机会展示其能力，从而进一步消除偏见。

优待政策也可能加深群体对立

我认可这种逻辑，但我对它在现实操作层面上会产生怎样的利弊没有多少信心。比如针对黑人的《平权法案》受到了非常多的争议。的确，就像你说的，这个社会更多元了，但"多元"是这个政策本来要解决的问题吗？不是，本来要解决的是少数族群的平权问题，这个问题被解决了吗？我认为没有明显的证据表明它被解决了。

比如在美国，黑人的社会地位究竟有没有得到整体提升？社会上的多数群体对黑人的能力的看法到底有没有改变？黑人和多数群体的关系到底有没有变好，有没有达到预期的水平？而究竟有多少这样的改变是与《平权法案》有因果关系的？你根本不得而知，因为没有人能做出这种结论。

盖洛普2018年的数据显示，美国有59%的黑人认为白人和黑人的关系是"差"，皮尤中心2021年的数据显示，只有两个行业有超过半数的黑人认为它们是欢迎黑人的，也就是体育和音乐；只有25%的黑人认为律师这个行业是欢迎黑人的，只有17%的黑人认为商业领域是欢迎黑人的。所以，是否只要黑人有了更多的机会，他们的社会地位就能得到改善？很遗憾，我没有找到相关的历史数据，我也看不到这种变化。

我承认社会现状是由复合原因造成的，我并不是说这些弊端都是由《平权法案》带来的，说不定没有《平权法案》情况会更差。但我们不能在没有证据的情况下就认为《平权法案》足够好、我们应该认可这样的做法，并把这种逻辑套用到其他弱势群体上。

优待政策并不能解决系统性的不公，因为它只能在一些特定范围给予优待，比如大学录取，但它有可能带来群体之间的竞争和负面情绪，等等。所以整体上很可能是得不偿失的。比如在美国的低收入家庭中，黑人家庭占比较大，而许多调查孩子的学业表现与童年环境的相关性的研究显示，低收入家庭与学业表现有很强的负相关；但也有人认为黑人单亲家庭和孩子的学业表现有很强的关联，甚至也有研究认为这二者没有直接关系，等等。总之，黑人的社会经济地位是一个非常复杂的历史问题，仅仅降分录取就能解决这一问题吗？不好说。

会不会正是因为有了降分录取，人们反而觉得"我们已经在解决了"，从而把一个复杂的问题简单化，而放弃想出更复杂的解决方案。甚至有些非黑人群体还会产生负面情绪，认为"你分数比我低，你能进医学院，我进不了，你还要怎样？"

这就是优待政策带来的负面影响，假设我们争取平权的方式是所有大学录取招生官看不见学生的种族、性别、性取向，那大家就都是战友；可如果这个方式是设计配额、对某一群体降分录取，那竞争就这样被创造了。我用地域歧视做个类比。如果今天我呼吁的是不应该以地域来判断一个人，不应该认为北方人就是粗心、南方人就是斤斤计较，这种呼吁能让所有人都获益；但如果我呼吁的是让河南人报警校时能加分，让东北人报芭蕾舞专业能加分，这大概率会加深人们的矛盾和对立。

皮尤中心2019年的数据显示，有78%的黑人认为美国这个国家为黑人平权做的努力还不够，但只有37%的白人也这样认为；有50%的黑人认为在这个国家，黑人永远都无法获得平权，而只有7%的白人也这样认为。我从这个数据中至少读出一些潜在的种族对立的风险，这会不会是以优待政策解决这一问题时带来的无法避免的负面效果？

优待政策也可能固化刻板印象

另外，我认为补偿性的优待政策反而会固化刻板印象，影响人们对少数群体的能力的看法。在我看来，要从根本上解决群体不平等的问题，其实人与人之间如何相互评价是至关重要的改变，而不仅仅是一个多元化的问题。

比如即使黑人当了医生，这代不代表社会上除黑人以外的其他种族的病人就会尊重黑人医生？这很难说，或许正是因为有优待政策，哪怕有黑人能身居高位，他也不能够破除"黑人能力差"这一刻板印象,所以他们就还需要优待政策的补偿,而这就变成了一个无法打破的闭环。

最后再来回应有关针对女性设计配额的问题。2003年,挪威出台法律要求上市公司的董事会成员将女性成员的占比迅速提升至不低于40%,但当时的普遍情况是女性只占9%。而为了在短期内"凑数",许多公司让一些不合格的女性也当选了。因为在系统性歧视之下,女性在职场的每一步晋升都吃亏,整个晋升的金字塔里的女性都很少,怎么能一下子找出那么多直接能做董事会成员的人呢?几年后的研究显示,这一规则让一些公司的董事会变得更没有经验,让其股价在短期内受到了负面影响。在这种情况下,社会对女性的评价会是"你们真有能力",还是"你们在滥竽充数"?所以,以优待政策来消除系统性偏见,真的是一个好的方式吗?

詹:我承认《平权法案》的论证有一个永恒的难题,就是它的结果很难被量化。但有一个非常直观的数据是,目前美国有一些州已经禁止了《平权法案》,比如密歇根州在2006年废除《平权法案》之后,该州黑人学生的录取比例就直线下降,到2022年已经不足10%了。《平权法案》曾经给过一些人机会,而现实是这个机会正在逐渐地减少。

刚刚反方提到,一些来自弱势群体的成功者特别担心别人质疑他的成功,就像黑人大法官托马斯不停地说我考上耶鲁法学院不是因为《平权法案》的帮助,我是凭本事考上的。这种担心叫作 over compensation,也就是你帮助了一些本来不需要帮助的人。可是他们为什么不想想那些真正需要帮助的人,那些 under compensation 的人呢?

另外,反方说到优待政策会固化对弱势群体的刻板印象,我认为这种固化的确存在,但这种固化的问题出在哪里?为什么你认为某个同学是靠高考加分政策跟你上了同一个大学,所以他能力肯定不行?因为你没有想过每个人出生的环境、每个地方的教育资源的差异有多么大,每个人取得成功所要克服的困难有多么的不同。你以为所有人都在同一条起跑线上,这个同学明明没有跑到终点,是"政策拉了他一把",所以你瞧不起他。很明显,这种固化是人的问题,不是政策的问题。

坦白说,在去哈佛大学读书之前,我对黑人也有刻板印象,我认为我们这些中国学生得考很高的分才能被录取,而这些黑人同学应该都是加分进来的。但当我遇到了非常优秀和聪明的黑人同学，我才发现并非如此。种族和种族之间的差异，大不过人和人之间的差异。每一个族群当中都有优秀的、努力的、聪明的人，但每个人要克服的困难却完全不同。

另外，我承认反方说的，即便今天有越来越多的黑人当上了医生，也无法立刻改变人们对这个人群的看法，这需要时间。但你总得等这个社会中有了相当一部分的黑人医生，也许有一次你接受黑人医生的治疗时发现效果很好，这个印象才会被逐渐改变。的确，《平权法案》还没有完全改变人们心中的刻板印象，但如果这个印象是能够被迅速改变的，它就不叫刻板印象了。

而且我们对《平权法案》的想象似乎很夸张，以为哈佛大学、耶鲁大学都被黑人占领了，其实不是。2022年，哈佛只有11%的黑人学生，而耶鲁2021年的数据是6.5%。你总认为这些人是被"拉了一把"才能被录取，所以他们应该比不过那些白人学生。但真实数据是，在哈佛，97.4%的黑人学生能顺利毕业，98.8%的亚裔能顺利毕业，这一差别并不大。事实证明，只要给他们机会他们就可以做到，而恰恰很多人、很多族群缺少这个机会。

世界是一步一步变好的

最后我想说，所有的优待政策都声称自己是一个"sunset policy"（日落法案），它是一个过渡的法案，它最终的目的是让这个法案不再被需要。举个例子，有人问金斯伯格，"你觉得最高法院要有多少个女性大法官你才觉得够了"？她说，"9个"。她为什么这么说？因为只有当有一天你不去数她是第几个进入最高法院的女性大法官时，当人们对女性也能进入最高法院这件事见怪不怪时，才是真正"够了"的时候。

当有一天来自农村的学生也能顺利地考上好学校，人们不再把农村同学当作是大学多元化的体现，而是这一切都很正常：有人来自农村，有人来自城市；有人是黑人，有人是白人；有的是男人，有的是女人，这才是我们所期待的那个世界。

可是这个世界要从哪里开始？它不能从零开始，它不能从现在你就把眼睛闭上，说我看不见性别、种族、城市和乡村的差别开始。你不得不承认，当大家的起跑线不同时，如果你看不见这一切，他们可能就永远也没有机会被你看见。

我承认这种政策是不完美的，在上述挪威的例子中，40%这个标准设置得可能并不完美，但问题是这个社会该不该努力先去画一个线，然后在探索中找到正确的线，从而让有一天我们不再需要画这个线？与之相关的例子在欧洲其他国家也有，它推行针对女性的管理层配额制度还带来了一个意想不到的改变，即女性参与竞争管理岗位的意愿也上升了。而有社会分析认为，因为女性在传统的社会分工和自我认知里，是不太愿意和男性竞争的。但有了配额后，我现在只需要和其他女性竞争，那我就有了更强烈的竞争意愿。之前还有研究认为，在女校长大的女孩因为她周边身边的竞争者也都是女孩，她就更可能选择那种传统上被认为是男孩更喜欢的科目，比如工科、理科。

总之，反方说的是一个理想的现实，一个"color blindness"的世界。但在走到那个理想世界之前，这种系统性的不公和历史遗留问题作用在人身上更多的是观念和意识。我们若不提供这种机会拉她一把，她就不会迈出这一步。反方不接受一个不完美的解决方案，她想要一下子走到完美的世界，而我的理论是一步步地实现改良，就像女性争取投票权的过程那样。总的来说，历史告诉我们的是要一步一步地去争取成功。那些理想主义者描绘的是未来世界的蓝图，她们没有错，可是这个世界是一步一步变好的。

直接要求性别平等更有利于平权

庞：关于挪威的例子中，40%是不是一个完美的标准这一问题，我认为这与数值多少无关，而关涉一个本质上的观念，即我们是要直接地追求性别平等，还是间接地经过优待政策接近性别平等？

比如，我们今天不去设置一个性别配额，而是去设置一个相对能掩饰性别的面试或选拔机制，比如HR筛选简历时把名字盖住（因为名字往往能体现性别），或者把毕业学校也盖住，不然总对名校毕业生有一定的偏向。而是就看这个人的工作经历、面试的表现。再比如，能否加重笔试的比重，无论是回答如何解决某一案例、还是提出有关公司未来发展的观点时，用打字的方式回答，而不是面试。或者能否用AI变声，让HR无法通过声音判断出性别，等等。总之是用一个平等的方式尽量消除对女性的负面偏见。而在这样的情况下，无论最终是有20%的董事会成员是女性,还是甚至有50%、60%的可能,这些人都能挺直了腰板说,"我们就是有这样的能力,而不是靠补偿或优待,我们一切的成绩都能够证明女性很有能力做管理层"。我们能不能选择这一条路?可能这更艰难,但却是我当下想要推动的。

刚才正方提到,美国有一些州取消《平权法案》导致了大学里黑人学生的比例下降,但这一结果对于平权的目标来说,是不是就一定是坏事?如果黑人录取增多但被社会整体认为能力不行,和黑人录取减少但被社会整体认为有实力,究竟哪一个有助于改变对黑人的刻板印象、改变他们的社会地位?这个也是一个可争论的问题。

正方还提到大法官托马斯的例子,我认为她的解读有些恶意揣测,或许我们还有其他的解读。举个例子,我最近刚从公司内部调职到美国,我觉得我就属于绝对少数的群体——我是个女性、亚裔,不仅如此,我还不是在美国长大的亚裔,我是一个中国亚裔。但在这边遇到的人对我都特别友好,而且对我工作表现的评价也很高。有时我也会纳闷,因为我们公司招的这些人都很政治正确,所以他们赞美我时,我会对自己的能力有所质疑,因为能力有时并不是一个能用客观标准评价的东西,其中也有很多主观性和不准确性的存在。

我究竟是不降分也能被录取，还是只有降分了才能被录取？当我自己都不清楚这件事时，在下一个我可以争取更好的事业上的机会时，我有没有可能会认为，我能走到今天，都是因为降分录取，都是因为对女性的优待，因为对少数族裔，对外国人的政治正确，等等，我会不会对自己的能力都不信任了？

会不会有很多黑人小孩被选去做很多事的时，他都不会因为自己被选中了而真正地相信自己的能力，而在之后的人生中，当他需要有自信去接受更大的挑战时，他会不会迟疑？大法官托马斯有没有可能是替这些人感同身受，所以才反对《平权法案》？难道他一定是因为自私吗？我认为不一定，他或许在设身处地地为这些黑人小孩着想。

回到性别问题上，我认为强调因为女性在历史上或有些方面吃过亏，所以我们现在要优待她们——这个故事太难向整个社会说清楚了——最终会变成我们之所以优待女性，是因为女性比较弱，所以她们需要优待；因为对女性降分录取了、因为女性科学家是被降低标准招进来的，所以她做的研究我都认为不可信。

我们对女性进行一些补偿，这个在初衷上和逻辑上都是好的，但它在操作层面上带来的弊端可能会大于它带来的好处。而如果我们今天选择一条更艰难的路——我们就是要求男性和女性平等，我觉得能更有效率地让社会中更多的女性获益。

我这个逻辑和"应该如何看待彩礼"有些类似。有些支持彩礼习俗的女性主义者认为，既然女性在婚姻中是受压迫的一方，那就应该通过获得彩礼来补偿。但另一种思路是，与其进入一段不平等的关系，再靠彩礼来补偿这种不平等，不如不要彩礼，而是坚持平等在关系中的重要性，确保找到一个打心底里认同男女平等的人才结婚。无论是工作、还是家务，夫妻双方都应该有相对平等的分工，不能理所当然地认为女性应该承担家务，以及对老人、小孩的照护义务。这两个思路，哪个更有利于推广男女平等？

我认为，优待往往不是对性别歧视的矫正，它甚至可能是产生性别歧视的原因。如果你认为女性需要补偿，在一些人看来，这就意味着你先承认了"男女的能力不一样"，也就进入了恶性循环。因此，不如直接从根源上强调男女没有实质性的不同，这是能更直接和清晰地去改变刻板印象的途径。

但这不是一种对女性的道德绑架，我依旧认为还有很多女性在面对很多系统性的不公,从而需要补偿,我并不是在这里做一个大胆的"一刀切"。我只是想给那些认为自己可以在某些方面——比如工作表现、职场晋升上——和男性直接竞争的女性鼓鼓劲儿。世界是复杂的,我们需要判断什么时候我们被环境束缚,因此需要摇旗呐喊,什么时候我们有足够的主观能力可以冲破环境的束缚去绽放,不一定需要大环境先被彻底改变。

波伏瓦在《第二性》中写过这样一段话:"男人的极大幸运在于,他不论是在成年还是在小时候,必须踏上一条极为艰苦的道路,不过这是一条最可靠的道路,女人的不幸则在于被几乎不可抗拒的诱惑包围着,它不被要求奋发向上,只是鼓励滑下去达至极乐。"另外一句话是女法官金斯伯格说的:"我不求女性能够获得什么额外的好处,我所求的仅是让男人把他们的脚从我们的脖子上挪开。"

我是一个80后,我成长在独生子女的时代,我其实觉得生活在独生子女时代的女孩子是幸运的。作为家里唯一的孩子,我们在孩童阶段和求学阶段获得的教育资源和来自父母的期待,很多时候和男孩子获得的没什么两样。只是当我们进入社会后,就会被念叨"女性进入婚姻,人生才是完整的""我们需要辅佐丈夫、养育孩子、照顾老人""事业不需要太成功","女强人"这个词甚至略带贬义。对于一部分女性来说,我们足够幸运,我们有不错的基础,所以我们需要的只是平等的机会,我们不需要优待。只要给了我们平等的机会,只要把脚从我们的脖子上挪开,我们就能够变得优秀、持续闪光,成为这个社会上的顶梁柱。

第 35 讲

《平权法案》被推翻，我们有可能"看不见"肤色吗？

2023 年 6 月，美国最高法院裁定哈佛大学和北卡罗来纳大学种族"平权行动"招生录取政策违宪，在美国存在了近 60 年的《平权法案》被推翻，这意味着美国大学录取不再考虑种族的因素。延续上一讲，我和詹青云再次展开了讨论。

这一政策曾多次被挑战过，法院曾经的回应是，这并不是对历史错误的补偿，而是为了帮助大学满足对学生群体"多元性"的需求。最高法院的大法官奥康纳尔也曾说这只是一个阶段性的措施。现在这一政策被推翻了，以 6∶2（杰克逊大法官申请了回避，他是哈佛监事委员会的成员，有利益冲突）的票数反对了哈佛的招生行为。

也就是说，由共和党推上去的6个大法官都赞成推翻《平权法案》，而由民主党推上去的2个大法官反对推翻。

代表主流观点的首席大法官小约翰·罗伯茨（John Glover Roberts Jr.）认为，当时美国宪法第十四修正案想要实现一个"不看肤色"（colour blind）的美国。也就是不管何种肤色，所有人受到的待遇是相同的。他认为，当下美国社会已经不存在或极少存在系统性的歧视，所以现在可以给每个人以相同的衡量标准和待遇。但反对意见认为，当下美国社会关于种族的系统性歧视依旧非常严重，我们仍然需要补偿性措施。

詹青云是正方，将从赞成推翻《平权法案》的一方来论证；我是反方，将从反对推翻《平权法案》的一方来论证。

任何以种族为标准的区别对待都值得被重新审视

詹：我俩在这个话题上立场其实比较接近，我很难真心地站在保守派这边，认为推翻《平权法案》是一件对的事情，但我也能接受他们提出的很多反对意见。为了实现辩论的效果，我决定"牺牲自己"，站在赞成推翻的一方来替他们说话。

以前在法学院举行模拟法庭时,我就抽中过罗伯茨。他有一个非常显著的优点,就是写东西写得特别明白,所以代表他辩论就比较容易,不像其他大法官本来就写得云里雾里,更别说要代表他辩论了。不管怎么说,罗伯茨大法官这篇判决意见写得非常大气,一点都没藏着掖着。在实行判例法的国家,最高法院的判例本身就会成为法律,也就是说,罗伯茨在判决意见中写的每一句话都可能成为将来被引用的法律本身。但这篇判决意见读起来"非常惊悚",因为对于一些具有争议性的问题,大法官写的判决意见通常比较保守,或仅针对事件本身。但是罗伯茨这次的判决意见写得非常宽广,简直就摆明了要反对《平权法案》这个概念。

在他的判决意见中,除了前面事实陈述的部分,在法律讨论的部分里,他几乎回溯了美国司法历史上对《平权法案》这个概念本身的讨论。他在判词里用了一些非常宽广的语句,这些语句,可想而知,会在将来很多案子里被来回地引用,比如他说消除歧视就是要"eliminate it all(消除任何形式的歧视)"。这个范围可就大了,不只是大学录取招生,包括公司是否还要推广多元化的雇用在内的所有由《平权法案》引申出、并在美国已经被奉为一套社会运行的基本原则的一系列政策都会受到挑战。但《平权法案》不只是一项针对少数族裔的运动，它针对的其实是社会上任何一种少数群体，所以它在过去大部分时间内也被用来争取女性的平等权利，如果将其推翻，的确是一件很大的事。

因为语言本身就是武器，用这么宽广的词句来写判决意见，就是在为任何形式的挑战打开一扇门。双方的判决意见都提到，有时以性别为标准进行的区别对待是为了一些社会利益（social positive），但罗伯茨直接写道，历史给我们的教训是很多时候应该从社会利益出发，但以种族、肤色为标准进行的区别对待最后带来的都是灾难性的后果，类似"自由，多少罪恶假汝之名以行"的意思。我认为，他说到这儿已经是非常明显地在暗示，任何以种族为标准进行的区别对待都值得被重新审视，而这种勇敢，首先我是赞成的。

现在是否已到《平权法案》该消失的时候？

我先说代表罗伯茨的第一个论点。刚才对方也提到，

2003年奥康纳尔说这是一个"夕阳法案",只是这个社会所必要进行的过渡,但我们最终的期待是它会消失。所以我们就有必要问一个问题:现在是否已经到了它应该消失的时候?我认为一种有意义的回答方式,就是回头看看是怎样的社会条件催生了《平权法案》,从而我们要用这样一种形式来实现种族的平等。

《平权法案》这个概念,尤其是针对种族的《平权法案》,早在南北战争之后就被提出来了。在美国最初建国的两百年里,大量黑人被贩卖到美国,他们只能作为奴隶在种植园里劳作,没有其他的生存技能,没有任何的社会资本。所以没有一定程度的支持,他们真的很难独立生活下去。这不是他们的错,是真实的社会历史条件造就的结果。当南北战争解放了黑人、废除了奴隶制后,很多一夜之间获得了自由的黑人却都选择回到种植园。为什么?因为他们没有其他的生存技能,所以当时就有人提出所谓"四十亩地一头骡"的计划,也就是给每一个成年黑人分配四十亩地和一头骡,让他们能够独自生活下去。这就是《平权法案》被提出的时代背景。

我们要为这一种族提供一些优待,这在当时的语境下是可以理解的,因为他们作为一个族群,真的有一段属于这个集体的受到压迫的历史。这个历史就是他们的过往经历、生存状况和现有技能，这是以族群来定义的，不是以个人来定义的。

可自南北战争至今已经过去了近两百年，今天的美国社会和当时已有了显著的差别，我们很难再用一个族群的共同的生存状态、现有技能和社会资本来定义这群人了。这个族群内部也已发生了显著的分化，有的人成为了中产，有的人成为了精英，有的人还住在贫民窟，这中间有许多不同的个人选择和个人经历。我不是想要指责有的人不够努力，我只是说，我们今天已经很难再用肤色来区分出一群人，因为这个族群已经分化成了许多个体，这时如果再以肤色为区分手段来提出优待性的政策，就是在加深这种肤色被预设的刻板印象，认为只要是这种肤色的人，不管他们在过去两百年做了什么样的选择和改变，都仍然需要社会的优待。

总之，第一，我认为这个条件已经不成立了。

第二，为什么在过去近两百年里，我们一直要用《平权法案》这种方式去积极地要求社会的各种团体予以黑人优待？因为历史观念中偏见的力量真的非常强大，在美国漫长的历史中，大公司真的不愿意雇用黑人、好学校真的不招收黑人学生,一直到艾森豪威尔当总统时——你可能听说过小石城事件——他需要派国民警卫队用枪去护送黑人学生进学校。那时种族之间的隔阂是非常深的,不用强制性的手段,不用配额的方式,学校真的可以做到"纯白",不肯招收黑人。

但今天我们所面对的社会现实显然已不是这样。当年是法院说"你们这些学校必须结束种族隔离,适当招收黑人学生",而今天原告和被告已经颠倒了,变成大学说"我真的很需要用这种方式多招黑人学生",而法院说"你不可以"。当年法院要求的是"你只按学术表现,而不是按肤色来决定招谁",同样,今天法院要求的还是"你只按学术表现或其他个人特质来决定招谁,而不是以肤色为标准"。

所以,如果你当年接受、赞成结束种族隔离,那么你今天就应该以同样的原因接受、赞成法院要求你不能再以肤色为标准。因为当年反对种族隔离的理由是,你预设黑皮肤的人一定不如白皮肤的人,你预设黑皮肤的人就不该和白皮肤的人在一起学习,你预设黑人是一个不一样的人种。同样的道理,今天你表面上想要招更多的黑人进学校,但事实上你隐含的假设和当年是一样的:你预设他们是一个不一样的人种,这个人种需要被特殊对待。

肤色仍是一种处境

庞:我承认正方说的这个论点也是我认同对方的最重要的一个论点,如果你可以做到以个人为单位去考虑他的个体体验、生命经历、家庭状况和个人品质等,我认为这要比"只要是一个肤色就一刀切"这样集体地看待和处理方式要好,我也认同。但问题是当《平权法案》被推翻,它带来的负面影响相比之下往往更多。

首先我认为,即使有个体的差异,肤色在当下仍是一种处境。因为究竟是个体差异带来的影响比较多,还是集体肤色带来的劣势比较多,还不好说。比如,加州1997年就推翻了针对大学录取的补偿性措施,加州的大学中录取黑人的数量一年内降低了40%。有学者找到1998年被加州的大学拒绝的黑人和拉丁裔——如果他们早一年上学,就能被录取,也找到了同年恰好被这所大学拒绝的一些亚裔和白人,并研究他们日后的收入状况。学者发现,被拒绝的黑人和拉丁裔的日后收入,比进入这所大学的黑人和拉丁裔的收入平均少了5%。但被拒绝的白人和亚裔,他们的日后收入和进入这所大学的亚裔和白人的日后收入并没有太多差别。

具体原因是什么，这个研究没有给出特别明确的结果，但一些猜测是，好的大学对这些黑人和拉丁裔的帮助和对他们日后整体社会经济状况的影响，要大于好的大学对白人和亚裔的影响。因为前者本身的社会经济状况较差，其家庭所拥有的资源，无论是金钱上的还是人脉上的，都相对少。所以，能进这所大学对他们来说是一个决定性的帮助，而对白人或亚裔来说，这一帮助却没有那么大。

大学，特别是我们讨论的这些精英的大学，将来输出的都是什么样的人？大多是像律师、医生这类对社会比较有影响力的人，而最高法院里的两个黑人大法官，甚至奥巴马的妻子，都曾表示自己当年是《平权法案》的受益者。虽然会有质疑黑人大法官托马斯当年凭借肤色进入耶鲁法学院的声音存在，但这种质疑并没有带来本质性的影响，他最终还是走通了他的路，用实力证明了自己。

因为大学不仅在选拔，也在培养。如果一个人的水平仅由大学的选拔结果决定，那请问大学四年的教育是干嘛的？这四年是为了把你录取进来后，教育你成为一个更好的人。你能进哈佛是一个证明，但被哈佛培养了四年，这就是一个巨大的特权和提升。所以这些黑人，就算他录取时的分数比白人或亚裔少了些，但一旦他获得了接受四年好的大学教育的机会，这对他将来成为一个更有影响力的人、更能改善其族群处境的人，对增加这个国家决定层或社会上层阶级的多元性，是有积极作用的。所以这就是为什么虽然我同意对方说的论点，但我依旧认为推翻《平权法案》会带来更多的弊端。

稀缺资源分配给谁才算实现了正义？

詹：相信没有人能接受反方这个论点。你说上大学能给这些黑人带来很大的帮助，他们的收入也有显著的提升，那不就相当于把上大学比作一个按需分配的东西吗？那是不是我们去研究这个社会中上大学能够最显著地提高谁的收入，证明这个大学的培养对谁最有价值，我们就把上大学的机会分配给谁？

这就联系到罗伯茨的判决意见中的一个非常重要的论点，也是我一开始就想说的——他把话说得很绝——

他说大学是一个零和游戏,不是所有人面前有一堵墙,我们把这堵墙拆了以后,所有人就能过得更好;而是一些人面前的墙被拆掉了,就意味着这堵墙会被怼到其他人面前。

而这就是为什么这个官司的核心原告方——一个代表那些被哈佛拒绝了的亚裔——成了新的受害者。罗伯茨提到,即便是在2003年所谓奠定《平权法案》在接下来20年的法理基础的"格鲁特诉布林格案"里,也有一个非常重要的提醒,即我们今天仍然认同《平权法案》应被应用于大学的录取,但它有一个非常重要的限制条件,就是永远不能够被负面地应用,即不能被应用于针对限缩那些少数族裔的选择。在这个案子中,一个新的少数族裔——亚裔——被看见了。你说接受大学四年的培养对黑人很有好处,可问题的关键从不在于"上大学有没有价值",上大学当然有价值,但前提它是一种稀缺资源。而问题真正的关键是"这个稀缺资源应该被分配给谁才算实现了正义"。

对于这些未达到录取条件的黑人,如果你给了他们一个小凳子,让他们踩在上面看到了围墙外的球赛,可那些辛辛苦苦读书的亚裔就看不到了,这是分配的不正义。而这也就推翻了应用《平权法案》的理论基石，即我们给弱势、少数群体以照顾，我们牺牲多数群体的一部分利益是为了实现社会整体的和谐和多元。可是你今天不仅牺牲了多数，还牺牲了另一个默默无闻、一直善于忍耐的少数——亚裔。

我先讲到这儿，你要反驳吗？

绝对的公平不是大学录取的最高原则

庞：我可以反驳，我要反驳两个点。第一，大学的录取究竟应该以什么为标准？最高的原则是公平吗？还是社会的利益？大学自身的利益？甚至是不同原则之间的妥协和平衡？

比如，哈佛大概有三分之一的本科录取来源于所谓的"Legacy Admission"，就是你有家人曾经毕业于哈佛的本科，或者你是巨大的资助者的孩子，你的父母或家族为学校捐了很多钱，除此之外还有所谓的特长生，他们的成绩不见得是最好的。请问这些特质和学术表现之间该如何平衡呢？假如一个人网球打得特别好、冰雪运动做得特别好，那是因为他家里有钱请教练教他如何击球，能花那么多钱让他去训练，这是公平的吗？再请问，一个人滑雪滑得好或网球打得好，这项特质怎么就能服务于这所大学呢？它契合了大学什么样的目的？或许能让这所大学的名声更好、让大学体育队特别出众，从而凸显学生群体的全面发展等。这一定是为了多元性吗？那多元性又是为了什么呢？大学的录取应该以什么为标准？我们很难说，但是绝对的公平不是它的最高原则。

第二个我要反驳的点就是有关亚裔的问题。亚裔丢失的录取名额究竟哪去了？还是举加州和密歇根州的例子。当他们取消了《平权法案》时，非裔和拉丁裔的录取率降低了，亚裔和白人的录取率增加了。这样看似乎亚裔的位子是被黑人抢走的，但为什么不看看，录取者中的大部分都是白人里有钱的、有关系的和势力占有者呢？到底是谁拿走了亚裔应得的部分？究竟是白人也打压了亚裔，还是白人是第三方，仅是非裔、拉丁裔和亚裔之间的对立？以上是我对这两件事的回应。

最后，美国那些好的大学基本都是私立大学，它们是有经济压力的。我当时去耶鲁管理学院读硕士时，一年的学费大约要六万多美金。当时学院的副院长就和我们说，与你们享受到的东西比起来，你付的六万多真的只是四分之一或者很小的一部分，因为这笔钱根本雇不来那样的教授、设备、资源，剩下的那部分都靠捐助。当然，可能他说这个话也是为了让我们毕业之后继续给学校捐钱，但是这也体现了美国精英私立大学的模型，也就是为什么这些学校为了自己的生存，会把位子留给那些捐赠特别多的人，这也不能叫公平。

所以大学录取究竟是为了学校自己、为了社会利益，还是为了绝对的公平？如果一项录取措施能够让社会整体变得更好，我觉得已经是所有目的里最良善的一种了。

以"实现校园多元"招收不同族裔 VS 配额制

詹：我刚才聊这个问题根本就不是为了谈大学的录取标准，大学录取标准挺复杂的，就像庞老师说的，但是我们刚才辩论的核心是，在一个社会里，以肤色为标准来进行区别对待是一件极其敏感的事情。

你可以想象，比如在我国，在没有实在理由和显著差异的情况下，你非要以民族、性别或地域为标准对人进行区别对待，这本身就是一件敏感的事情。而在美国的司法标准里，这种区别对待要接受严格审查：是不是这个巨大的正当利益,只能用这个手段实现?这就是为什么我们在衡量《平权法案》时,要用非常审慎的眼光。而我刚才提出这一切的论据的意思是,如果《平权法案》对人进行了区别对待,但它帮助了弱势和少数群体,这或许是一个它可以成立的理由,可是,当所谓的《平权法案》实际上在伤害另一个少数群体时,它的合理性、合法性就已经不存在了。

再来谈大学的录取标准,以及亚裔和黑人是否应该被对立的问题。大家之前在热议哈佛招生到底在考虑哪些因素,其实在庭审过程中,还有在罗伯茨的判决意见里详尽地写了——大家现在也都知道了——哈佛招生第一轮初筛看的是六个维度的分数,包括学术成绩、课外特长活动,还包括一项非常玄妙的分数叫个人特质。

在个人特质这一项上,亚裔和黑人被显著地对立了起来,因为个人特质是一个很虚的东西,一个人有没有领导力、是不是一个让人喜欢的人、是不是一个善良的人,这到底如何衡量?根据法院的要求,被公布出的数据显示亚裔在这一项的整体得分显著的低,而黑人在这一项的整体得分是最高的。

在庭审过程中还出现了非常尴尬的一幕,阿利托大法官连续问了代表哈佛一方的律师三次同一个问题：你怎么解释这项所谓的个人特质分数？是不是哈佛的招生委员会发自内心地认为亚裔在个人特质上就是不行，还是承认其实每个种族中的个体在个人特质上都有高低之分，但种族整体的水平应该相差不大？你们是不是就用这一项分数来实现打压亚裔的目的？而阿利托大法官每次提问，这个律师都在顾左右而言他，造成了一个非常糟糕的现场印象，以至于几乎让人已经感觉到阿利托会把票投在哪一方了。

我觉得这暴露了一个很显著、更根本性的问题，的确，左派在很多事情上，因为他们实在是放不下这个身段，有很多话说不出口，所以就显得不那么坦诚。如果哈佛的律师已经被逼到了那样的地步，要么就直接承认——亚裔的性格特征就是如此，相比之下就是不那么善于交际和表达自己，所以在这一项上很难得高分，还不如就把这个话说出来，起码让人觉得你没有在掩掩藏藏。

这也是整个《平权法案》的历史中一直很难回避的问题，左派总喜欢谈一些非常虚、非常玄的概念。当年《民权法案》（Civil Rights Act 1964）——就是如今用以控告哈佛的法理基础——被推出来时，它非常悬地在美国国会被通过。当时它受到一个很重要的争议就是"你们这个东西不就是要搞配额制吗？"而在过往所有支持《平权法案》的判例当中，除了非常早期的情况，配额制就是被明确反对的，我们真的不能以肤色为标准，给每一个人群不同的配额，这真的是一种赤裸裸的区别对待和歧视。

而左派一直回避，说自己不搞配额，不搞这种强制要求，但就是反歧视。可是"配额"和"反歧视"这两个词到底有什么本质上的区别？当年把《平权法案》推出来，要求这些接政府单的大公司、参与国防事务的公司的团队必须雇用一些黑人，这不就是配额吗？但是大家总说"我们只是反歧视"。

罗伯茨在他的判决意见里问哈佛的律师："你说这是一个'夕阳法案'，那到什么时候我们才能终止《平权法案》？"哈佛的律师说："到有一天我们这个校园实现多元的时候。"这是一个非常虚的回答。罗伯茨说："应用到现实中，不就是你们一年又一年地比较——今年招收的黑人学生的比例又挺完美的，维持在了百分之十几的水平——然后保持这个比例不变吗？"左派有很多本质上的问题不敢说出口，觉得那在政治上是错的，所以又只能用一些非常虚、非常玄的概念来替代它。

同样,罗伯茨在他的判决意见中说,所有以肤色为标准进行的区别对待,必须提出一个非常重要的好处,而且证明这种区别对待是唯一实现这种好处的手段。而哈佛提出的好处都是一些很虚的东西,学生群体的多元化有利于培养未来的社群领袖,从而更好地培养公民。但这种好处是无法被验证的,你怎么要求一个法官在法庭上验证,一个学校培养出了好公民,培养出了社会领袖?

罗伯茨还用了一个很好笑的说法,"你真的这么讲究多元,你就不该笼统地说亚裔,你是不是应该区分一下东亚裔、南亚裔、东南亚裔?这样才能实现多元。不然,一看哈佛虽然有20%的亚裔,但估计18%都是中国人和韩国人,这怎么能叫多元呢?你怎么不多招一些柬埔寨人?为什么没有中东这个概念?你所谓的黑人的概念内部没有什么区分吗?甚至'拉丁裔'根本都不是一个被严格学术定义过的词语,你把这些东西拿出来说,它跟你在法庭上需要完成的论证之间的距离太遥远了"。

所以左派用这一套话术已经支撑了这么多年,今天我们把它放在一个真正的严格审查的标准之下,你会发现这些好处很难被证明。

如果社会做不到"不看肤色",学校录取能做到吗?

庞:好,我想先分享一个读到的非常有趣的观点,关于为什么亚裔就不够有那些除了学习成绩之外有助于录取的特质?这个观点来自一位哈佛法学院的教授珍妮·苏克·格森(Jeannie Suk Gersen),她是一位韩裔女性。

她说,这些大学对不被录取的亚裔给出的解释是"你不够多元,不够有趣",其实反推回去,她只能这么说。我刚才顺手查了一下哈佛最新一届本科生的录取情况,按种族的比例来看,亚裔在美国的整体人口里大约占6%~7%,但在哈佛最新一届的本科生中占27.9%。粗略地说,由6%到28%,这几乎是一个4~5倍之间的Overrepresentation(超额代表)。那白人呢?他们在美国整体人口中占58.9%,但在哈佛最新一届录取的本科生中,白人只占了40%,也就是说,其实白人在有"Legency Admission"的背景之下,已经变成了一个Underrepresented groups(代表性不足群体)。当然,不评价好和坏,这就是一个数据。

珍妮就说,美国现在的社会真的能够允许亚裔成为他们精英大学中占比最高的种族吗?当然,如果我们按金斯伯格大法官的逻辑,"最高法院里面九个都是女的,也没什么",我们也可以说"哈佛里面都是亚裔也没什么",但如果真有这么一天,美国社会到底能不能做到真正的"不看肤色"?这到底是不是一个他们能够接受的事情?这会不会在社会上造成更多的针对亚裔的仇恨,以及一些社会的不稳定情况?

所以你看,如果这个社会的土壤做不到"不看肤色",那学校录取能否做到不考虑肤色?如果学校暗地里考虑,但表面上不说——因为这样做是违法的,而且这就变成了配额制——所以他不能直接说"因为我不想让学校里亚裔过多",可那还能说些什么呢?录取标准中,除了分数之外唯一可以被接受的能够自由考量的因素就是多元性。所以他只能说"我不录取那些亚裔,因为他们不够多元"。所以珍妮曾被录取时,信里写的是"你看上去跟其他的亚裔不一样,所以我们录取你"。这也就意味着,对不被录取的亚裔,他不能说"你分数不够",因为这些亚裔分数是够的;他也不能说"我不能录取你,不然这个社会就乱了"。而唯一能说的,就是"你不够多元"。

比起整个社会，大学录取并非那么重要

庞： 再回到我自己的论点。如果这个社会还做不到不考虑种族和肤色，而大学录取，甚至所有的领域都不再进行区别对待，这会不会让那些被歧视的人更加处于劣势？

现在大家担心的，是下一步公司中的种族政策该如何进行，即 DEI（Diversity, Equity, Inclusion, 多元, 平等, 共融）。比如我们公司的北美地区每年都会发布一个报告，显示整个公司总体的男性有多少、女性有多少，直的人有多少、弯的人有多少，有多少不同的种族、在不同的事业发展路线上的人分别是多少。我们公司大概有 26% 的亚裔，跟亚裔在美国的整体人口比例相比，这一比例已经很高了。有一天我看到一个论坛在争论"亚裔在我们公司有没有受到不公正的待遇"，认为没有受到不公正待遇的人说，"你看我们整体上被录取了这么多人，所以亚裔没有受到歧视"。认为亚裔仍然受到不公正的待遇的人引用的数据是，等你真正有机会成为全球合伙人时，亚裔被晋升成功的概率要低于白人。

大家就会继续辩论，有人认为，晋升公不公平应该拿合伙人中亚裔的比例跟整体人口中亚裔的比例去比较，

虽然进公司时有超过20%的亚裔，只要合伙人里面亚裔比例不低于整体人口中的6%，就不算不公平；另外的人认为，这么比不行，进来有20%多的亚裔，合伙人也得有20%多的亚裔才算公平，不然的话，入门级招聘时只是面子工程，亚裔的晋升比例低于白人的晋升比例，代表亚裔在进入公司的整个晋升路径中受到了很多不公平的待遇。至少大家现在可以讨论，如果以后我们在社会的方方面面都不能考虑种族了，是不是连这样的数据也都不敢公布了？现在我们公司还有一些特殊的项目，比如有些黑人，特别是贫穷的黑人，他们根本没有机会了解咨询这个行业，也没有资源去准备案例面试。所以现在就有项目专门帮助他们补足这方面的劣势。那是不是以后这些特殊的帮助也都不能有了？

虽然在精英大学看来，录取是很重要的一件事，但放眼整个社会，有多少人这辈子会去申请哈佛？我刚才查了一下数据，大约才6万人，而美国有3亿人。当然也要考虑适龄。但是每个人都要工作，每个人都要面临在社会中与人打交道。如果现在我们认为这个社会已经没有了任何和肤色有关的歧视，不再需要任何特殊的帮助和介入，那真的是"捡了芝麻，丢了西瓜"。就算你去了哈佛又怎么样？你工作之后可能照样被人歧视，就算拿到了好工作，你可能也晋升不上去。

现阶段的《平权法案》已沦为一种懒惰

詹：最后这一点我是认同的，就像我一开始说的，罗伯茨在判决意见中的用词之宽广，让我觉得很害怕。当年提倡"公共工程的承包要实行配额制"的那个人叫哈罗德·伊克斯（Harold L. Ickes），罗斯福新政时代的内政部部长，他还在同一时代推广女性的同工同酬。同一批人在做这两件事，所以曾经《平权法案》有一个非常广泛的应用场景，但我们通常只关注到公司招人和大学录取，尤其是大学录取，尤其是哈佛的录取，大家的注意力几乎都在这里。

最后，我还想站在我方立场上说一点。"Affirmative Action"被翻译成《平权法案》其实是不准确的，当年这个词在约翰逊总统时代被提出，据说只是因为读起来朗朗上口，都是字母A开头。但这个词我觉得选得挺好的，因为它提倡一种行动，action，就是你必须有所作为。而我认为现阶段的《平权法案》已经沦为了一种懒惰。

比如哈佛每年就精准把控录取的比例，亚裔百分之二十几，白人百分之四十，黑人百分之十几，差不多就可以了。就像原告方提出的，事实上，哈佛录取的黑人中有三分之二都是中产阶级黑人的孩子。那些你真正想要去帮助的黑人并没有享受到《平权法案》的果实。这也是为什么很多人诟病《平权法案》最终只造福了所谓的少数中产精英，而我觉得这是一种相当不负责任的做法。你不去想怎样行动，只是以肤色为简单的标准，只是为了完成一个好的社会形象，展示"你看我们哈佛多么多元"，确实就会带来很多现实的伤害，而这个伤害不只是针对亚裔、白人，还针对黑人。

就像庞老师一开始提到的托马斯大法官，作为曾经在杰克逊之前唯一的一位、美国历史上的第二位黑人大法官，他为什么终其一生、矢志不渝地反对《平权法案》？当然，托马斯是个很奇怪的人，我并非想站在他这边，但我认为我可以理解他的很多诉求。

不如回归现实，想想这件事对真实的生活感受的影响。比如我在哈佛读书时，我觉得班上同学都特别厉害，但可能一见到黑人同学稍微放松一点，就认为他可能没那么厉害，因为我觉得他可能是靠《平权法案》挤进来的，但可能事实证明，这些黑人同学其实非常优秀。前两天还看一个新闻，说哈佛即将迎来首位黑人女校长，我和庞老师浏览她的简历时，看到她本科毕业于斯坦福大学。你知道吗？一种非常下意识的想法是，如果这是一个白人，特别如果这是一个亚裔，你看到她读了斯坦福的本科，你就会觉得好厉害。

可当你看到她是一个黑人时，就觉得不一定，她可能是靠《平权法案》进来的。直到你往下翻她的简历，看到她的本科毕业论文就拿到了全校最佳论文奖，后来又在哈佛完成了博士学位，博士论文也拿到了最佳论文奖，之后又领导了哈佛的文理学院，必须看到这些你认为能相对客观地证明这个人的成就的标准时，才能发自内心地说，她应该挺厉害的。本来被斯坦福大学录取是一件很光荣的事情，它一种是对学生能力的肯定和证明，可当与《平权法案》这种通过肤色"一刀切"的做法相比，它的证明效果被显著地削弱了。

而当《平权法案》实行到今天并给人这种"下意识"，我认为是这种行动方式出了问题，而这个社会应该探寻更好的行动方式。就像罗伯茨说的，你仍然可以考量一个人的肤色对于他的成长所造成的阻碍，而一个人为了克服这种阻碍所付出的努力,也是对他的人格的证明。

肤色是一种处境,正如性别是一种处境,我仍然认同这件事,但你不能把这种处境当作一个简单的"一刀切"的方法,而是应该考量每个人在这种处境之下做了什么。更何况处境是一件复杂的事,一个人不是只有性别和肤色这两种处境,他同时有阶级的处境、地域的处境、原生家庭的处境,所有这些都应该被复杂地考量。而复杂地考量不仅能把资源给那些真正值得的人,也能消除我们这些人对于"一刀切"之后造成的刻板印象和歧视。

如何改善社会以肤色为基础的不公?

庞:我其实同意,如果可以做到个人层面的考量当然最好,只是这很难。比如当时加州的大学刚推翻《平权法案》,黑人的录取率大量降低,这些大学就真花了数以百万计的美元去那些相对贫穷的社区的高中做很多Outreach(外展社会工作)。有很多人认为,不考虑种族之后,你还是应该考虑家庭收入、经济社会地位这些方面,无论如何,一个在逆境中成长的小孩依旧值得更多的帮助。

比如顺境中成长的小孩能考1500分，而我作为一个逆境中成长的小孩只考了1300分，但我能考到1300分这件事，对我的性格中的勇气、坚韧，以及我的聪明才智的体现，可能都超过了那些"被喂到嘴边"的人。所以这样选拔人才也是有一定道理的。包括阿利托大法官也说到，虽然在表格中简单地写下种族这种方式不能决定你是否被录取，但你依旧可以在个人简历里提到种族。当然，你不能简单地写"I am Black"，你必须得写，无论你是什么样的种族，种族这件事对你的人生经历造成了什么样的影响，有积极的，也有消极的。所谓消极影响就是你怎么克服逆境。所谓积极影响就是你怎么拥抱你的文化中好的一面。这些东西还是能成为你个人简历的一部分，但你知道，写个人简历的业务是一个多么大的市场，最终它还是会优待那些……

詹：有钱人。

庞：对，优待那些有钱人。但怎么解决这个问题？坦白讲我也不知道，到底怎么做才能"不看肤色"呢？即使推翻了《平权法案》，我们对某个群体的根深蒂固的刻板印象该如何消除？比如中国的"小镇做题家"大概可以类比为在美国的亚裔，他们成绩特别好，但进了大学，仍然容易被人歧视；又比如在我生活过的新加坡，华人是主要族裔，他们往往容易觉得其他族裔不够勤劳；但在马来西亚，马来人是占比较高的主流群体，华人是少数，但是华人对马来人的刻板印象就是"又笨又懒"，反之马来人就觉得华人"过于精明，得防着"。怎么达到种族之间的相对融合，真的不看肤色、不看来源，我不知道怎么做。

詹：但至少不能用政策推波助澜。

庞：是，不能用政策推波助澜，但至少可以用政策改善一些东西。如果不能在结果公平上优待，那在过程中优待可不可以？就像刚才说的特殊项目，给那些贫穷的人更多额外的培训等。如果某一种族存在着某种特征需要帮助，我认为还是应该帮助，而不能假设这个社会已经不存在以肤色为基础的不公。至于怎么改善，我觉得不那么好做。

詹：对。

庞：但不能假设它不存在。

致 谢

感谢道长和丫丫最开始的邀请。感谢好运来、李兔等音频编辑和书籍编辑张妮，感谢你们的倾听和催促。感谢阿詹的倾情参与，有段时间我们每个周日晚上都缩在书房角落里对辩（因为只有一个麦克风），让两年的 Washington, D.C.（哥伦比亚特区）生活变得更加难忘。感谢猫如来的陪伴（疫情期间，前期章节的创作期只有猫如来的陪伴）。感谢小霸王、韦腾捷帮忙审稿。感谢刘擎老师回答我的内容问题。感谢列不完名字的朋友从始至终的支持。感谢每一个听众和每一个阅读这本书的你。